本书由“核科学与技术”湖南省国内一流建设学科资助

小型铅基快堆热工流体特性研究

赵鹏程　刘紫静　于　涛　著

中国原子能出版社

图书在版编目（CIP）数据

小型铅基快堆热工流体特性研究 / 赵鹏程，刘紫静，于涛著. —北京：中国原子能出版社，2019.11

ISBN 978-7-5221-0272-6

Ⅰ. ①小… Ⅱ. ①赵… ②刘… ③于… Ⅲ. ①快堆–热工水力学–研究 Ⅳ. ①TL43

中国版本图书馆 CIP 数据核字（2019）第 276899 号

内 容 简 介

一回路系统关键热工水力现象研究是发展小型铅基快堆亟需解决的核心科学问题之一。本书围绕小型铅基快堆热工安全分析需求，重点从热工设计与分析程序开发、三维稳态热工水力特性研究、瞬态热工安全性能分析和复杂多维热工水力现象多尺度耦合分析四个方面介绍领域进展及作者相关研究成果。

小型铅基快堆热工流体特性研究

出版发行 中国原子能出版社（北京市海淀区阜成路 43 号 100048）
策划编辑 韩 霞
责任编辑 高树超
装帧设计 赵 杰
责任校对 冯莲凤
责任印制 潘玉玲
印 刷 北京画中画印刷有限公司
经 销 全国新华书店
开 本 787 mm×1092 mm 1/16
印 张 12.25 **字 数** 260 千字
版 次 2019 年 11 月第 1 版 2019 年 11 月第 1 次印刷
书 号 ISBN 978-7-5221-0272-6 **定 价** **60.00** 元

发行电话：010-68452845

总　序

南华大学创建于 1958 年，是一所因我国核工业事业需要而创办的高校，也是我国最早成立核科学技术学院的学校之一。在国家核工业事业的各个时期，南华大学始终坚守在核工业阵地，坚持为核工业人才培养不断档，坚持核科学研究不断线，坚持为核工业服务初心不改变，坚持“举核旗、做核事、育核人”的使命担当，为我国核工业系统输送了大量高级专门人才，是我国重要的核科学与技术科学研究与社会服务基地之一。

南华大学现有核工程与核技术、辐射防护与核安全、核化工与核燃料工程和核物理四个核类本科专业，拥有“核科学与技术”一级学科硕士、博士学位授权点和博士后科研流动站。“核科学与技术”学科是湖南省国内一流建设学科，在反应堆工程、辐射防护与核安全、核技术及应用等领域形成了自己鲜明的发展特色和优势。

为进一步促进我国核科学与技术事业的发展，南华大学系统梳理在核科学与技术学科积累的知识和经验，总结国内外核科学与技术的最新研究成果，在“双一流”建设学科的支持下，组织撰写了“核科学与技术”一流建设学科科学丛书，拟出版 11 本著作，其中包括本次首批出版的《反应堆核嬗变技术》《ADS 次临界堆物理谐波展开方法》《小型铅基快堆热工流体特性研究》和《蒙特卡罗中子输运模拟加速方法》，其他著作将陆续出版发行。

南华大学邀请了清华大学、西安交通大学、上海交通大学、华北电力大学、中国核动力研究设计院和中国原子能科学研究院等单位的专家对丛书进行审稿，专家们对书中的内容充分认可，提出了一些宝贵的修改建议和补充意见。我相信该系列科技丛书的出版对推动我国核科学与技术学科的人才培养与科学研究具有重要意义，我非常高兴将此系列丛书推荐给我国从事核科学与技术工作的科研工作者以及高校相关专业的教师和学生。

同时，对以于涛教授为带头人的学科队伍长期坚持核科学领域研究所取得的成果而深感欣慰，希望他们能够继续努力，早日实现习总书记所提出的：**为我国高等教育事业繁荣发展，为实现“两个一百年”奋斗目标，实现中华民族伟大复兴的中国梦作出新的更大贡献。**

前　言

作为一种可大规模替代化石燃料的清洁能源，核能在目前的世界能源结构中占据重要地位。然而，由于现有大规模应用的热中子反应堆存在资源利用率低、放射性废物不断积累和潜在核安全问题，开发更加清洁、高效、安全的新型核能系统对核能可持续发展意义重大。铅基快堆具有良好的中子学、热工水力学和安全特性，在嬗变核废料和增殖核燃料方面具备独特优势，是第四代核能系统、加速器驱动次临界核能系统（ADS）以及聚变堆的主要候选堆型之一，被第四代核能系统国际论坛（GIF）预计有望成为首个实现工业示范化的第四代核能系统。得益于液态铅和铅铋较高的热膨胀率、热导率及较低的运动粘度，铅基快堆具有突出的自然循环能力，可设计成全自然循环冷却的小型反应堆，从而显著简化铅基快堆系统设计，避免液态金属泵的制造和运行给铅基快堆研发带来的一系列挑战，有效提高铅基快堆的现实可行性和安全可靠性，可为铅基快堆的工业示范化提供重要技术路线，并能满足深海、极地和偏远岛屿等远距离无人值守极端环境下的能源可靠供给需求，具备广阔的发展前景。

小型自然循环铅基快堆一回路主冷却系统的自然循环特性与反应堆的结构设计、堆芯功率和二回路运行状态等因素密切相关，相较于强迫循环的铅基快堆来说，其存在一系列独特的科学问题和核技术难点，因此与一回路主冷却系统自然循环特性密切相关的关键热工水力现象成为发展小型自然循环铅基快堆亟须探索和研究的核心问题之一。本书围绕小型自然循环铅基快堆热工水力特性分析需求，重点从热工设计与分析程序开发、三维稳态热工水力特性研究、瞬态热工安全性能分析和复杂多维热工水力现象多尺度耦合分析四个方面介绍领域进展及作者相关研究成果。全书共分为 5 章。第 1 章总体阐述了目前铅基快堆存在的热工水力挑战，详细总结了国内外在铅基快堆设计尤其是铅基快堆热工安全特性分析中研究现状；第 2 章介绍了小型自然循环铅基快堆专用程序模型开发、程序研制与验证、一回路及冷却剂系统热工水力设计方法研究及自然循环能力分析；第 3 章分析了小型自然循环铅基快堆额定工况下的整体三维热工水力特性和全堆芯自然循环流量分配特性，开展了全堆芯流量分配优化设计方法研究；第 4 章分析了典型有保护和无保护事故工况下小型自然循环铅基快堆的瞬态热工安全特性，初步揭示小型自然循环铅基快堆瞬态热工安全响应特性及演化机理；第 5 章重点研究了多尺度耦合方法的选取、耦合程序数据交换的实施、耦合程序的开发与验证及多尺度耦合分析方法在铅基快堆铅池复杂多维热工水力现象分析中的优势。

本书编著的主要内容来自于南华大学核能与应用实验室（NEAL）近年来完成的系列研究成果，同时还主要参考了苏著亭译著的《钠冷快增殖堆》、许义军编著的《快堆热工流体力学》、张东辉编著的《快堆安全分析》和马子云编著的《快堆主热传输系统及辅助系统》、朱继洲编著的《核反应堆安全分析》等专著及截至本书收稿时的相关期刊文献资料，部分文献按原文进行了引用，以保留原作的风格。

本书的工作先后得到了国家自然科学基金青年项目（11905101）、国家自然科学基金面上项目（11875162、11575079）、湖南省自然科学基金面上项目（2019JJ40239）、核反应堆系统设计技术国家重点实验室项运行基金项目（HT KFKT 10 2018001）、湖南省教育厅优秀青年项目（18B270）、湖南省核燃料循环技术与装备协同创新中心开放基金重点项目（2019KFZ08）和“核科学与技术”湖南省国内一流建设学科的资助，中国科学技术大学核科学技术学院陈红丽教授团队、南华大学核科学技术学院院长赵立宏、党委书记颜桂花、党委副书记刘和福、副院长赵修良以及南华大学核科学技术学院全体教职工对本书的撰写给予了有力的支持和帮助，在此一并表示衷心的感谢。

本书编写组成员包括赵鹏程、刘紫静、于涛、谢金森、陈珍平、曾文杰、谢超，同时王旭、吴红、钱冠华、姚磊、王天石、孙宇蒙、朱恩平、陈轩等同学在书稿排版、整理及校对等方面付出了艰辛的努力。本书在撰写的过程中力求做到基础性、系统性、完整性，但小型自然循环铅基快堆热工安全特性涉及现象非常多且极为复杂，限于我们的学识水平，书中一定还存在认识不足、阐述不妥和表述错误之处，参考文献的引用可能标注不全，还有不少的优秀文章特别是近期发表的相关论文未能详尽引用，深切希望使用本书的兄弟院校师生以及各研究、设计单位的专家学者、广大读者不吝批评指正。

作　者

2019 年 10 月于南华大学

目 录

第 1 章

概　述

1.1　背景及意义

核能作为一种清洁、高效和优质的能源，对调整能源结构、保障能源供给和缓解大气污染等具有重要意义，其在目前的世界能源结构中占据重要地位。然而现有核电站普遍面临核资源利用率低、放射性废物不断积累和潜在核安全等问题，亟须探索和发展更加清洁、高效和安全的先进核能技术[1-2]。为保持核能的可持续发展，世界各主要核电大国均相继开展了第四代核能系统的研发工作，并于 2002 年成立了“第四代核能系统国际论坛（GIF）”，提出研发具备可持续发展能力、更高安全和可靠性以及更好经济性的第四代核能系统，并选定了六种最具发展前景的反应堆堆型，分别是钠冷快堆（SFR，Sodium－Cooled Fast Reactor）、铅冷快堆（LFR，Lead-Cooled Fast Reactor）、气冷快堆（GFR，Gas－Cooled Fast Reactor）、超高温气冷堆（VHTR，Very－High－Temperature Reactor）、超临界水冷堆（SCWR，Supercritical－Water－Cooled Reactor）和熔盐堆（MSR，Molten Salt Reactor）[3]。其中，铅冷快堆因其良好的增殖核燃料和嬗变核废料能力，以及突出的经济性和安全性，被 GIF 预计有望成为首个实现工业示范化的第四代核能系统[4]，具备良好的发展前景。

1.1.1　铅基快堆

（1）铅基快堆主要特点

铅基快堆是指采用液态铅（Lead）或者铅铋（LBE）作为一回路主冷却系统冷却剂的快中子反应堆，其普遍采用模块化、一体化的池式结构设计，同时贯彻非能动的设计理念[5]。新型冷却剂的使用，先进设计技术和创新性设计理念的大量采用，使铅基快堆拥有良好的物理热工特性和显著的安全运行优势[6]，铅基快堆的主要优点有：

1）中子经济性好，具备良好的可持续发展能力。液态铅或铅铋材料具有较小的中子俘获截面和较低的中子慢化能力，因此铅基快堆可设计拥有较硬中子能谱的堆芯，从而获得优良的中子经济性[7]，堆芯可利用更多富余的中子实现核燃料增殖和核废料嬗变等功能，可使反应堆具备较长的换料周期，从而提高核燃料利用率和反应堆经济性，并且有利于防核扩散[8]；

2）热工安全特性优良，具备突出的固有安全性能。液态铅或铅铋拥有高沸点和高热导率等特性，可有效提高反应堆的安全限值和运行范围，同时可更好的包容各种放射性裂变产物[9]；铅或铅铋的高密度也使得反应堆在严重事故下不易发生再临界；较低的运动粘度和较高的热膨胀率可确保反应堆具备足够的自然循环能力，使反应堆有望完全依靠自然循环进行热量的输运[10-11]；铅或铅铋的化学性质较为稳定，不会与水或者空气发生剧烈的化学反应，可极大简化反应堆冷却剂系统的设计，提高反应堆的安全性和经济性；

3）技术成熟度较高，应用潜力较广。铅基快堆已经积累了近百堆·年的运行经验，技术相对较为成熟；同时铅基快堆不但能够适用于临界核能系统，也是加速器驱动次临界核能系统（ADS）的主要候选堆型[12-13]；由于堆芯的高功率密度等特性，铅基快堆可实现小型模块化设计，易于在海洋动力和海岛等不同环境下应用[14-16]。

与此同时，使用液态铅或铅铋作为冷却剂，也给铅基快堆带来的发展带来了极大的挑战，其中，目前铅基快堆发展中所面临的两大技术难题是：

1）铅和铅铋合金对堆内结构材料的腐蚀较为严重。当堆内燃料棒包壳、主热交换器换热管和主泵叶片等结构材料与液态铅或铅铋长时间接触后，结构材料中的 Cr，Ni 和 Fe 等会被溶解进入冷却剂，长时间运行会危及反应堆的安全和运行寿命[17]；腐蚀过程中产生的氧化物残渣会在反应堆内局部沉积，可能会堵塞堆芯冷却剂流道，导致包壳局部过热而出现破损。大量的实验研究表明，通过控制冷却剂的纯度和含氧量，限制包壳材料的服役温度，可有效降低结构材料的腐蚀性[18-19]，因此，铅基合金氧控技术已成为研发铅基快堆所必须掌握的核心技术之一。

2）产生剧毒的钋–210。铅和铅铋在反应堆运行过程中，经中子辐照后会产生半衰期为 138 天的钋–210，钋–210 是一种易挥发、低沸点、低熔点的放射性金属，具有剧毒，这给铅基快堆的换料和维修带来了极大的难度[20]。因此，研究高效快速的除钋–210 技术也是铅基快堆技术研发的一个重要任务[21-22]。

图 1-1 是典型铅基快堆系统示意图，其堆芯、主热交换器等堆内部件均浸没在一个

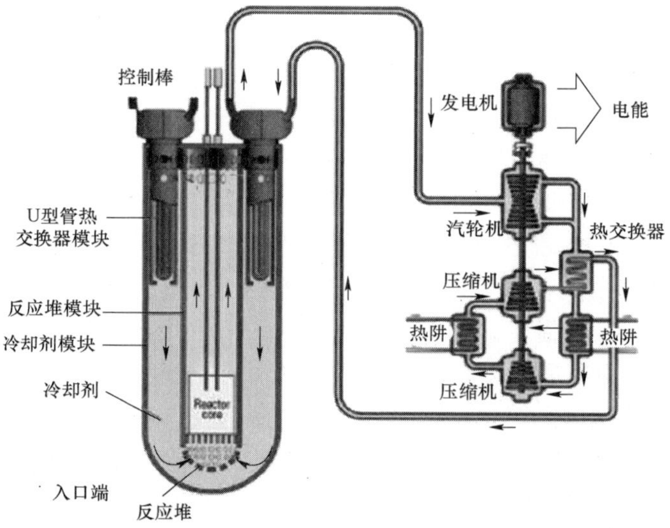

图 1-1　典型铅基快堆系统示意图

池式结构的反应堆容器内，堆内主要部件均采用模块化设计，所有的运行、换料和维修均在反应堆的堆顶盖上进行操作，具备突出的安全性和经济性。

（2）小型自然循环铅基快堆的主要特点

得益于液态铅和铅铋良好的自然循环特性，铅基快堆可设计成采用全自然循环驱动的小型反应堆，即小型自然循环铅基快堆[23]。图 1-2 所示为典型小型自然循环铅基快堆基本原理图。小型铅基快堆运行过程中一回路主冷却剂系统无需机械泵等能动部件驱动，反应堆具有良好的非能动固有安全特性，从而避免了液态金属机械泵制造和运行给铅基快堆研发带来的一系列挑战，可简化反应堆系统设计，有效降低铅基快堆的建造和运行难度，提高铅基快堆技术的现实可行性、安全可靠性和经济性。同时，由于主冷却剂系统无需采用机械泵，反应堆运行过程中的噪声得以大大降低，这使小型自然循环铅基快堆在对降噪技术要求很高的核潜艇上应用具备独特的优势[24]。

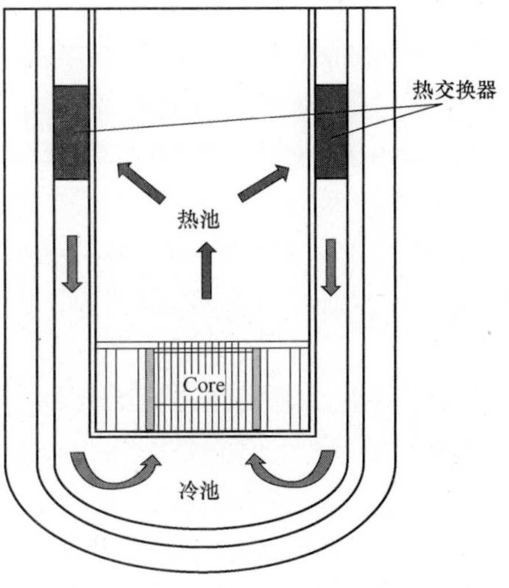

图 1-2 典型小型自然循环铅基快堆基本原理图

铅基快堆在经济性和固有安全性上的独特优势，使其成为铅基快堆研发的重要发展方向之一，为铅基快堆的工业示范化应用提供了重要的技术路线，具备良好的发展前景[25]。

随着铅基快堆嬗变核废料、增殖核燃料优势的不断凸显，人们对于反应堆安全性要求的不断提高以及材料腐蚀和钋–210 问题的不断改善，铅基快堆已引起了国内外核能界的广泛关注[26]。国际上关于铅基快堆的研究已经开展了较多的工作，尤其是自 2006 年 GIF 论坛的铅冷快堆合作谅解备忘录签订以来，欧盟、俄罗斯、美国、日本和韩国等先进核能国家均投入大量的人力和物力研发铅基快堆技术，先后提出了自己的铅基快堆发展规划和概念设计方案，在铅基快堆技术研发领域取得了重要进展[27]。中国科学院于 2009 年启动知识创新重要方向项目“加速器驱动次临界系统（ADS）前期研究”，该项目将铅基快堆作为 ADS 反应堆的首要发展方向[28]。2011 年，中国科学院启动了 A 类战略先导专项“未来先进裂变核能——ADS 嬗变系统”，致力于研发核废料嬗变的关键技术，项目将铅基快堆的相关技术研发作为核心研究方向之一[29]。在 ADS 专项的资助下，中国科学技术大学和中国科学院核能安全技术研究所启动了铅基快堆的概念设计研究工作，并提出了可临界/次临界双模式运行的中国铅基研究反应堆堆 CLEAR–I 的设计方案[30-31]。同时在此先导专项基础上发展的国家重大科技基础设施“加速器驱动嬗变研究装置（CIADS）”已于 2015 年 12 月获国家发改委立项，计划于 2022 年投入运行[32-33]。

同时由于小型自然循环铅基快堆在设计、建造和运行方面的独特优势，其概念自 20 世纪 90 年代由意大利诺贝尔物理学奖获得者卡尔•卢比亚率先提出后，迅速得到了欧盟、美国和韩国等的积极响应。欧盟将小型自然循环铅基快堆应用于欧洲嬗变装置

ADS－EA（Accelerator Driving System－Energy Amplifier）的设计中[34]，同时设计了用于教学和训练的低功率自然循环铅基快堆 ELECTRA[35]；美国能源部（DOE）联合国内各主要核能研究机构先后设立了研发小型自然循环铅基快堆的 ABR 项目和 SSTAR 项目[36]，所提出的小型模块化自然循环铅基快堆 SSTAR 设计方案被 GIF 列为铅基快堆的三大参考设计方案之一[25]；韩国也先后推出了多功能小型自然循环铅基快堆 PASCAR 和 URANUS 的设计方案，并计划应用于区域供电、海洋动力、海水淡化和制氢等多个领域[37]。

1.1.2 铅基快堆的热工水力挑战

各主要核能大国提出的铅基快堆设计方案中，普遍采用模块化、一体化的池式结构设计，同时贯彻了非能动的设计理念，令铅基快堆具备良好的固有安全性和经济性。但新型冷却剂的采用，先进的设计技术和创新性的设计理念，也给铅基快堆一回路主冷却剂系统的热工水力设计和热工安全分析带来了极大的挑战[38-40]。这主要体现在以下两个方面：

1）采用铅和铅铋这类低普朗特数流体作为冷却剂，使基于水堆发展的诸多冷却剂流动和传热关系式不再使用于铅基快堆的热工水力设计和分析，尤其是使铅基快堆的组件热工水力学分析变得更加复杂[41-43]；同时，现有的大量热工水力设计分析程序均是基于水堆开发的，不适用于铅基快堆的研究，需要重新开发铅基快堆专用程序[44-45]，或对现有的水堆热工水力分析工具进行二次开发[46-49]；

2）铅基快堆的池式结构设计，也给铅基快堆的热工安全分析带来了更大的困难，这主要是因为铅基快堆内部存在大量复杂的三维热工水力现象，而现有的热工安全分析工具均是基于一维或零维的集总参数模型开发，不适用于铅基快堆的三维热工水力现象分析，相关分析结果保守裕量过大，无法揭示铅基快堆的真实安全性能，需要开发专门的分析工具用于铅基快堆的热工安全特性研究[50-52]。

同时，由于小型自然循环铅基快堆一回路主冷却系统的自然循环特性与反应堆的结构设计、堆芯功率和二回路运行状态等因素密切相关，相对于强迫循环的铅基快堆来说，其存在一系列独特的科学问题和核技术难点[53-55]，因此与一回路主冷却系统自然循环特性密切相关的关键热工水力现象成为发展小型自然循环铅基快堆亟须探索和研究的核心问题之一。

综上所述，开展小型自然循环铅基快堆一回路主冷却系统的热工水力特性研究，将有助于我国掌握铅基快堆的热工安全性能，提升我国在铅基快堆技术研发领域的自主创新能力，这不仅对提升我国第四代先进核能技术研发水平具有重要的学术意义，而且对保持我国核能的可持续发展，提升我国先进核能技术的国际影响力具有重要的现实意义，同时相关研究成果将能为我国正在着力发展的“加速器驱动嬗变研究装置（CIADS）”提供直接的技术支持，具有一定的工程应用价值。

1.2 国内外铅基快堆研究现状

目前，世界各主要核能大国提出的铅基快堆概念设计方案中，不但有强迫循环的铅基快堆，同时包含诸多自然循环的铅基快堆。现简要介绍各国公布的有代表性的强迫循环铅基快堆，同时重点介绍各国设计的自然循环铅基快堆。

1.2.1 强迫循环铅基快堆设计研究现状

（1）欧盟

欧洲各主要核能国家和研究机构在欧盟“框架计划（FWP，Framework Programmes）”的连续资助下，从 20 世纪 90 年代开始一直着力发展铅基快堆技术，目前是世界上铅基快堆技术研发最为活跃的地区[56]。1997 年开始实施的“第五框架计划（5th FWP）”中，欧盟各主要核能研究机构联合实施了以铅基快堆为核心的 ADS 嬗变计划 XT－ADS[57]，并在 2002 年开始实施的“第六框架计划（6th FWP）”中联合欧盟主要核电企业，着力推动欧盟嬗变计划 IP－EUROTRANS 的实行[58-59]；进入“第七框架计划（7th FWP）”后，欧盟加大了对铅基快堆技术研发的投入力度，同时实施了以着力发展次临界铅基快堆为核心的 ADS 嬗变技术 CDT－FASTEF 计划[60]，以及以实现临界铅基快堆工业示范化为目标的 LEADER 计划[61]，为确保这两个计划的顺利推行，又同步提出了以解决铅基快堆关键问题为核心的系列辅助计划，如安全分析的 SARGEN－IV 计划[62]、抗震研究的 SILER 计划[63]、材料测试分析的 MATTER 计划[64]、热工水力分析的 THINS 计划[65]以及快堆实验研究的 FREYA 计划[66]。下面将介绍欧盟在系列框架计划中所推出的具有代表性的 3 个铅基快堆设计方案：

1）欧洲铅基工业示范堆 ELFR[67]。ELFR 目前的设计方案是在欧洲铅基快堆 ELSY 方案上进一步改进优化得到的，由意大利的安萨尔多核电公司（Ansaldo）领衔设计。ELFR 的设计热功率是 1 500 MW_{th}，电功率为 500 MW_e，采用 MOX 燃料，目前该堆还处于概念设计阶段[60]。图 1-3 给出了 ELFR 的堆本体结构示意图。

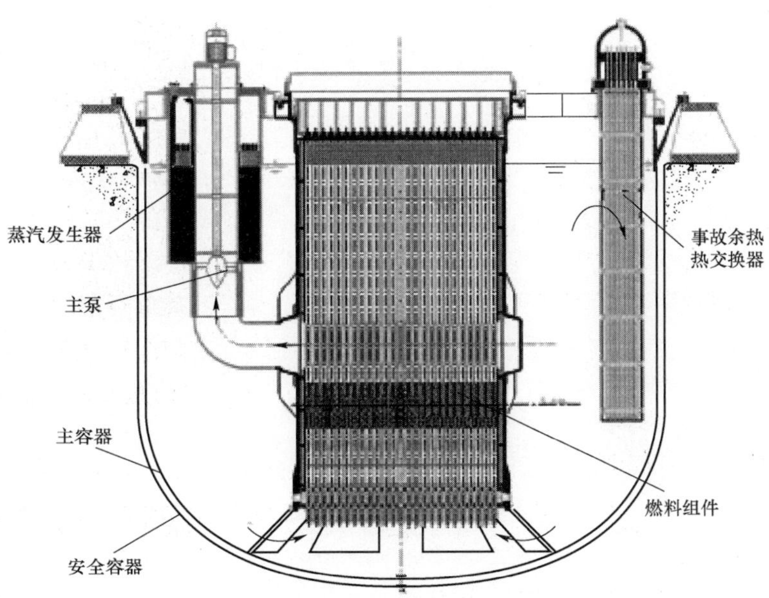

图 1-3 ELFR 堆本体结构示意图

2）欧洲先进铅基原型示范堆 ALFRED[68]。ALFRED 是针对 ELFR 进行验证的原型示范堆，该堆设计热功率为 300 MW_{th}，电功率为 120 MW_e，采用 MOX 燃料。2013 年，在欧盟“第七框架计划（7th FWP）”的资助下，意大利的安萨尔多核电公司（Ansaldo）领衔欧洲 11 个国家的 17 个研究所、大学和公司成立了联合研究团队，计划于 2025 年前在罗马尼亚核能研究中心将 ALFRED 建成运行。图 1-4 给出了 ALFRED 的堆本体结构示意图。

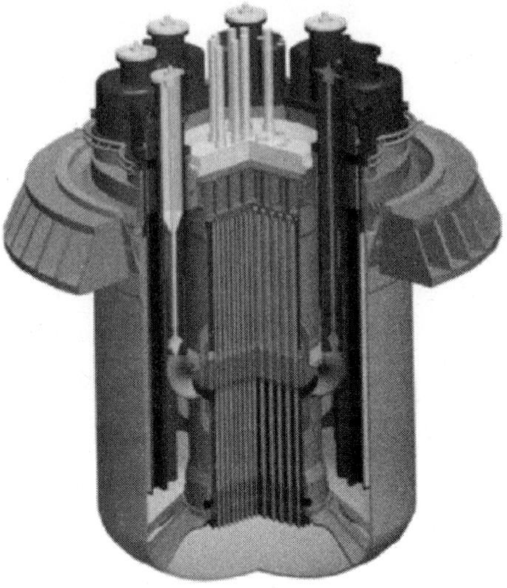

图 1-4　ALFRED 堆本体结构示意图

3）多功能快谱研究堆 MYRRHA[69]。MYRRHA 由比利时核能研究中心（SCK • CEN）负责统筹设计的 ADS 铅基实验堆，堆芯设计功率为 100 MW_{th}，可临界和次临界双模式运行，兼具医学同位素生产，核材料测试等多种功能。欧盟 10 余个国家参与到了该项目的研发，该堆计划于 2022 年前投入运行。图 1-5 给出了 MYRRHA 的堆本体结构示意图。

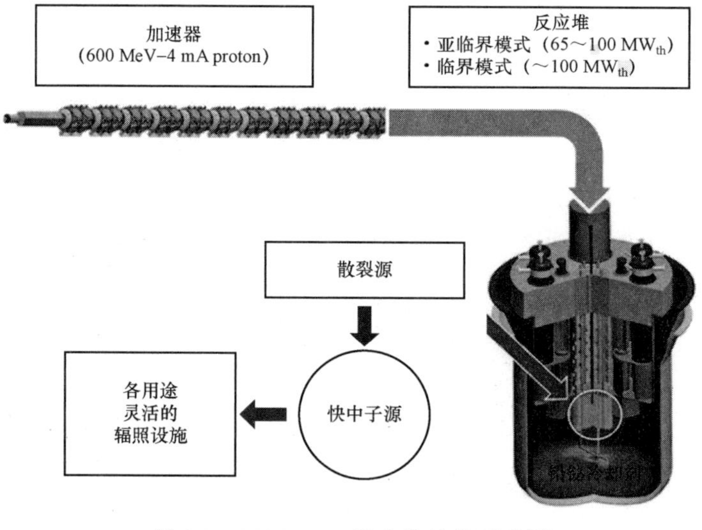

图 1-5　MYRRHA 堆本体结构示意图

（2）俄罗斯

俄罗斯最早开展铅基快堆的研发，是世界上唯一拥有铅基快堆建造和运行经验的国家，也是目前铅基快堆技术最为先进的国家。从 1952 年开始，该国成功建造了 8 艘使用铅基快堆驱动的核潜艇，同时建造了 2 座陆基铅基实验堆，积累了 100 多堆 • 年的运行经验[70]。进入 21 世纪后，俄罗斯积极推进铅基快堆的民用化和商业应用，目前正在着力开展小型铅基快堆 SVBR–100[71]（设计电功率 100 MW_e）以及中型铅基快堆

BREST–OD–300[72]（设计电功率 300 MW_e）的设计和建造，均计划于 2023 年前投入运行。图 1-6 给出了 SVBR–100 和 BREST–OD–300 的堆本体结构示意图。

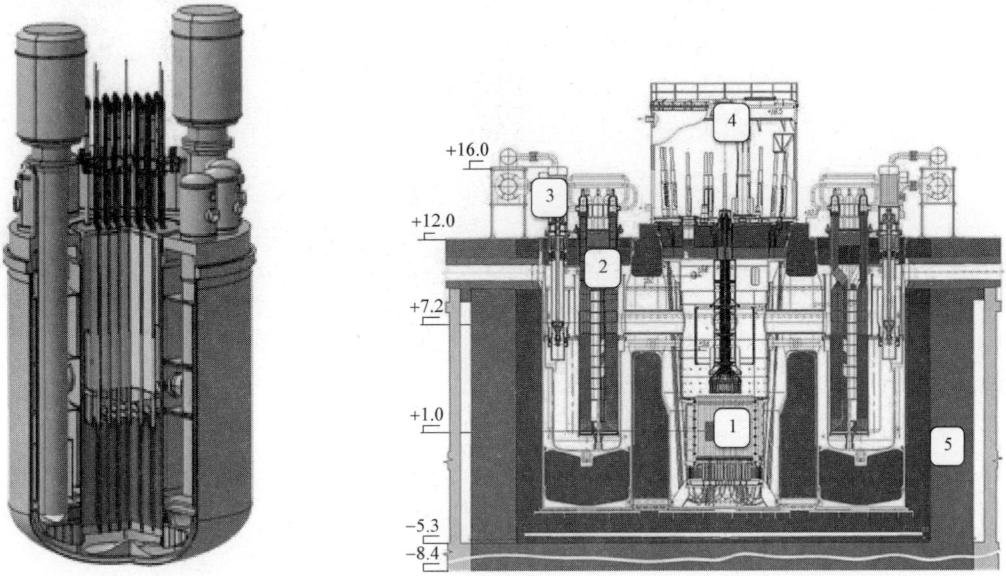

(a) SVBR–100　　(b) BRESTST–OD–300

图 1-6　SVBR–100 和 BREST–OD–300 堆本体结构示意图

（3）中国

中国科学院在 ADS 先导专项的资助下，针对 ADS 预研装置和第四代铅基快堆的技术发展目标以及实验要求，设计了具备临界和次临界双模式运行能力的中国铅基研究反应堆 CLEAR–I[73-74]。CLEAR–I 采用液态铅铋作为冷却剂，设计热功率为 10 MW_{th}，使用非军控的 19.75%的 UO_2 燃料，采用目前相对成熟的核燃料和核材料技术，可通过全堆芯遥操自动更换燃料组件，从而实现不同的实验目标。该堆具备良好的安全可靠性、实验灵活性和技术可行性。图 1-7 为 CLEAR–I 的堆本体结构示意图。

2015 年年底，国家发展和改革委员会正式批准了国家重大科技基础设施加速器驱动嬗变研究装置（CiADS）的立项。CiADS 工程采用“超导直线加速器＋高功率散裂靶＋次临界反应堆”组合的技术路线，其概念设计已完成，并已开展了一系列关键科学技术问题的研究[75-76]。其中，次临界反应堆为液态铅铋冷却快中子反应堆，采用半池式一半回路式的布置方式，通过主容器的中心管实现了与散裂靶在结构上的耦合。在正常运行时，反应堆采用主泵驱动的冷却剂进行热量导出；在事故工况下，充分利用液态铅铋的物性特点，加强了次临界反应堆的自然循环能力，利用液态铅铋在辅助换热器和堆芯之间的自然循环导出堆芯余热。反应堆燃料组件及换料方式采用相对成熟的技术方案，设置了铅铋主冷却剂辅助系统，具有良好的可行性、安全性、布置灵活性和技术扩展性。图 1-8 为 CiADS 次临界反应堆的堆本体结构示意图。

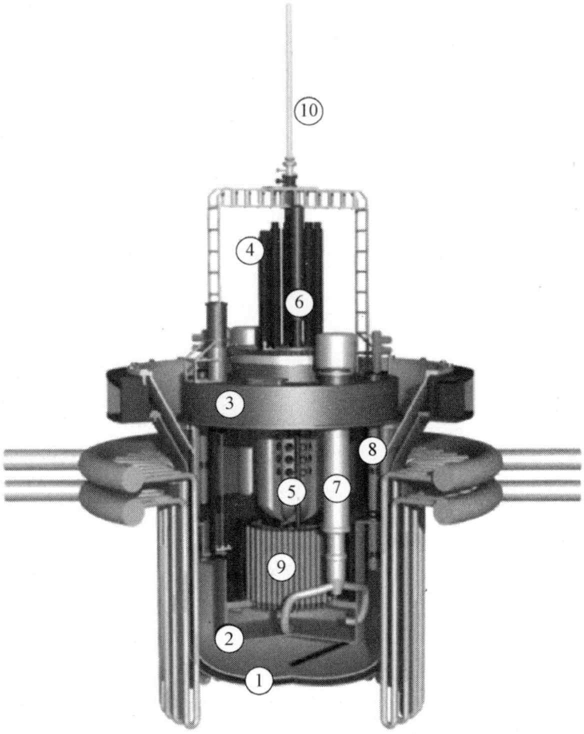

图 1-7　CLEAR－I 堆本体结构示意图

1—反应堆主容器；2—堆内构件；3—堆顶盖；4—旋转屏蔽塞系统；5—中心测量柱；6—控制棒驱动系统；7—主泵；9—堆芯；10—散列靶系统

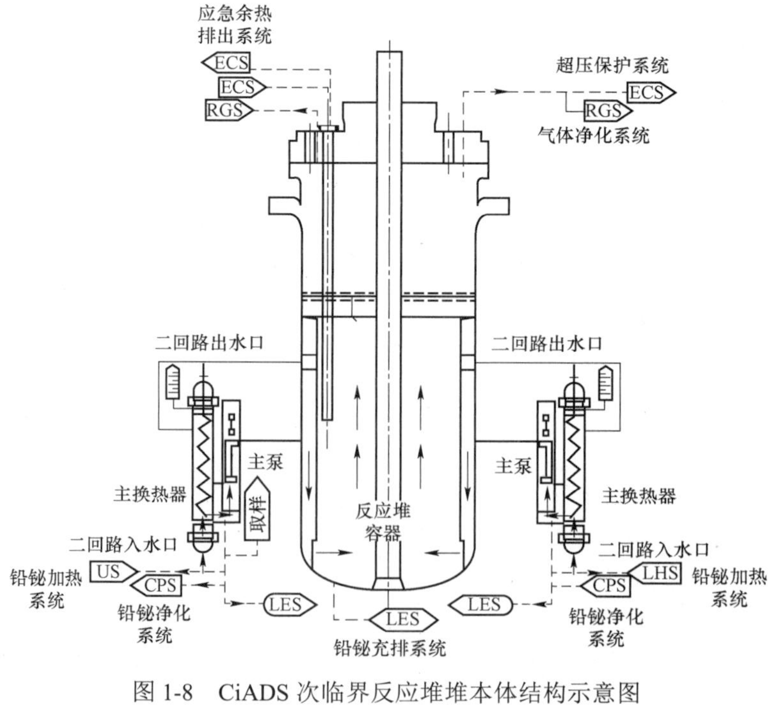

图 1-8　CiADS 次临界反应堆堆本体结构示意图

1.2.2 自然循环铅基快堆设计研究现状

自然循环铅基快堆一回路主冷却剂系统无需机械泵，完全依靠自然循环冷却，可简化反应堆冷却剂系统的结构设计，有效降低反应堆建造和运行成本，同时显著提高反应堆的固有安全性。因此，自然循环铅基快堆也吸引了世界各主要核电大国的目光，在积极开展强迫循环铅基快堆设计的同时，也着力推动自然循环铅基快堆的研发[77-78]。下面将重点介绍各国提出的具有代表性的自然循环铅基快堆设计方案。

（1）美国

美国在20世纪50年代时，也曾开展过铅基快堆技术的研发，但随着铀资源供应的增加及其价格的下跌，同时在研发过程中遇到了棘手的液态铅和铅铋腐蚀问题，导致美国对铅基快堆的兴趣逐渐消退，但相关基础研究工作依然一直保持。21世纪初，美国能源部（DOE）重启了铅基快堆研发计划，并设立了用于核废料嬗变的自然循环铅基快堆ABR项目，以及先进小型模块化自然循环铅基快堆SSTAR项目。DOE联合阿贡国家实验室（ANL）、爱达荷国家工程与环境实验室（INEEL）和劳伦斯利弗莫尔国家实验室（LLNL）对自然循环铅基快堆的关键技术进行了深入的研究，使美国在自然循环铅基快堆领域处于世界领先地位。

1）ABR项目[79-81]。该项目主要目的是设计一个用于核废料嬗变的自然循环铅基快堆，并开展反应堆嬗变性能相关的基础科学研究。ABR设计热功率为700 MW_{th}，电功率为 300 MW_{e}，候选燃料为金属燃料（U–Th–Pu–MA–Zr）以及氮化物燃料（U–Th–Pu–MA），二回路采用超临界二氧化碳的布雷顿循环。ABR项目在21世纪初研究非常活跃，INEEL开展了较为完备的物理、热工、安全和经济性分析，并于2000—2002年连续三年都对外发布相关研究进展报告，但是随后鲜有相关技术报告或文献对外发表。

2）SSTAR项目。SSTAR项目是美国于2006年启动的，主要由ANL、ILNL和IANL联合承担。ANL在之前提出的STAR–LM设计的基础上[82]，经过优化升级，提出了SSTAR（Small Secure Transportable Autonomous Reactor）的小型自然循环铅基快堆概念设计方案[83]。SSTAR设计热功率为45 MW_{th}，电功率为20 MW_{e}，使用超铀氧化物燃料（TRUN），采用长寿命堆芯的设计方案，换料周期达到了30年。同时该堆大量采用了模块化设计、自动跟踪负荷以及二回路超临界 CO_2 布雷顿循环等一系列先进技术[41]。SSTAR因其革新性的设计理念，良好的热工安全性能，显著的经济竞争力和突出的防核扩散力，被GIF选定为三种铅基快堆参考设计方案之一，其代表了小型自然循环铅基快堆的主要发展方向[78]。图1-9给出了SSTAR的堆本体结构示意图。

由于 SSTAR 大量采用先进的设计技术，目前的工程技术和材料水平尚无法满足SSTAR的建造和运行需求，美国于2011年对SSTAR方案进行了一系列改进，降低反应堆设计参数，推出了现实可行性更好的小型自然循环铅基快堆SUPERSTAR设计方案[84]。SUPERSTAR 设计热功率为 300 MW_{th}，电功率为 120 MW_{e}，采用弥散性金属燃燃料Pu–U–Zr，二回路依然采用超临界 CO_2 布雷顿循环，反应堆设计寿命为15年。同时为了提高SUPERSTAR的经济性和自然循环性能，反应堆功率由SSTAR的45 MW_{th} 提高到了 300 MW_{th}，自然循环高度也由 SSTAR 的 6.8 m 提高到了 15.5 m。图 1-10 给出了 SUPERSTAR 的堆本体结构示意图。

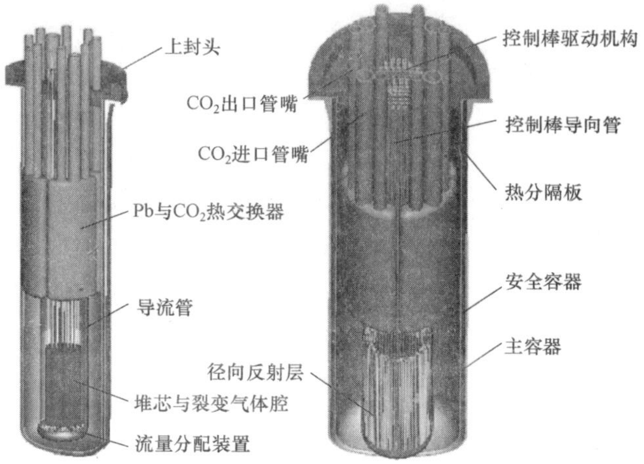

图 1-9　SSTAR 堆本体结构示意图[40]

（2）韩国

韩国从 20 世纪末开始铅基快堆的研发工作，国立首尔大学是该国的铅基快堆技术开发中心。该大学于 2011 年对外推出了长寿命小型铅基焚烧快堆 PASCAR（Proliferation-resistant，Environment-friendly，Self-supported，Capsular and Assured Reactor）的设计方案[85]，PASCAR 设计热功率为 100 MW_{th}，电功率为 35 MW_e，采用液态铅铋作为冷却剂，使用金属燃料 U-TRU-Zr，反应堆设计寿命达 20 年。该反应堆采用地下核电站设计方案，可采用模块化生产和组装，无需现场换料且冷却剂系统和安全系统采用大量的非能动设计方案，具备突出的防核扩散能力和固有安全特性。

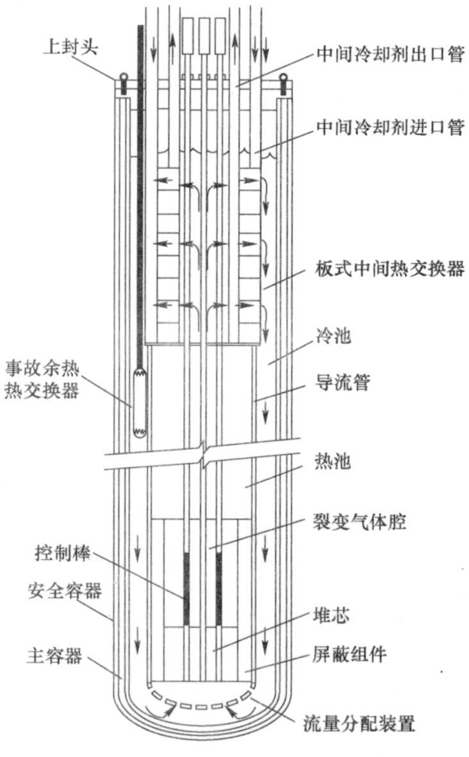

图 1-10　SUPERSTAR 堆本体结构示意图

针对 PASCAR 设计中发现采用金属燃料虽然可以使反应堆具备突出的增殖性能，但是由于金属燃在高温高辐照环境下稳定性不佳，限制了反应堆堆芯的出口温度，影响反应堆的经济性等问题，国立首尔大学采取了使用高富集度的氧化物燃料替代金属燃料，将反应堆堆芯组件由正方形设计改为六边形设计，改进热工水力设计方案以进一步降低了反应堆结构尺寸等优化措施，于 2015 年正式推出了小型模块化自然循环铅基快堆 URANUS（Ubiquitous，Robust，

Accident–forgiving，Non–proliferating and Ultra–lasting Sustainer）[87]。URANUS 设计热功率为 100 MW_{th}，电功率为 40 MW_e，反应堆换料周期为 20 年，具备多种用途，可用于区域供暖供电、海水淡化和制氢等。图 1-11 给出了 URANUS 堆本体结构示意图。

（3）欧盟

欧盟于 2011 年推出了一座低功率自然循环快堆 ELECTRA（European Lead–Cooled Training Reactor）的设计方案[87]，该堆主要发展目标是成为欧洲铅基快堆技术测试平台、研究快堆的动态特性、训练铅基快堆操纵员、教育核工程专业学生同时开展燃料循环和制造研究。ELECTRA 设计热功率为 0.5 MW_{th}，采用氮化物燃料（Pu，Zr）N，堆芯尺寸为 30 cm×30 cm，整个堆容器尺寸约为 1.5 m×3.0 m，由瑞典皇家理工学院（KTH）负责设计建造，计划于 2023 年投入运行。图 1-12 给出了 ELECTRA 堆本体结构示意图。

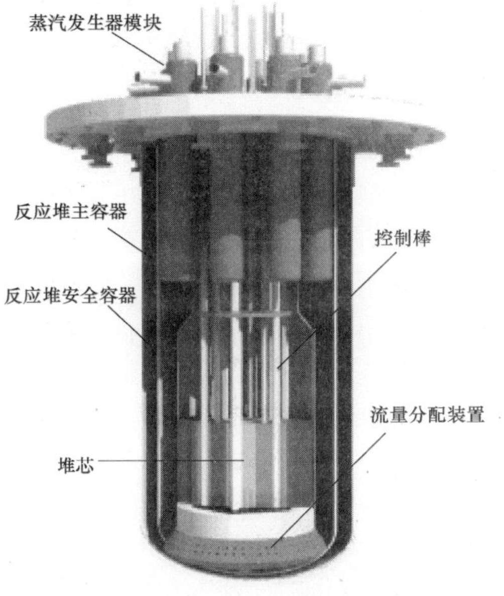

图 1-11 URANUS 堆本体结构示意图

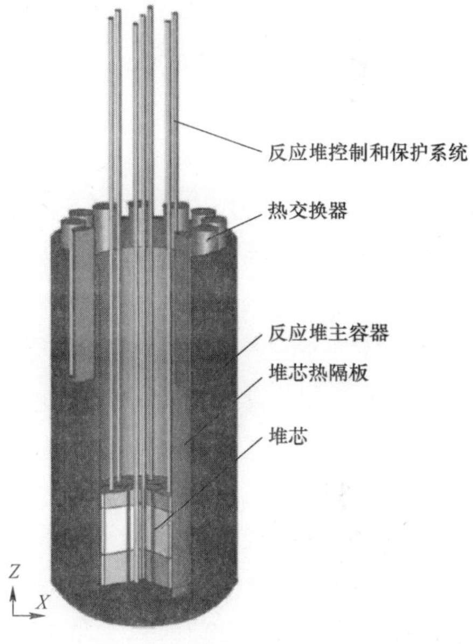

图 1-12 ELECTRA 堆本体结构示意图

1.3 铅基快堆主冷却系统热工安全特性研究现状

随着各主要核电大国铅基快堆计划的相继提出，对铅基快堆一回路主冷却系统的热工特性研究受到了广泛的重视，相关国家投入了大量的人力和物力，从理论分析、实验研究和数值模拟等方面开展深入的研究[88]。

数值模拟是开展铅基快堆热工水力设计和热工安全特性分析的重要手段。由于目前铅基快堆尚处于研发阶段，借助数值模拟手段可预测、仿真和分析铅基快堆的运行特性、可靠性和经济性，从堆芯局部热工水力特性到全厂系统级的运行特性等不同尺度研究铅基快堆热工安全性能，从而避免设计过程的反复，以及设计经验不足带来的风险，缩短铅基快堆设计周期，降低铅基快堆研发成本。目前，铅基快堆的数值模拟研究主要包括四个方面的内容：

1）针对铅基快堆一回路主冷却系统的概念设计开发相应的专用热工水力设计和热工安全特性分析程序；

2）使用经二次开发的水堆通用热工安全分析分析程序评估铅基快堆一回路主冷却系统的瞬态热工安全性能；

3）利用大型商用计算流体力学（CFD）程序对铅基快堆一回路主冷却系统的局部或系统特性进行分析；

4）耦合系统安全分析程序和 CFD 程序，并对铅基快堆一回路主冷却系统的复杂三维热工水力现象进行分析。

以下将就根据这四个方面的内容对各国在铅基快堆数值模拟方面的研究现状进行重点介绍。

1.3.1 专用程序开发现状

在上述各类铅基快堆的概念设计阶段，针对它们的热工水力设计和系统热工安全性能分析程序开发也陆续的开展。这一方面是由于各铅基快堆设计方案具有各自的独特性，例如有些铅基快堆采用机械泵技术，有些采用气泡泵技术，而有些采用自然循环技术等，无法利用通用的程序来进行分析研究；另一方面目前适用于铅基快堆热工水力设计和热工安全性能分析的通用程序非常稀少且可靠性有待进一步实验验证，因此，各国研究人员均针对性的开发了大量铅基快堆专用程序，对各自设计的铅基快堆开展热工水力设计和热工安全性能评估。

美国麻省理工学院（MIT）的 N. Todreas 教授和 J. Buongiorno 博士对 ABR 项目中的小型自然循环铅基快堆设计了三种不同的自然循环方案，分别是全自然循环方案、水—铅铋直接接触自然循环方案和气举自然循环方案，两位研究人员对于这三种方案均针对性的编制了相应的计算程序，并对各方案的热工水力性能进行了对比分析[89-91]；ANL 的 Moisseytsev 等人针对 STAR–LM 的一二回路建立热工水力分析模型，开发了铅基快堆电厂动态分析程序，对无保护失热阱事故（ULOHS）、无保护甩负荷事故（LOL，Loss–of–generator Load without scram）、二回路破口事故、氦气透平入口管破口事故和氦气透平出口管破口事故等事故工况进行了深入分析，全面论证了在事故工况下整个铅基快堆电厂系统的固有安全性能[92-93]；Zaki 对 100 MW_e 的小型铅基快堆针对性开发相应的系统安全分析程序，分别对装载 MOX 燃料、氮化物燃料和金属燃料三种不同燃料下的反应堆设计方案进行热工安全性能评估，研究了无保护失流（ULOF，Unprotected Loss–Of–Flow）、无保护超功率（UTOP，Unprotected Top–Of–Power）、无保护失热阱（ULOHS，Unprotected Loss–Of–Heat–Sink）以及叠加事故下的反应堆安全性能[94]。日本东京工业大学的 Takahashi 对美国 MIT 提出的铅基沸水堆（Pb–Bi–Water Reactor，PBWR）的堆芯结构进行重新设计和调整，提出了铅铋直接接触冷却沸水快堆（PBWFR，Pb–Bi cooled direct–contact–Boiling Water Fast Reactor）[95-96]设计方案，并同步开发了系统安全分析程序，对 PBWFR 的 ULOF 事故工况和 ULOHS 事故工况进行了深入研究[97]，肯定了 PBWFR 的固有安全性；同期，东京工大反应堆研究实验室的 Yan 等人对 200 MW 的铅基快堆 CANDLE 开发专用的系统安全分析程序[98]，并对 ULOF、无保护控制棒失控抽出（SDRW，Unprotected Shut Down Rods Withdrawal）、ULOHS 等事故进行安全分析，研究表明 CANDLE 能在不采取任何能动措施情况下应对这些事故。

中国华北电力大学的郭超等人针对俄罗斯设计的小型铅基快堆 SVBR－100 开发了特定的热工安全分析程序 SAC－LFR[99-100]，并对 SVBR 在 ULOF 和 UTOP 事故下的热工安全性能进行了探讨分析；西安交通大学的田永红等人针对东京工业大学设计的 PBWFR 开发了热工水力系统安全分析程序 SACOL，并对 PBWFR 的稳态和瞬态热工水力特性及安全特性进行了分析计算[101-102]。中国科学技术大学的陈钊设计了小型自然循环铅基快堆 SNCLFR－100，并针对性开发了热工水力设计程序 LFR－SIN[103]、流量分配程序 LFR－DIS[104]、子通道程序 KMC－Sub[105]和瞬态安全分析程序 FLUENT/PK[106]，对 SNCLFR－100 的稳态和瞬态热工水力特性进行了较系统的分析研究[10]。

1.3.2 通用系统分析程序开发现状

在通用程序方面，适用于压水堆和钠冷快堆的通用程序已经发展多年，无论是系统程序还是子通道分析程序都相对较为成熟。目前研究人员在这方面所开展的工作主要是扩展水冷和钠冷通用程序的物性包，增加铅和铅铋的传热、压降经验关系式，以使其满足铅基快堆的热工安全分析的需求。

在热工安全系统分析程序方面，意大利国家新能源、环境、新技术研究所（ENEA）联合比萨大学，对压水堆广泛使用的 RELAP5 Mod3.2 进行二次开发，添加了一系列铅和铅铋的物性、传热和压降模型，并基于欧盟内部的两大铅冷实验平台 CIRCE 和 TALL 对二次开发后的 RELAP5 进行了充分的实验验证[107-109]，经二次开发后的 RELAP5 程序被欧洲各主要核能机构广泛应用于铅基快堆的热工安全分析评估中[110]；德国核安全机构（GRS）对其开发的系统分析程序 ATHLET 进行二次开发，最新发布的版本中涵盖了铅和铅铋，以及钠等液态金属冷却剂，目前正在欧洲各大铅冷实验平台上开展实验验证[111-112]。TRACE 程序是美国核管会（NRC）联合 LANL、MIT 等核能研究单位开发的三维压水堆系统热工安全分析程序[113-114]，为了适应第四代先进核能系统的发展需求，LANL 在原有版本的基础上开发了 TRAC/AAA 程序[115-116]，该程序适用于液态金属快堆和氦冷高温气冷堆，目前相关热工水模型仍在不断完善，功能仍在不断拓展，同时 KTH 的 Ma[117] 和 Shao[118]等人在 TALL 实验台架上对 TRAC/AAA 开展了相关的实验验证工作；同时，美国 ANL 开发的 RELAP5－3D[119]和法国原子能委员会（CEA）开发的 CATHARE[120] 等著名反应堆热工安全分析程序都已进行了铅基快堆的适应性开发；ATHENA 是美国 INEEL 于 20 世纪 80 年代开发的反应堆瞬态安全分析程序[121]，其被广泛用于钠冷快堆的热工安全性能评估，INEEL 的 C. Daivs 博士针对 ATHENA 进行了二次开发，使其适用于铅基快堆的瞬态热工安全特性分析，并针对 ABR 反应堆项目的三种自然循环热工水力设计方案开展了较为全面的对比分析研究[122]。韩国对其开发的系统分析程序 MARS 进行二次开发，得到 MARS 的液态金属快堆计算版本 MARS－LMR，MARS－LMR 可胜任钠冷快堆和铅基快堆的热工安全分析需求[123-124]，首尔国立大学已将 MARS–LMR 用于其开发的小型铅基快堆 PASCAR 和 URANUS 的瞬态热工安全分析中[85-86]。瑞典 KTH 的 Suvdantsetseg E 将美国 ANL 开发的用于钠冷快堆的系统安全分析程序 SAS4A 扩展到铅基快堆，并对 KTH 设计的低功率铅基快堆 ELECTRA 的瞬态安全特性开展分析研究[125-126]。

中国原子能研究院的李石磊等在分析 RELAP5 程序内部结构和轻水物性表产生方法的基础上，编辑生成了 RELAP5 程序所必需的铅铋合金物性表，为开发铅基快堆系统安全分析程序典型了一定基础[127]。西安交通大学的陆天宇对 RELAP5 Mod3.3 进行二次开发，添加了铅、铅铋和钠等物性，并对 800 MW_{th} ADS 的热工安全性进行了全面分析研究[128]。

1.3.3 CFD 分析研究现状

大型商用 CFD 软件如 FLUENT、CFX、STAR–CD 和 STAR–CCM+以及开源 CFD 软件 OpenFOAM 等已经成为铅基快堆主冷却剂系统热工水力分析的重要手段之一。随着数值模拟技术的快速发展和计算机硬件技术的飞越，CFD 程序在铅基快堆的热工水力分析领域发挥着越来越重要的作用[129-130]。

德国卡尔斯鲁厄理工学院（KIT）在铅基快堆的 CFD 分析方面做了诸多卓有成效的工作，聚变和反应堆工程研究所（IFRT）的 X. Cheng 教授等人率先将 CFD 方法引入铅基快堆的热工水力设计分析中，其利用 CFX 对铅基快堆的燃料组件热工水力特性进行了深入的分析研究，同时开展了适用于铅基快堆的 CFD 湍流模型开发研究，取得了一系列显著成果[131-132]。

比利时 Ghent 大学的 Vanderhaegen. M 联合比利时 SCK • CEN 的 B. Arien 等人采用 FLUENT 对 MYRRHA 一回路主冷却剂系统开展了全尺寸三维 CFD 分析，对 MYRRHA 稳态和瞬态工况下的复杂三维热工水力现象进行了较为深入的研究[91]。Koloszar 等在 Vanderhaegen. M 等人的基础上，添加了 MYRRHA 的主热交换器模型，同时增加考虑了堆芯径向和轴向功率分布，对 MYRRHA 的三维复杂热工水力现象进行了更精细的分析，同时开展了堆内流固耦合研究[134]。与此同时，基于 OpenFOAM，Koloszar 等人通过添加铅和铅铋物性，吸收前人开发的液态重金属 CFD 湍流模型，并考虑堆内的流固耦合效应，开发了适用于 MYRRHA 稳态和瞬态热工水力分析的 CFD 求解器 MyrrhaFoam[135]。日本的 V. Dostal 等人利用 FLUENT 对铅铋—水/水蒸气的两相流运动场进行了模拟分析，为 PBWFR 的热工水力设计提供了一定的理论支持[136]。韩国原子能研究院（KAERI）的 Cho. C 等采用 CFX 模拟了加速器驱动次临界堆 HYPER 的散裂靶窗，主要研究了稳态工况下不同冷却剂流速、不同区域入口冷却剂对靶窗换热的影响[137]。

西安交通大学的苟军利利用 STAR–CD 对铅基快堆组件内的温度场和流场做了模拟计算，研究了雷诺数、湍流模型等因素对组件各个子通道温度场和流场的影响[138]。中国科学院核能安全技术研究所的王晓娟建立中国铅基研究反应堆 CLEAR–I 的全尺寸三维 CFD 模型，重点对比分析了主热交换器和非能动预热排除系统 RVACS 对 CLEAR–I 衰变热导出的有效性[139]。中国科学技术大学的陈钊建立 CLEAR-I 的 CFD 子通道分析模型，对铅基快堆子通道内燃料棒周向温度分布不均匀性进行了初步的探讨和分析[140]。

1.3.4 多尺度耦合分析程序开发现状

多尺度耦合分析方法是将传统的一维反应堆热工流体分析程序和三维 CFD 程序通过一定的耦合方法有机结合起来，从而实现反应堆系统尺度计算和局部尺度复杂现象分析的统一[141]。铅基快堆上、下腔室局部存在大量复杂的三维热工水力现象，传统的系统分析程序所采用的零维或一维热工水力模型长于堆系统尺度的分析，却无法准确模拟这类局部尺度的三维热工水力问题；而三维 CFD 程序长于局部尺度的复杂三维流动和传热现象模拟，但限于目前的计算机资源，尚难以开展整个堆系统尺度的分析[142]。因此，通过耦合系统分析程序和 CFD 程序，既能模拟整个反应堆系统，同时又能精确分析反应堆局部的三维热工水力现象。多尺度耦合分析程序可不对全系统使用三维 CFD 计算从而节省计算资源，同时又可避免系统程序在模拟整个铅基快堆系统响应特性的局限性差[143]。基于多尺度耦合分析程序的特点和优势，其已成为铅基快堆热工安全分析中的重要发展方向之一。

欧盟是目前多尺度耦合程序开发研究最为活跃，技术最为先进的地区。在“第六框架计划（6th FPW）”的资助下，欧盟于 2005—2008 年设立了 NURESIM 项目，该项目旨在建立一个供欧洲核反应堆仿真通用的参考平台[145]，由法国、德国等 13 个国家和 20 多个组织联合实施。NURESIM 项目通过更新并集成最先进的堆芯物理、热工水力、燃料模块为真实物理现象提供一个准确的仿真平台，其具备多尺度、多物理特征[146]。法国 CEA 在其负责的热工水力子项目中，基于开源软件 SALOME 耦合了系统程序 CATHARE 和 CFD 程序 TRIO_U，并实施了一系列的实验验证工作[146-147]。耦合程序 CATHARE/TRIO_U 的开发，掀起了欧盟各国研发多尺度耦合程序，开展多尺度耦合程序数值和实验验证的热潮。欧盟随后在 NURESIM 项目的基础上，进一步规划了 NURISP 项目（2009—2012 年），该项目在 NURESIM 项目的基础上集成了新的程序，在模型开发、多尺度耦合技术、平台开发、不确定性分析和实验验证等方面进行了进一步的拓展和完善[148]。NURISP 项目中增加了德国 GRS 开发的系统程序 ATHLET 和 CFD 程序 CFX，开发了多尺度耦合程序 ATHLET/CFX[149]，并对 CATHARE/TRIO_U 进行了进一步的优化，同时基于俄罗斯的压水堆 VVER-1000 实验数据，对所开发的两个耦合程序进行了进一步的实验验证[150]，并适当考虑了第四代核能系统的适用性[151-152]。同期，基于第四代核能系统发展的需要，欧盟在“第七框架计划（7th FPW）”中设立了 THINS 项目，该项目旨在研究第四代核能系统中所普遍存在的关键热工水力现象，主要开展开发始适用于第四代核能系统的热工水力模型，研发多尺度耦合程序，搭建多尺度耦合实验平台并开展程序验证和不确定性量化分析等工作[65]。在 THINS 项目的资助下，瑞典 KTH 在其铅冷实验平台 TALL 上增设多尺度耦合程序验证实验段[153]，同时将法国 PHENIX 快堆上开展的自然对流和非对称冷却实验纳入多尺度耦合程序验证基准算例[154-158]。德国 KIT 在项目下开发了 ATHLET/OpenFOAM，并基于 PHENIX 自然循环实验数据开展了耦合程序实验验证工作[159]；德国 GRS 基于 TALL 实验台架的数据，对其开发的 ATHLET/CFX 在铅冷系统中的应用做了进一步的实验验证[160-162]；瑞典 KTH 开发了 RELAP5/STAR–CCM+[163]，对不同区域耦合方法、时间迭代方法等进行了深入研究，同时基于 TALL 的实验数据对 RELAP5/STAR–CCM+分别进行了稳态和瞬态实验验证[161-164]；法国 CEA 基于 PHENIX 实验数据对开发的多尺度耦合程序 CATHARE/TRIO_U 在第四代核能系统中的适应性进行了较为广泛的分析和探讨[165-166]。在上述三个项目以外，意大利凭借其多年的铅基快堆热工水力程序研发经验，基于所开发的 RELAP5–LBE，开发了耦合程序 RLEAP5/FLUEN[167]，同时基于其自然循环铅冷实验回路 NACIE 对耦合程序进行了实验验证，取得了一系列积极的成果[168-169]。

美国在多尺度耦合程序开发方面起步较早，最初均是针对压水堆的非对称冷却和下腔室的流量分配现象研究而开发，后逐渐向超高温气冷堆和钠冷快堆等第四代核能系统拓展。2001 年，贝提斯原子力实验室的 D.L. Aumiller 基于所开发的多相流 CFD 程序和系统程序 RELAP5–3D 开发了多尺度耦合程序[170-171]，并基于 Edward–O’Brien 管道喷放实验对耦合程序进行了验证，该多尺度耦合程序的开发影响力较大，对后续欧盟和美国多尺度耦合程度的研发工作起到了积极的指导作用。2008 年，德州农工大学的基于 Nolan Anderson 基于并行虚拟机技术耦合了 RELAP5–3D 和 FLUETN，并利用耦合程序对超高温气冷堆出口腔室的复杂三维流动现象进行了初步分析研究[172]。伊利诺伊大学香槟分校的 Yan 在 Nolan Anderson 的基础上对耦合方法做了进一步优化，基于 FLUENT 的用户自定义函数（UDF）功能重新耦合了 RELAP5/FLUENT，降低了耦合方法的复杂性，同时对耦合程序开展了在第三代压水堆 AP1000 和超高温气冷堆的适用性分析[173]。ANL 的 T. H. Fanning 等人基于系统程序 SAS4A/SASSYS–1 和 CFD 程序 STAR–CD，采用区域分离的方法开发了耦合程序 SAS4A/STAR–CD[175]，同时基于美国钠冷快堆 EBR–Ⅱ的实验数据对耦合程序开展了实验验证[176]。

中国在多尺度耦合程序方面起步较晚，近年来也陆续开展了多尺度耦合程序开发和验证工作。中国核动力设计研究院于 2005 年派人赴法国 CEA 学习多尺度耦合程序开发后，刘余等人先后开发了 RELAP5/CFX[177]、RELAP5/CFX/COBRA 等耦合程序，并基于国际基准例题对耦合程序开展了初步的验证[179]。西安交通大学苏光辉教授课题组也基于美国德州农工大学的多尺度耦合程序开发经验对多尺度耦合程序耦合方法进行了初步探索，其课题组博士生李伟基于区域分离方法开发了多尺度耦合程序 RELAP5/FLUENT[180-181]，同时基于 Edward–O’Brien 管道喷放实验对耦合程序作了初步的验证。中国原子能科学研究院的乔学冬博士基于俄罗斯的系统程序 RUBIN 和 CFD 程序 FLUENT，开发了 RUBIN/FLUENT[182-183]，并基于中国实验快堆（CEFR）满功率运行工况和全厂断电事故对耦合程序开展了 Code–to–Code 的验证。

1.4 小 结

本章主要阐述的是研究背景与意义，介绍了铅基快堆对保持核能可持续发展的重要意义，同时阐述铅基快堆和自然循环铅基快堆的特点，并展示目前铅基快堆存在的热工水力挑战，详细总结了国内外在铅基快堆设计尤其是铅基快堆热工安全特性分析中研究现状。

综合上述，国外尤其是欧盟、俄罗斯和美国均对铅基快堆设计开展了较为全面和深入的研究，制定了较为完备的铅基快堆发展路线图并推出了诸多铅基快堆设计方案，同时均将自然循环铅基快堆作为铅基快堆技术研发的一个重要发展方向。在各铅基快堆研发项目的推动下，各国在铅基快堆热工水力设计和热工安全特性的数值模拟研究方面均投入了大量的人力和物力，在专用程序开发、通用程序开发、CFD应用和多尺度耦合程序开发等方面均做了大量工作，取得了卓有成效的工作。无论是铅基快堆设计，还是相应的数值模拟工具研发预引用，欧盟、俄罗斯和美国等均处于国际领先地位。

我国在铅基快堆研发方面仍处于起步阶段，在铅基快堆数值模拟工具研发和应用方面的技术和经验积累较少，和国际先进水平相比还有较大差距。在我国设立铅基快堆发展规划并大力推动加速器驱动嬗变研究装置（CIADS）研发的大背景下，亟须开发相应的数值模拟工具，并对铅基快堆的热工安全特性进行深入的分析研究。

参考文献

[1] 杜祥琬，叶奇蓁，徐銤，等. 核能技术方向研究及发展路线图 [J]. 中国工程科学，2018，20（03）：25-32.

[2] Budnitz R J. Nuclear power：Status report and future prospects[J]. Energy Policy，2016，96：735-739.

[3] Kelly J E. Generation IV International Forum：A decade of progress through international cooperation [J]. Progress in Nuclear Energy，2014，77：240-246.

[4] Alemberti A，Frogheri M L，Hermsmeyer S，et al. Lead-cooled Fast Reactor （LFR） Risk and Safety Assessment White Paper [C] //GEN IV International Forum. 2014.

[5] Smith C F，Cinotti L. Lead-cooled fast reactor[M]//Handbook of Generation IV Nuclear Reactors. Woodhead Publishing，2016：119-155.

[6] Alemberti A. The Lead Fast Reactor：An Opportunity for the Future? [J]. Engineering，2016，2（1）：59-62.

[7] Tuček K，Carlsson J，Wider H. Comparison of sodium and lead-cooled fast reactors regarding reactor physics aspects，severe safety and economical issues [J]. Nuclear Engineering and Design，2006，236（14）：1589-1598.

[8] 吴宜灿.铅基反应堆研究进展与应用前景 [J]. 现代物理知识，2018，30（04）：35-39.

[9] Su'ud Z. Comparative study on safety performance of nitride fueled lead-bismuth cooled fast reactor with various power levels [J]. Progress in Nuclear Energy，1998，32（3）：571-577.

[10] 陈钊，石康丽，张勇，等.小型自然循环铅基快堆固有安全性分析研究 [J]. 核科

学与工程，2019，39（03）：430-439.
[11] Li N. Lead-alloy coolant technology and materials-technology readiness level evaluation [J]. Progress in Nuclear energy，2008，50（2-6）：140-151.
[12] Cinotti L，Smith C F，Sekimoto H，et al. Lead-cooled system design and challenges in the frame of Generation IV International Forum [J]. Journal of Nuclear Materials，2011，415（3）：245-253.
[13] Gromov B F，Belomitcev Y S，Yefimov E I，et al. Use of lead-bismuth coolant in nuclear reactors and accelerator-driven systems [J]. Nuclear Engineering and Design，1997，173（1-3）：207-217.
[14] Sekimoto H，Su'ud Z. Design study of lead-and lead-bismuth-cooled small long-life nuclear power reactors using metallic and nitride fuel [J]. Nuclear Technology，1995，109（3）：307-313.
[15] 吴宜灿，王明煌，黄群英，等. 铅基反应堆研究现状与发展前景 [J]. 核科学与工程，2015，35（2）：213-221.
[16] Todreas N E，MacDonald P E，Hejzlar P，et al. Medium-power lead-alloy reactors: Missions for this reactor technology [J]. Nuclear Technology，2004，147（3）：305-320.
[17] Allen T R，Crawford D C. Lead-cooled fast reactor systems and the fuels and materials challenges [J]. Science and Technology of Nuclear Installations，2007.
[18] Zhang J. Oxygen control technology in applications of liquid lead and lead-bismuth systems for mitigating materials corrosion [J]. Journal of Applied Electrochemistry，2013，43（8）：755-771.
[19] Ballinger R G，Lim J. An overview of corrosion issues for the design and operation of high-temperature lead-and lead-bismuth-cooled reactor systems [J]. Nuclear Technology，2004，147（3）：418-435.
[20] Zhang J. Lead-B ismuth Eutectic （LBE）：A Coolant Candidate for Gen. IV Advanced Nuclear Reactor Concepts [J]. Advanced Engineering Materials，2014，16（4）：349-356.
[21] Larson C L. Polonium extraction techniques for a lead-bismuth cooled fast reactor [D]. Massachusetts Institute of Technology，2002.
[22] Buongiorno J，Loewen E P，Czerwinski K，et al. Studies of polonium removal from molten lead-bismuth for lead-alloy-cooled reactor applications [J]. Nuclear Technology，2004，147（3）：406-417.
[23] 陈钊. 小型自然循环铅冷快堆 SNCLFR-100 热工水力设计与安全分析研究 [D]. 中国科学技术大学，2015.
[24] Loewen E P，Tokuhiro A T. Status of research and development of the lead-alloy-cooled fast reactor [J]. Journal of Nuclear science and technology，2003，40（8）：614-627.
[25] Alemberti A，Smirnov V，Smith C F，et al. Overview of lead-cooled fast reactor activities [J]. Progress in Nuclear Energy，2014，77：300-307.

[26] Lorusso P，Bassini S，Del Nevo A，et al. GEN-IV LFR development：status & perspectives [J]. Progress in Nuclear Energy，2018，105：318-331.

[27] Kim T K，Grandy C，Natesan K，et al. Research and development roadmaps for liquid metal cooled fast reactors [R]. Argonne National Lab.（ANL），Argonne，IL （United States），2017.

[28] 中国科学院学部. 关于加速器驱动次临界系统（ADS）研发促进我国核能可持续发展的建议 [J]. 中国科学院院刊，2009，24（6）：642-644.

[29] 詹文龙，徐瑚珊. 未来先进核裂变能——ADS 嬗变系统[J]. 中国科学院院刊，2012，27（3）：375-381.

[30] 吴宜灿，柏云清，宋勇，等. 中国铅基研究反应堆概念设计研究 [J]. 核科学与工程，2014（2）：201-208.

[31] Wu Y，Bai Y，Song Y，et al. Development strategy and conceptual design of China lead-based research reactor [J]. Annals of Nuclear Energy，2016，87：511-516.

[32] 肖国青，徐瑚珊，王思成. HIAF 及 CiADS 项目进展与展望 [J]. 原子核物理评论，2017，34（3）：275-283.

[33] Yan X，Yang L，Zhang X，et al. Concept of an accelerator-driven advanced nuclear energy system [J]. Energies，2017，10（7）：944.

[34] Revol J P. Accelerator-Driven Systems（ADS）Physics and Motivations[M]//Thorium Energy for the World. Springer，Cham，2016：235-242.

[35] Wallenius J，Suvdantsetseg E，Borrot S，et al. ELECTRA：A Lead Cooled Reactor for Training and Education [C] //Proceedings of the fourth conference «Heavy liquid metal coolants in nuclear technologies»（HLMC 2013）. 2015：29-42.

[36] Moe W L. Advanced Reactor Technologies-Regulatory Technology Development Plan（RTDP）[R]. Idaho National Lab.（INL），Idaho Falls，ID （United States），2017.

[37] Kim Y M. The National Promotion Strategy for the Development of the Generation IV Reactor Systems in the Republic of Korea [J]. Energy Sources，Part B：Economics，Planning，and Policy，2012，7（4）：357-365.

[38] 魏诗颖，王成龙，田文喜，等.铅基快堆关键热工水力问题研究综述 [J]. 原子能科学技术，2019，53（02）：326-336.

[39] Roelofs F，Gopala V R，Jayaraju S，et al. Review of fuel assembly and pool thermal hydraulics for fast reactors[J]. Nuclear Engineering and Design，2013，265：1205-1222.

[40] Tenchine D. Some thermal hydraulic challenges in sodium cooled fast reactors [J]. Nuclear Engineering and Design，2010，240（5）：1195-1217.

[41] Grötzbach G. Challenges in low-Prandtl number heat transfer simulation and modelling [J]. Nuclear engineering and design，2013，264：41-55.

[42] 葛志浩. 液态金属湍流换热的直接数值模拟研究 [D]. 中国科学技术大学，2018.

[43] Shams A，Roelofs F，Baglietto E，et al. Assessment and calibration of an algebraic

turbulent heat flux model for low-Prandtl fluids [J]. International Journal of Heat and Mass Transfer，2014，79：589-601.

[44] Qvist S，Greenspan E. The ADOPT code for automated fast reactor core design [J]. Annals of Nuclear Energy，2014，71：23-36.

[45] Bortot S，Suvdantsetseg E，Wallenius J. BELLA：a multi-point dynamics code for safety-informed design of fast reactors [J]. Annals of Nuclear Energy，2015，85：228-235.

[46] 魏诗颖，王成龙，苏光辉，等.铅铋冷却沸水快堆热工水力系统安全分析程序开发 [J]. 核动力工程，2018，39（04）：67-70.

[47] Liu X J，Scarpelli N. Development of a sub-channel code for liquid metal cooled fuel assembly [J]. Annals of Nuclear Energy，2015，77：425-435.

[48] Guo C，Lu D，Zhang X，et al. Development and application of a safety analysis code for small Lead cooled Fast Reactor SVBR 75/100 [J]. Annals of Nuclear Energy，2015，81：62-72.

[49] Davis C B，Shieh A S L. Overview of the use of ATHENA for thermal-hydraulic analysis of systems with Lead-Bismuth coolant [R]. Idaho National Laboratory（INL），2000.

[50] Tarantino M，Martelli D，Barone G，et al. Mixed convection and stratification phenomena in a heavy liquid metal pool [J]. Nuclear Engineering and Design，2015，286：261-277.

[51] Yeoh G H. Thermal hydraulic considerations of nuclear reactor systems：Past，present and future challenges [J]. Experimental and Computational Multiphase Flow，2019，1（1）：3-27.

[52] Roelofs F，Shams A，Pacio J，et al. European outlook for LMFR thermal hydraulics [C] //The 16th International Topical Meeting on Nuclear Reactor Thermal Hydraulics（NURETH-16），Chicago，United States. 2015.

[53] Chen Z，Zhao P，Zhou G，et al. Study of core flow distribution for small modular natural circulation lead or lead-alloy cooled fast reactors [J]. Annals of Nuclear Energy，2014，72：76-83.

[54] Cinotti L，Smith C F，Sekimoto H，et al. Lead-cooled system design and challenges in the frame of Generation IV International Forum [J]. Journal of Nuclear Materials，2011，415（3）：245-253.

[55] Zhao P，Li S，Chen Z，et al. Natural circulation characteristics analysis of a small modular natural circulation lead-bismuth eutectic cooled fast reactor [J]. Progress in Nuclear Energy，2015，83：220-228.

[56] Van Goethem G. Euratom research and training program in Generation-IV systems：Breakthrough technologies to improve sustainability，safety and reliability，

socioeconomics, and proliferation resistance [M] //Handbook of Generation IV Nuclear Reactors. Woodhead Publishing, 2016: 241-281.

[57] De Bruyn, Didier, Maes, Dirk, Mansani, Luigi, Giraud, Benoit, 2007. From MYRRHA to XT-ADS: the design evolution of an experimental ADS system. In: AccApp'07, Pocatello, Idaho, July 29eAugust 2, 2007.

[58] Knebel J U, Fazio C, Ait A, et al. IP EUROTRANS: a European research programme for the transmutation of high level nuclear waste in an accelerator driven system [M] // Actinides and fission product partitioning and transmutation. 2005.

[59] De Bruyn D, Larmignat S, Hune A W, et al. Accelerator driven systems for transmutation: main design achievements of the XT-ADS and EFIT systems within the FP6 IP-EUROTRANS integrated project [C] //Proceedings of ICAPP. 2010, 10: 13-17.

[60] Sarotto M, Castelliti D, Fernandez R, et al. The MYRRHA-FASTEF cores design for critical and sub-critical operational modes (EU FP7 Central Design Team project) [J]. Nuclear Engineering and Design, 2013, 265: 184-200.

[61] De Bruyn D, Alemberti A, Mansani L, et al. Main achievements of the FP7-LEADER collaborative project of the European Commission regarding the design of a lead-cooled fast reactor [C] //International Congress on Advances in Nuclear Power Plants: Nuclear Power-A Safe and Sustainable Choice for Green Future, ICAPP 2013, Held with the 28th KAIF/KNS Annual Conference; Jeju Island; South Korea. 2013: 281-290.

[62] Ammirabile L, Tuček K, Blanc D, et al. SARGEN-IV: Consideration on the possible content of the safety analysis report for innovative ESNII reactors [J]. Nuclear Engineering and Design, 2016, 300: 452-466.

[63] Forni M, Poggianti A, Scipinotti R, et al. Seismic isolation of lead-cooled reactors: The European project SILER [J]. Nuclear Engineering and Technology, 2014, 46 (5): 595-604.

[64] Marie S, Agostini P, Fazio C, et al. Presentation of FP7 MATTER project: General overview [C] //ASME 2011 Pressure Vessels and Piping Conference. American Society of Mechanical Engineers Digital Collection, 2012: 401-408.

[65] Cheng X, Batta A, Bandini G, et al. European activities on crosscutting thermal-hydraulic phenomena for innovative nuclear systems [J]. Nuclear Engineering and Design, 2015, 290: 2-12.

[66] Kochetkov A, Baeten P, Billebaud A, et al. Current Progress and Future Plans of the FREYA Project. Technology and Components of Accelerator-Driven Systems TCADS, Second International Workshop; 2013 May 21-23; Nantes (France).

[67] Frogheri M, Alemberti A, Mansani L. The lead fast reactor: demonstrator (ALFRED) and ELFR design [C] //International Conference on Fast Reactors and Related Fuel Cycles: Safe Technologies and Sustainable Scenarios (FR13), Paris, France. 2013.

［68］Frignani M，Alemberti A，Tarantino M. ALFRED：A revised concept to improve pool related thermal-hydraulics［J］. Nuclear Engineering and Design，2019，355：110359.
［69］Van Tichelen K，Kennedy G，Mirelli F，et al. Advanced Liquid-Metal Thermal-Hydraulic Research for MYRRHA［J］. Nuclear Technology，2019：1-14.
［70］Roelofs F. Introduction to liquid metal cooled reactors［M］//Thermal Hydraulics Aspects of Liquid Metal Cooled Nuclear Reactors. Woodhead Publishing，2019：1-15.
［71］Petrochenko V，Toshinsky G，Komlev O. SVBR-100 nuclear technology as a possible option for developing countries［J］. World Journal of Nuclear Science and Technology，2015，5（03）：221.
［72］Glazov A G，Khomyakov Y S，Gorbachev M K，et al. On-site nuclear fuel cycle of "BREST" reactors［J］. International Journal of Energy and Power Engineering，2018，7（1）：1.
［73］吴宜灿，柏云清，宋勇，等.中国铅基研究反应堆概念设计研究［J］. 核科学与工程，2014，34（02）：201-208.
［74］Wu Y，Bai Y，Song Y，et al. Development strategy and conceptual design of China lead-based research reactor［J］. Annals of Nuclear Energy，2016，87：511-516.
［75］彭天骥，顾龙，王大伟，等.中国加速器驱动嬗变研究装置次临界反应堆概念设计［J］. 原子能科学技术，2017，51（12）：2235-2241.
［76］Liu S H，Wang Z J，Jia H，et al. Physics design of the CIADS 25 MeV demo facility［J］. Nuclear Instruments and Methods in Physics Research Section A：Accelerators，Spectrometers，Detectors and Associated Equipment，2017，843：11-17.
［77］Sagayama Y，Ando M. The development status of Generation IV reactor systems（1）. Overview［J］. Nippon Genshiryoku Gakkai-Shi（Atomos），2018，60（3）：162-167.
［78］Alemberti A，Smirnov V，Smith C F，et al. Overview of lead-cooled fast reactor activities［J］. Progress in Nuclear Energy，2014，77：300-307.
［79］MacDonald P E，Todreas N. Design of an Actinide Burning，Lead or Lead-Bismuth Cooled Reactor That Produces Low Cost Electricity［J］. LDRD FY-01 Annual Report，2000.
［80］Buongiorno J，Davis C，Herring S. et al.，Design of an Actinide Burning，Lead or Lead-Bismuth Cooled Reactor That Produces Low Cost Electricity［J］. LDRD FY-01 Annual Report，2001.
［81］MacDonald P E，Buongiorno J. Design of an Actinide Burning，Lead or Lead-Bismuth Cooled Reactor That Produces Low Cost Electricity［J］. LDRD FY-01 Annual Report，2002.
［82］Sienicki J J，Spencer B W. Power optimization in the Star-LM modular natural convection reactor system［C］//10th International Conference on Nuclear Engineering. American Society of Mechanical Engineers Digital Collection，2009：685-690.

[83] Smith C F，Halsey W G，Brown N W，et al. SSTAR：The US lead-cooled fast reactor（LFR）[J]. Journal of Nuclear Materials，2008，376（3）：255-259.

[84] Bortot S，Moisseytsev A，Sienicki J J，et al. Core design investigation for a SUPERSTAR small modular lead-cooled fast reactor demonstrator [J]. Nuclear Engineering and Design，2011，241（8）：3021-3031.

[85] Choi S，Cho J H，Bae M H，et al. PASCAR：Long burning small modular reactor based on natural circulation[J]. Nuclear Engineering and Design，2011，241（5）：1486-1499.

[86] Shin Y H，Choi S，Cho J，et al. Advanced passive design of small modular reactor cooled by heavy liquid metal natural circulation[J]. Progress in Nuclear Energy，2015，83：433-442.

[87] Wallenius J，Suvdantsetseg E，Fokau A. ELECTRA：European lead-cooled training reactor [J]. Nuclear Technology，2012，177（3）：303-313.

[88] Roelofs F. Thermal Hydraulics Aspects of Liquid Metal Cooled Nuclear Reactors [M]. Woodhead Publishing，2018.

[89] Hejzlar P，Buongiorno J，MacDonald P E，et al. Design Strategy and Constraints for Medium-Power Lead-Alloy-Cooled Actinide Burners [J]. Nuclear Technology，2004，147（3）：321-343.

[90] Buongiorno J，Todreas N E，Kazimi M S. Thermal design of lead-bismuth cooled reactors for actinide burning and power production[M]. Program for Advanced Nuclear Power Studies，Department of Nuclear Engineering，Massachusetts Institute of Technology，1999.

[91] Dostal V，Hejzlar P，Todreas N E，et al. Medium-power lead-alloy fast reactor balance-of-plant options [J]. Nuclear Technology，2004，147（3）：388-405.

[92] Moisseytsev A，Sienicki J J. Development of a plant dynamics computer code for analysis of a supercritical carbon dioxide Brayton cycle energy converter coupled to a natural circulation lead-cooled fast reactor[R]. Argonne National Laboratory（ANL），Argonne，IL，2007.

[93] Moisseytsev A，Sienicki J J. Transient accident analysis of a supercritical carbon dioxide Brayton cycle energy converter coupled to an autonomous lead-cooled fast reactor [J]. Nuclear Engineering and Design，2008，238（8）：2094-2105.

[94] Su'ud Z. Safety performance comparation of MOX，nitride and metallic fuel based 25-100 MW_e Pb-Bi cooled long life fast reactors without on-site refuelling[J]. Progress in Nuclear Energy，2008，50（2-6）：157-162.

[95] Takahashi M，Uchida S，Hata K，et al. PbBi-cooled direct contact boiling water small reactor [J]. Progress in Nuclear Energy，2005，47（1-4）：190-201.

[96] Takahashi M，Uchida S，Kasahara Y. Design study on reactor structure of Pb-Bi-cooled direct contact boiling water fast reactor （PBWFR）[J]. Progress in Nuclear Energy，

2008，50（2-6）：197-205.

［97］Takahashi M，Uchida S，Yamada Y，et al. Safety design of Pb-Bi-cooled direct contact boiling water fast reactor （PBWFR）[J]. Progress in Nuclear Energy，2008，50（2-6）：269-275.

［98］Yan M，Sekimoto H. Safety analysis of small long life CANDLE fast reactor[J]. Annals of Nuclear Energy，2008，35（5）：813-828.

［99］Guo C，Lu D，Zhang X，et al. Development and application of a safety analysis code for small Lead cooled Fast Reactor SVBR 75/100［J］. Annals of Nuclear Energy，2015，81：62-72.

［100］郭超. 液态金属冷却快堆系统核热耦合分析技术的研究［D］. 华北电力大学（北京），2017.

［101］Tian Y H，Su G H，Wang J，et al. Code development and safety analyses for Pb-Bi-cooled direct contact boiling water fast reactor （PBWFR）［J］. Progress in Nuclear Energy，2013，68：177-187.

［102］Tian Y，Tian W，Zhang D，et al. Safety Analyses for Pb-Bi-Cooled Direct Contact Boiling Water Fast Reactor （PBWFR）［C］//2014 22nd International Conference on Nuclear Engineering. American Society of Mechanical Engineers Digital Collection，2014.

［103］Chen Z，Zhou G，Zhao P，et al. Development and application of a thermal-hydraulics analysis code for small modular natural circulation lead or lead-alloy cooled fast reactors［J］. Annals of Nuclear Energy，2014，73：68-74.

［104］Chen Z，Zhao P，Zhou G，et al. Study of core flow distribution for small modular natural circulation lead or lead-alloy cooled fast reactors［J］. Annals of Nuclear Energy，2014，72：76-83.

［105］Li S，Cao L，Khan M S，et al. Development of a sub-channel thermal hydraulic analysis code and its application to lead cooled fast reactor［J］. Applied Thermal Engineering，2017，117：443-451.

［106］Chen Z，Chen X N，Rineiski A，et al. Coupling a CFD code with neutron kinetics and pin thermal models for nuclear reactor safety analyses［J］. Annals of Nuclear Energy，2015，83：41-49.

［107］Bandini G，Meloni P，Polidori M. Thermal-hydraulics analyses of ELSY lead fast reactor with open square core option［J］. Nuclear Engineering and Design，2011，241（4）：1165-1171.

［108］Bandini G，Polidori M，Meloni P，et al. RELAP5 and SIMMER-III code assessment on CIRCE decay heat removal experiments［J］. Nuclear Engineering and Design，2015，281：39-50.

［109］Kööp K，Jeltsov M，Grishchenko D，et al. Pre-test analysis for identification of natural circulation instabilities in TALL-3D facility [J]. Nuclear Engineering and Design, 2017, 314: 110-120.

[110] Bandini G, Polidori M, Gerschenfeld A, et al. Assessment of systems codes and their coupling with CFD codes in thermal-hydraulic applications to innovative reactors [J]. Nuclear Engineering and Design, 2015, 281: 22-38.

[111] Hollands T, Buchholz S, Wielenberg A. Validation of the AC2 Codes ATHLET and ATHLET-CD [J]. Kerntechnik, 2019, 84 (5): 397-405.

[112] Lerchl G, Austregesilo H, Schöffel P, et al. ATHLET 3.1 A User's Manual [J]. Gesellschaft für Anlagenund, 2016.

[113] Cheng Y H, Wang J R, Lin H T, et al. Benchmark calculations of pressurizer model for Maanshan nuclear power plant using TRACE code [J]. Nuclear Engineering and Design, 2009, 239 (11): 2343-2348.

[114] Queral C, Montero-Mayorga J, Gonzalez-Cadelo J, et al. AP1000® Large-Break LOCA BEPU analysis with TRACE code [J]. Annals of Nuclear Energy, 2015, 85: 576-589.

[115] Mikityuk K, Pelloni S, Coddington P, et al. Development of an advanced code system for fast reactor transient analysis [C] //Proceedings of the 11th International Topical Meeting on Nuclear Reactor Thermal-Hydraulics (NURETH-11), PopesÕ Palace Conference Center, Avignon, France. 2005.

[116] Ma W, Bubelis E, Karbojian A, et al. Transient experiments from the thermal-hydraulic ADS lead bismuth loop (TALL) and comparative TRAC/AAA analysis [J]. Nuclear engineering and design, 2006, 236 (13): 1422-1444.

[117] Ma W, Bubelis E, Karbojian A, et al. Transient experiments from the thermal-hydraulic ADS lead bismuth loop (TALL) and comparative TRAC/AAA analysis [J]. Nuclear engineering and design, 2006, 236 (13): 1422-1444.

[118] Shao, Y., 2011. TRACE Analysis for Transient Thermal-hydraulics of A Heavy Liquid Metal Cooled System. School of Engineering Sciences, Department of Physics, Division Nuclear Power Safety, Stockholm (Master Thesis).

[119] Balestra P, Giannetti F, Caruso G, et al. New RELAP5-3D lead and LBE thermophysical properties implementation for safety analysis of Gen IV reactors [J]. Science and Technology of Nuclear Installations, 2016, 2016.

[120] Grasso G, Petrovich C, Mattioli D, et al. The core design of ALFRED, a demonstrator for the European lead-cooled reactors [J]. Nuclear Engineering and Design, 2014, 278: 287-301.

[121] Loewen E P, Tokuhiro A T. ATHENA Code Manual Vol. I: Code Structure, System Models, and Solution Methods ATHENA Code Manual Vol. I: Code Structure, System Models, and Solution Methods, 1986 [J]. Journal of nuclear science and technology,

2003，40（8）：614-627.
［122］ Davis C B，Shieh A S L. Overview of the use of ATHENA for thermal-hydraulic analysis of systems with Lead-Bismuth coolant［R］. Idaho National Laboratory（INL），2000.
［123］ Ha K S，Jeong H Y，Chang W P，et al. Development of MARS-LMR and Steady-state Calculation for KALIMER-600［R］. Korea Atomic Energy Research Institute，2007.
［124］ Choi C，Ha K S. Assessment calculation of MARS-LMR using EBR-II SHRT-45R［J］. Nuclear Engineering and Design，2016，307：10-29.
［125］ Suvdantsetseg E. Neutronics and Transient Analysis of a Small Fast Reactor Cooled with Natural Circulation of Lead：ELECTRA：European Lead Cooled Training Reactor［D］. KTH Royal Institute of Technology，2014.
［126］ Suvdantsetseg E，Wallenius J. Unprotected Loss of Heat Sink Analysis for the Design of ELECTRA［J］. Annals of Nuclear Energy，2014.
［127］ 李石磊. 铅冷反应堆系统安全分析程序的开发[D]. 中国原子能科学研究院，2007.
［128］ Lu T，Shan J，Gou J，et al. Preliminary safety analysis on loss of flow accidents and external source transients for LBE cooled ADSR core［J］. Progress in Nuclear Energy，2016，88：134-146.
［129］ Roelofs F，Shams A，Pacio J，et al. European outlook for LMFR thermal hydraulics［C］//The 16th International Topical Meeting on Nuclear Reactor Thermal Hydraulics（NURETH-16），Chicago，United States. 2015.
［130］ Roelofs，F.，Gopala，V.R.，Van Tichelen，K.，Cheng，X.，Merzari，E.，Pointer，W.D.，2013b.Status and future challenges of CFD for liquid metal cooled reactors. FR13，Paris，France.
［131］ Cheng X，Tak N I. CFD analysis of thermal-hydraulic behavior of heavy liquid metals in sub-channels［J］. Nuclear Engineering and Design，2006，236（18）：1874-1885.
［132］ Cheng X，Tak N. Investigation on turbulent heat transfer to lead-bismuth eutectic flows in circular tubes for nuclear applications［J］. Nuclear Engineering and Design，2006，236（4）：385-393.
［133］ Vanderhaegen M，Vierendeels J，Arien B. CFD analysis of the MYRRHA primary cooling system［J］. Nuclear Engineering and Design，2011，241（3）：775-784.
［134］ Koloszar L. CFD simulation of the thermohydraulics of the MYRRHA reactor［C］// THINS 2014 International Workshop，Modena，Italy. 2014.
［135］ Koloszar L，Buckingham S，Planquart P，et al. MyrrhaFoam：A CFD model for the study of the thermal hydraulic behavior of MYRRHA［J］. Nuclear Engineering and Design，2017，312：256-265.
［136］ Dostal V，Rivai A K，Takahashi M. A rail transportable lead-bismuth cooled reactor［J］. Progress in Nuclear Energy，2008，50（2-6）：192-196.

[137] Cho C, Tak N, Choi J H, et al. CFD analysis of the HYPER spallation target [J]. Annals of Nuclear Energy, 2008, 35 (7): 1256-1263.

[138] Gou J, Ishiwarari Y, Oka Y, et al. CFD analyses in tight-lattice subchannels and seven-rod bundle geometries of a Super Fast Reactor [J]. Nuclear Engineering and Design, 2011, 241 (5): 1656-1666.

[139] Wang X, Jin M, Wu G, et al. Natural circulation characteristics of lead-based reactor under long-term decay heat removal [J]. Progress in Nuclear Energy, 2016, 90: 11-18.

[140] Chen Z, Zhou G, Zhou T, et al. CFD Analysis of Circumferential Temperature Distribution on Fuel Cladding Surface of China Lead Alloy Cooled Research Reactor (CLEAR-I) [C] //2013 21st International Conference on Nuclear Engineering. American Society of Mechanical Engineers Digital Collection, 2014.

[141] Mylonakis A G, Varvayanni M, Catsaros N, et al. Multi-physics and multi-scale methods used in nuclear reactor analysis [J]. Annals of Nuclear Energy, 2014, 72: 104-119.

[142] Roelofs F, Gerschenfeld A, Tarantino M, et al. Thermal-hydraulic challenges in liquid-metal-cooled reactors [M] //Thermal Hydraulics Aspects of Liquid Metal Cooled Nuclear Reactors. Woodhead Publishing, 2019: 17-43.

[143] Gerschenfeld A, Forgione N, Thomas J. Multi-scale simulations of liquid metal systems [M] Thermal Hydraulics Aspects of Liquid Metal Cooled Nuclear Reactors. Woodhead Publishing, 2019 361-382.

[144] Chauliac C, Aragonés J M, Bestion D, et al. NURESIM-A European simulation platform for nuclear reactor safety: multi-scale and multi-physics calculations, sensitivity and uncertainty analysis [J]. Nuclear Engineering and Design, 2011, 241 (9): 3416-3426.

[145] Bestion D, Lucas D, Anglart H, et al. Multi-scale thermalhydraulic analyses performed in Nuresim and Nurisp projects[C]//2012 20th International Conference on Nuclear Engineering and the ASME 2012 Power Conference. American Society of Mechanical Engineers Digital Collection, 2013: 581-590.

[146] Perdu F, Vandroux S. System/CFD coupling for reactor transient analysis. An application to the gas fast reactor with CATHARE And TRIO-U [C] //Proceedings of the 2008 International Congress on Advances in Nuclear Power Plants-ICAPP'08. 2008.

[147] Baviere R, Tauveron N, Perdu F, et al. A first system/CFD coupled simulation of a complete nuclear reactor transient using CATHARE2 and TRIO_U. Preliminary validation on the Phénix Reactor Natural Circulation Test [J]. Nuclear Engineering and Design, 2014, 277: 124-137.

［148］ Chanaron B，Ahnert C，Crouzet N，et al. Advanced multi-physics simulation for reactor safety in the framework of the NURESAFE project［J］. Annals of Nuclear Energy，2015，84：166-177.
［149］ Papukchiev A，Lerchl G，Weis J，et al. Multiscale analysis of a transient pressurized thermal shock experiment with the coupled code ATHLET-ANSYS CFX［J］. Atw. Internationale Zeitschrift fuer Kernenergie，2012，58（6）：402-409.
［150］ Salah A B，D'Auria F. Application of coulped code method for the analysis of VVER-1000 coolant transient benchmark［J］. Progress in Nuclear Energy，2009，51（1）：146-154.
［151］ Avramova M，Ivanov K，Kozlowski T，et al. Multi-physics and multi-scale benchmarking and uncertainty quantification within OECD/NEA framework［J］. Annals of Nuclear Energy，2015，84：178-196.
［152］ Avramova M N，Ivanov K N. Verification，validation and uncertainty quantification in multi-physics modeling for nuclear reactor design and safety analysis［J］. Progress in Nuclear Energy，2010，52（7）：601-614.
［153］ Grishchenko D，Jeltsov M，Kööp K，et al. The TALL-3D facility design and commissioning tests for validation of coupled STH and CFD codes［J］. Nuclear Engineering and Design，2015，290：144-153.
［154］ Pialla D，Tenchine D，Li S，et al. Overview of the system alone and system/CFD coupled calculations of the PHENIX Natural Circulation Test within the THINS project［J］. Nuclear Engineering and Design，2015，290：78-86.
［155］ Giannetti F，Narcisi V，Subioli A，et al. Phénix transient analysis for the assessment of RELAP5-3D based on dissymmetric test benchmark［C］//2018 26th International Conference on Nuclear Engineering. American Society of Mechanical Engineers Digital Collection，2018.
［156］ Geffray C，Uitslag-Doolaard H J，Gerschenfeld A，et al. Results of the Phenix Dissymmetric Test Benchmark Exercise［R］. Argonne National Lab.（ANL），Argonne，IL （United States），2019.
［157］ Uitslag-Doolaard H J，Alcaro F，Roelofs F，et al. Multiscale modelling of the phénix dissymmetric test benchmark［J］. Nuclear Engineering and Design，2019：110375.
［158］ Narcisi V，Giannetti F，Del Nevo A，et al. System thermal-hydraulic modelling of the phénix dissymmetric test benchmark［J］. Nuclear Engineering and Design，2019，353：110272.
［159］ Huber K，Zhou C，Sonntag M，et al. Coupled ATHLET OPENFOAM Calculations for PHENIX Natural Convection Test［J］. NURETH-15. Pisa，Italy. May 12-17.，2013，514：11.
［160］ Papukchiev A，Lerchl G. Thermal-Hydraulic Simulations of Lead Bismuth Eutectic

Flows within the European Project THINS with the coupled 1D-3D Code ATHLET-ANSYS CFX［J］. Gesellschaft für Anlagen-und Reaktorsicherheit （GRS） mbH，2012.

［161］ Papukchiev A，Jeltsov M，Kööp K，et al. Comparison of different coupling CFD-STH approaches for pre-test analysis of a TALL-3D experiment［J］. Nuclear Engineering and Design，2015，290：135-143.

［162］ Papukchiev A，Lerchl G. Extension and application of the coupled 1D-3D thermal-hydraulic code ATHLET-ANSYS CFX for the simulation of liquid metal coolant flows in advanced reactor concepts［C］//2012 20th International Conference on Nuclear Engineering and the ASME 2012 Power Conference. American Society of Mechanical Engineers Digital Collection，2013：563-573.

［163］ Palazzi A，Bluck M J，Lo S. A Coupled RELAP5-3D/STAR-CCM+ Simulation for the Calculation of Friction Factor in Pipes［J］. Proceedings of ICAPP 2014，2014，14032.

［164］ Papukchiev A，Geffray C，Jeltsov M，et al. Multiscale analysis of forced and natural convection including heat transfer phenomena in the tall-3D experimental facility［C］// Proc. of the NURETH-16 Conference，Chicago，USA，August. 2015，30.

［165］ Conti A，Gerschenfeld A，Gorsse Y，et al. Numerical analysis of core thermal-hydraulic for sodium-cooled fast reactors［C］//Proceedings of the 16th International Topical Meeting on Nuclear Reactor Thermal Hydraulics （NURETH-16）. 2015：1006-1019.

［166］ Baviere R，Tauveron N，Perdu F，et al. System-CFD coupled simulation of the Phenix reactor natural circulation test［C］//Proceedings of the NURETH-15 conference，May. 2013：12-17.

［167］ Martelli D，Forgione N，Barone G，et al. Coupled simulations of the NACIE facility using RELAP5 and ANSYS FLUENT codes［J］. Annals of Nuclear Energy，2017，101：408-418.

［168］ Angelucci M，Martelli D，Forgione N，et al. RELAP5 STH and Fluent CFD Coupled Calculations of a PLOHS+ LOF Transient in the HLM Experimental Facility CIRCE［C］//2017 25th International Conference on Nuclear Engineering. American Society of Mechanical Engineers Digital Collection，2017.

［169］ Angelucci M，Martelli D，Barone G，et al. STH-CFD codes coupled calculations applied to HLM loop and pool systems［J］. Science and Technology of Nuclear Installations，2017，2017.

［170］ Aumiller D L，Tomlinson E T，Bauer R C. A coupled RELAP5-3D/CFD methodology with a proof-of-principle calculation［J］. Nuclear Engineering and Design，2001，205（1-2）：83-90.

［171］ Aumiller D L，Tomlinson E T，Weaver W L. An integrated RELAP5-3D and multiphase CFD code system utilizing a semi-implicit coupling technique［J］. Nuclear engineering and design，2002，216（1-3）：77-87.
［172］ Anderson N A. Coupling RELAP5-3D and Fluent to analyze a Very High Temperature Reactor （VHTR） outlet plenum ［D］. Texas A&M University，2006.
［173］ Yan Y. Development of a coupled CFD—system-code capability （with a modified porous media model） and its applications to simulate current and next generation reactors ［D］. University of Illinois at Urbana-Champaign，2012.
［174］ Fanning T H，Thomas J W. Advances in coupled safety modeling using systems analysis and high-fidelity methods ［R］. Argonne National Lab.（ANL），Argonne，IL （United States），2010.
［175］ Thomas J W，Fanning T H，Vilim R，et al. Validation of the integration of CFD and SAS4A/SASSYS-1：Analysis of EBR-II shutdown heat removal test 17 ［C］// Proceedings of the 2012 International Congress on Advances in Nuclear Power Plants-ICAPP'12. 2012.
［176］ Fanning T H，Brunett A J. Status of the SAS4A/SASSYS-1 Safety Analysis Code ［R］. Argonne National Lab.（ANL），Argonne，IL （United States），2017.
［177］ 刘余，张虹，贾宝山.RELAP5 与 CFX 程序耦合研究［J］. 原子能科学技术，2010，44（03）：304-308.
［178］ 刘余，张虹，贾宝山.核反应堆热工水力多尺度耦合模拟初步研究［J］. 核动力工程，2010，31（S1）：11-15.
［179］ 刘余，李峰，张虹，等.三维物理—热工耦合系统 RECON 的开发与验证［J］. 原子能科学技术，2012，46（10）：1226-1231.
［180］ Li W，Wu X，Zhang D，et al. Preliminary study of coupling CFD code FLUENT and system code RELAP5 ［J］. Annals of Nuclear Energy，2014，73：96-107.
［181］ 冯唐涛，田文喜，宋苹，等.基于耦合程序的流体瞬变流动水锤现象分析［J］. 原子能科学技术，2017，51（08）：1364-1370.
［182］ 乔雪冬，赵勇，付陟玮.中国实验快堆热工流体现象多维度耦合分析方法研究［J］. 核科学与工程，2012，32（03）：229-233.
［183］ 乔雪冬，胡文军，冯预恒，等.中国实验快堆全厂断电事故多维度热工耦合计算［J］. 原子能科学技术，2012，46（S1）：240-245.

第 2 章

自然循环铅基快堆一回路系统热工水力设计

本章将针对小型自然循环铅基快堆的结构和运行特点，开发适用于小型铅基快堆一回路主冷却系统热工水力设计和稳态计算程序 STAC（Steady-state Thermal-hydraulic Analysis Code）。重点开发有关液态铅和铅铋的物性模型、适用于堆内不同部件的压降和传热模型、适用于自然循环铅基快堆热工水力设计的单通道模型、适用于堆芯稳态热工水力计算的闭式并联多通道模型以及分析堆芯名义热点温度的最热通道模型。在此基础上，基于铅基快堆子通道分析程序 KMC-Sub 对最热通道模型进行验证，同时根据韩国公布的小型铅基快堆 URANUS 热工水力设计方案和稳态热工分析结果，对 STAC 的程序功能进行验证。最后，将基于开发和验证的程序 STAC 对小型模块化自然循环铅基快堆 SNCLFR-100 一回路主冷却系统进行了稳态热工水力特性设计，评估 SNCLFR-100 的稳态热工安全特性和自然循环性能。

2.1 热工水力模型开发

2.1.1 物性、压降和传热模型

（1）物性模型

物性模型中包含了所有用到的液态铅和铅铋、燃料芯块和包壳物性关系式，以下将分别给出各材料的主要物性计算公式。

1）液态铅和铅铋

目前国际上设计的自然循环铅基快堆中，有采用液态铅铋冷却作为冷却剂的，如韩国设计的 URANUS[1-2]，也有采用液态铅作为冷却剂的，如瑞典 KTH 设计的 ELECTRA[3]，为使程序具有良好的扩展性，本物性子程序中涵盖了液态铅和液态铅铋的主要物性关系式。

关于液态铅和铅铋的物性，国际上已经开展了广泛的研究，比较有代表性的有比利时 SCK•CEN 于 2010 年发布的第四代核能系统液态金属冷却剂物性包，其中对液态钠、铅和铅铋物性进行了较为全面的总结[4]；国际能源署（NEA）于 2007 年发布了较完整的铅和铅铋合金手册[5]，同时于 2015 年对其进行了进一步的完善[6]。本子程序中所采用的

液态铅和铅铋物性均参考自 NEA 于 2015 年发布的铅和铅铋手册，表 2-1 和表 2-2 分别给出了程序中所包含的铅和铅铋的主要物性关系式。

表 2-1　液态铅（Lead）的主要物性关系式

名称	关系式	单位
导热系数	$\lambda = 9.2 + 0.011 \cdot T$	W/（m·K）
定压比热容	$c_p = 176.2 - 4.923 \times 10^{-2} \cdot T + 1.544 \times 10^{-5} \cdot T^2 - 1.524 \times 10^6 \cdot T^{-2}$	J/(kg·K)
密度	$\rho = 11\,441 - 1.279\,5 \cdot T$	kg/m³
热膨胀系数	$\alpha = \dfrac{1}{8\,942 - T}$	K^{-1}
动力粘度	$\eta = 4.55 \times 10^{-4} \cdot e^{\frac{1069}{T}}$	Pa·s

表 2-2　液态铅铋（LBE）的主要物性关系式

名称	关系式	单位
导热系数	$\lambda = 3.284 + 1.167 \times 10^{-2} \cdot T - 2.305 \times 10^{-6} \cdot T^2$	W/（m·K）
定压比热容	$c_p = 164.8 - 3.94 \times 10^{-2} \cdot T + 1.25 \times 10^{-5} \cdot T^2 - 4.56 \times 10^5 \cdot T^{-2}$	J/(kg·K)
密度	$\rho = 11\,065 - 1.293 \cdot T$	kg/m³
热膨胀系数	$\alpha = \dfrac{1}{8\,558 - T}$	K^{-1}
动力粘度	$\eta = 4.94 \times 10^{-4} \cdot e^{\frac{754.1}{T}}$	Pa·s

2）UO_2 燃料和 MOX 燃料

考虑到国际上设计的部分自然循环铅基快堆采用较高富集度的 UO_2 作为燃料，如韩国设计的 URANUS。同时 SNCLFR－100 采用的是 MOX 燃料，为使程序具有良好的扩展性，本物性子程序中同时包含了 UO_2 燃料和 MOX 燃料的主要物性关系式。

目前世界上绝大多数动力堆都是采用 UO_2 燃料，对于 UO_2 燃料的相关物性研究已经非常的完善。UO_2 燃料的主要特点是熔点较高，在高温和高腐蚀环境下几何形状比较稳定，具备良好的耐腐蚀性能，同时于与诸如锆合金、不锈钢之类的包壳材料相容性好[7-8]。

对于 UO_2 燃料的热导率，目前普遍采用下述关系式：

$$k_{95} = \frac{38.24}{t + 402.55} + 4.788 \times 10^{-13} (t + 273.15)^3 \tag{2-1}$$

式中：k_{95} 是密度为 95%理论值的 UO_2 的热导率［W/（m·K）］；t 为燃料的温度（℃）。

UO_2 燃料的定压比热容可表示为温度的函数，其随温度的变化关系可由如下公式给出：

当 25 ℃<t<1 226 ℃时，

$$c_p = 304.38 + 2.54 \times 10^{-2} t - 6 \times 10^6 / (t + 273.15)^2 \tag{2-2}$$

当 1 226 ℃时<t<2 800 ℃时，

$$c_p = -712.25 + 2.789t - 2.71 \times 10^{-3} t^2 + 1.12 \times 10^{-6} t^3 - 1.59 \times 10^{-10} t^4 \tag{2-3}$$

上述两式中：t 为 UO_2 燃料的温度（℃）。

MOX 燃料是由 UO_2 和 PuO_2 混合而成的氧化铀钚燃料，其热物性质和 UO_2 燃料相似，但也存在不同[8]。与 UO_2 燃料相比，MOX 燃料的热导率更低，熔点更低，且熔化热也较低。

法国原子能委员会（CEA）的 Duriez 等人研究发现，当 MOX 燃料中 PuO_2 的含量在 3%到 15%范围内时，MOX 燃料的热导率随着 PuO_2 含量的上升并没有显著的下降，约等于 UO_2 的热导率，而如果 PuO_2 含量的含量超过 15%，MOX 燃料的热导率将会随着 PUO_2 含量的上升而显著下降[9]。出于保守计算的考虑，可根据 UO_2 的热导率，采用如下关系式计算 MOX 燃料的热导率[10]。

$$\lambda_{MOX} = 0.92\lambda_{UO_2} \tag{2-4}$$

美国橡树岭国家实验室（ORNL）的 Carbajo 等人对前人提出的诸多 MOX 燃料热物关系式进行了总结和对比分析，相关研究结果表明 MOX 燃料的定压比热容随着燃料温度的上升而不断升高，同时推荐采用如下的关系式计算 MOX 燃料的定压比热容[11]：

$$c_{p,MOX} = 12.54 + 0.017T - 0.117 \times 10^{-4} T^2 + 0.307 \times 10^{-8} T^3 \tag{2-5}$$

式中：T 为 MOX 燃料的温度（K）。

3）包壳材料 T91

T91 不锈钢热导率较大，热膨胀率比较低，同时弹性模量高，具备良好的耐高温和抗辐照肿胀性能，被视为快堆包壳的理想候选材料之一[12]。T91 的热导率随温度的变化关系由如下的公式给出：

$$\lambda_{T91} = -2.0 \times 10^{-5} T^2 + 0.017T + 25.535 \tag{2-6}$$

（2）压降模型

无论是单相流还是两相流，等温或是非等温加热，摩擦压降均普遍采用达西（Darcy）公式进行计算。

$$\Delta P_F = f \frac{L}{D_e} \frac{\rho \upsilon^2}{2} \tag{2-7}$$

式中：ΔP_F 是摩擦压降（Pa）；f 代表摩擦系数，为无量纲量；L 为流动通道的长度（m）；D_e 为流动通道的水力直径（m）；ρ 为流体的密度（kg/m^3）；υ 为流体的速度（m/s）。

对于不同流动状态下摩擦压降的计算，关键是求摩擦系数 f 。相关的实验研究已经表明，摩擦系数 f 与流体的流动性质（层流或是湍流）、流动状态（定型流动或未定型流动）、受热条件（等温或非等温）、流动的几何形状和表面粗糙度有关。在铅基反应堆中，冷却剂流动通道通常可以分为三种，分别是圆管、环管和棒束，其中环管通常被当做圆管处理；同时棒束通常采用绕丝固定或定位格架固定，需要考虑绕丝和定位格架带来的额外压力损失；组件的进出口几何形状变化，也会带来给冷却剂带来进出口的压力损失。

1）圆管内的摩擦系数

对于圆形通道内的定型层流（$Re \leqslant Re_L$），可通过解析法直接求出摩擦系数 f，其结果可表示为：

$$f=\frac{64}{Re} \tag{2-8}$$

式中：Re_L 为层流的临界雷诺数，为无量纲量，通常取 2 300；f 是摩擦系数，为无量纲量；Re 为流体的雷诺数，

对于圆形管道内的湍流，摩擦系数 f 是表面相对粗糙度和雷诺数的函数。对于表面粗糙或光滑的圆形管道，摩擦系数 f 可用布拉休斯（Blasius）经验公式计算：

$$f=\frac{0.316\,4}{Re^{0.25}} \tag{2-9}$$

式中：f 为摩擦系数，为无量纲量；Re 为湍流流体的雷诺数，为无量纲量。

2）棒束内的摩擦系数

铅基快堆燃料组件设计中，燃料棒通常采用三角形或者正方形排布的设计方案。在简单计算时，可将棒束压降计算等效为圆管进行，但是该方法较为粗糙，为此国际原子能机构（IAEA）推荐采用如下的倍增因子进行修正[13-14]：

$$\Lambda_{tr}=0.57+0.81(x-1)+0.53(1-e^{-a}) \tag{2-10}$$

$$a=0.58\left[1-e^{70(x-1)}\right]+9.2(x-1) \tag{2-11}$$

$$\Lambda_{sq}=0.59+0.19(x-1)+0.52\left[1-e^{10(x-1)}\right] \tag{2-12}$$

式中：Λ_{tr} 为三角形排布组件的摩擦系数和等效圆管的摩擦系数之比；x 为节径比；Λ_{sq} 为正方形排布组件的摩擦系数和等效圆管的摩擦系数之比。

3）定位格架和绕丝形阻压降系数

定位格架在压水堆中应用极为广泛，核能界对定位格架的形阻压降开展了诸多的实验研究，得出了诸多计算定位格架形阻压降的经验关系式，其中，以德国 KIT 的 Rehme 研究推荐的经验公式使用最为广泛[15]，该公式表示如下：

$$\Delta P_{gd}=C_v\varepsilon^2\frac{\rho\upsilon_b^2}{2} \tag{2-13}$$

式中：ΔP_{gd} 为定位格架的形阻压降（Pa）；ε 通常称为阻塞系数，为定位格架正面凸出截面积与棒束内自由流通截面积之比；υ_b 为棒束内冷却剂的平均流速（m/s）；C_v 为定位格架形阻系数。其中 C_v 为一个经验系数，通常可表示为：

$$C_v = \mathrm{MIN}\left(3.5+\frac{73.14}{Re^{0.264}}+\frac{2.79\cdot 10^{10}}{Re^{2.79}},\frac{2.6}{\varepsilon^2}\right) \tag{2-14}$$

$$\varepsilon = \frac{A_{\mathrm{grid\_spacer}}}{A_{\mathrm{flow}}} \tag{2-15}$$

式中：Re 类棒束内流体的雷诺数，为无量纲数，$A_{\mathrm{grid\_spacer}}$ 为定位格架的横截面积（m^2），A_{flow} 为无阻塞流道横截面积（m^2）。

在计算定位绕丝带来的额外压降时，通常是将流体经过定位绕丝时所产生的压力损失给归并到棒束的摩擦压降中，采用各种经验公式对不带绕丝棒束的摩擦压降进行修正，其中应用最为广泛的是 Novendstern 经验关系式[16]，该式表示如下 $2\,600 \leqslant Re \leqslant 200\,000$，（$1.06 \leqslant P/D \leqslant 1.42$）：

$$\Delta P_{\mathrm{pin\_wire}} = f_{\mathrm{Novendstern}}\frac{L}{D_e}\frac{\rho \upsilon^2}{2} \tag{2-16}$$

$$f_{\mathrm{Novendstern}} = M_t f_{\mathrm{Blasius}} \tag{2-17}$$

$$M_t = \left[\frac{1.034}{(P/D)^{0.124}}+\frac{29.7(P/D)^{6.94}Re^{0.086}}{(H/D+D_w)^{2.239}}\right]^{0.885} \tag{2-18}$$

式中：$f_{\mathrm{Novendstern}}$ 为含绕丝棒束的摩擦系数，为无量纲量；L 为冷却剂流道长度（m）；D_e 为冷却剂流道的水力学直径（m）；ρ 为冷却剂密度（kg/m^3）；υ 为流道内冷却剂流速（m/s）；M_t 为 Novendstern 修正因子，为无量纲量；P 为燃料棒中心距（m）；D 为燃料棒的直径（m）；H 为绕丝节距（m）；D_w 为绕丝的直径（m）；

4）进出口形阻压降系数

德国 KIT 的 Schikorr 的 Bubelis 分别基于德国 KALLA 实验室和意大利比萨大学的实验回路，对燃料组件进出口的形阻系数进行了广泛的实验研究，给出了一组及计算组件进出口形阻系数的经验值[17]，如下所示：

$$K_{\mathrm{inlet}} = 7.15 \tag{2-19}$$

$$K_{\mathrm{outlet}} = 3.65 \tag{2-20}$$

式中：K_{inlet} 为入口形阻系数，为无量纲量；K_{outlet} 为出口形阻系数，为无量纲量。

（3）传热模型

通常，液态铅和铅铋之类的重金属相对于其他冷却剂来说，具有较低的定压比热容和较高的热导率，且其动力粘度比水要小。根据普朗特数的定义：

$$Pr = \frac{\rho \upsilon c_p}{\lambda} \tag{2-21}$$

可知，液态铅和铅铋属低普朗特数流体，拥有较高的导热性能和良好的流动特性。同时，相关研究表明，液态重金属的普兰特数是温度的函数，其随着冷却剂温度的上升而不断下降[6]。由此，液态重金属在换热特性方面与水等其他冷却剂相比有很大区别，换热效应中热传导占相当大的部分。已有的公开文献中，一般将液态重金属的换热关系式整理

成 Pe 的关系式[18]，如下所示：

$$Nu = \mathrm{a} + \mathrm{b} \cdot Pe^{\mathrm{c}} \tag{2-22}$$

式中：a，b 和 c 都是常数，Nu 为努塞尔数，为无量纲量；Pe 是贝克莱数，为无量纲量；式中第一项代表的是分子热传导项，其取决于传热边界条件和冷却剂的流动状况；第二项代表的是湍流扩散项。

近年来，随着铅基快堆被 GIF 列为第四代核能系统的候选堆型，国际上针对液态金属的传热特性也开展了较为广泛的实验研究，并取得了大量卓有成效的研究成果[19-20]。同时，随着计算机性能的大幅提升和数值模拟技术的飞速发展，通过利用直接数值模拟方法（DNS）求解 N－S 方程，进而拟合液态重金属传热关系式也成为一种新兴的研究手段，同时一些根据 DNS 获得的液态重金属传热关系式也已公开发表[21-22]。

1）圆管的换热关系式

表 2-3 给出了一些液态重金属在圆管内流动时的换热关系式：

表 2-3　液态金属在圆管内的换热关系式[146]

序号	关系式	适用范围	研究者
1	$Nu = 5 + 0.025Pe^{0.8}$	$0 \leqslant Pr \leqslant 0.1,\ 10^4 \leqslant Pr \leqslant 5\times10^6$	Lyon，1951
2	$Nu = 6.3 + 0.016Re^{0.91}Pr^{1.21}$	$0 \leqslant Pr \leqslant 0.1,\ 10^4 \leqslant Pr \leqslant 5\times10^6$	Sleicher，1957
3	$Nu = 4.82 + 0.018\,5Pe^{0.827}$	$0 \leqslant Pr \leqslant 0.1,\ 10^4 \leqslant Pr \leqslant 5\times10^6$	Skupinski，1965
4	$Nu = 5.6 + 0.016\,5Re^{0.85}Pr^{0.86}$	$0 \leqslant Pr \leqslant 0.1,\ 10^4 \leqslant Pr \leqslant 5\times10^6$	Chen，1981
5	$Nu = A + 0.018Pe^{0.8}$	固定热流密度	Xu Cheng，2006

表 2-3 中的式（5）为德国 KIT 的 Xu Cheng 教授对前人发表的圆管内液态重金属的换热关系式进行总结和对比分析，同时结合数值模拟手段，提出了一组较新的换热关系式[18]，受到了业界的广泛认可，并被各类铅基快堆专用和通用程序锁采用。在本模型中，也采用式（5）作为圆管内液态重金属换热计算的主要经验关系式，该关系式的完整表述如下所示：

$$Nu = A + 0.018Pe^{0.8} \tag{2-23}$$

$$A = \begin{cases} 4.5 & Pe \leqslant 1000 \\ 5.4 - 9\times10^{-4}Pe & 1\,000 \leqslant Pe \leqslant 2000 \\ 3.6 & Pe \geqslant 2000 \end{cases} \tag{2-24}$$

2）环管的换热关系式

环管公式主要用于计算液态铅或者铅铋流经管壳式换热设备时的换热系数，如主热交换器和独立热交换器等[23]。西安交通大学的张贵勤对液态金属在环管内的换热特性进行了深入的实验研究[24]，通过对实验数据的拟合，提出了一个适用于环管换热计算的关系式：

$$Nu = (4.6 + 0.015Pe^{0.75})(d_2 / d_1)^{0.3} \tag{2-25}$$

式（2-25）适用于$1.5 < d_2 / d_1 < 3.0$、$0.004 < Pr < 0.0075$、$200 < Pe < 1\,400$的情况。

3）棒束的换热关系式

由于铅基快堆内液态金属与燃料棒的换热特性直接影响包壳和燃料芯块的中心温度，进而影响反应堆的热工安全性能，因此国内外的诸多学者对液态重金属在棒束内的换热特性开展了较多的理论和实验研究，提出了大量适用于棒束换热计算的经验关系式，如表 2-4 所示。

表 2-4 液态金属在棒束通道内的换热关系式

序号	关系式	适用范围	研究者
（1）	$Nu = 7.0 + 3.8x^{1.52} + 0.027x^{0.27}Pe^{0.8}$	$0 \leqslant Pe \leqslant 100\,000$ $1.3 \leqslant x \leqslant 10$	Friedland
（2）	$Nu = 7.55x - 20x^{-13} + 0.041x^{-2}Pe^{0.56+0.19x}$	$0 \leqslant Pe \leqslant 4\,000$ $1.3 \leqslant x \leqslant 2$	Ushakov
（3）	$Nu = 0.25 + 6.2x + (0.032x - 0.007)Pe^{0.8-0.024x}$	$110 \leqslant Pe \leqslant 4\,300$ $1.25 \leqslant x \leqslant 1.95$	H. Graaber
（4）	$Nu = 7.55x - 14x^{-5} + 0.007Pe^{0.64+0.246x}$	$10 \leqslant Pe \leqslant 2\,500$ $1.2 < x < 1.5$	Zhukov
（5）	$Nu = 7.55x - 20x^{-13} + \dfrac{3.67}{90x^2}Pe^{(0.56+0.19x)}$	$1 \leqslant Pe \leqslant 4000$ $1.2 \leqslant x \leqslant 2.0$	Subbotin

IAEA、KIT 等机构均对一些常用的棒束通道内的换热关系式进行了总结和对比分析[25-27]，推荐使用表 2-4 中的式（3）～（5）计算铅基快堆堆芯内的棒束传热。根据推荐，本模型采用式（5）作为棒束通道内的换热计算关系式，该关系式准确程度较高，使用范围也较为广泛。

2.1.2 燃料棒的热传导模型

在本模型中，采用闭式通道模型描述燃料棒与冷却剂的换热过程。对于燃料棒沿轴向划分控制体，同时考虑到包壳和燃料芯块间气隙的比热容很小，在计算中可以忽略不计，对燃料棒径向划分 3 类控制体，分别是燃料芯块、包壳和冷却剂。所建立的燃料棒热传导模型如图 2-1 所示。

忽略燃料棒的轴向导热以及包壳中的内热源，则：

冷却剂控制体：

$$Q_{\text{c-f}} = W_{\text{P}}c_{\text{p,f},i}(T_{\text{f},i} - T_{\text{f},i-1}) \tag{2-26}$$

包壳控制体：

$$Q_{\text{c-f}} = Q_{\text{F-c}} \tag{2-27}$$

燃料芯块控制体：

$$Q_{\mathrm{F-c}}=\frac{f_{\mathrm{z}}(i)P(t)V_{\mathrm{F},i}}{V_{\mathrm{co}}} \tag{2-28}$$

其中：

$$Q_{\mathrm{c-f}}=\frac{\pi\Delta z d_{\mathrm{cs}}(T_{\mathrm{c},i}-T_{\mathrm{f},i})}{(d_{\mathrm{cs}}-d_{\mathrm{ci}})/(4\lambda_{\mathrm{c},i})+1/h(i)} \tag{2-29}$$

$$Q_{\mathrm{F-c}}=\frac{\pi\Delta z d_{\mathrm{ci}}(T_{\mathrm{F},i}-T_{\mathrm{c},i})}{(d_{\mathrm{cs}}-d_{\mathrm{ci}})/(4\lambda_{\mathrm{c},i})+d_{\mathrm{F}}^2/(8d_{\mathrm{ci}}\lambda_{\mathrm{F},i})+1/h_{\mathrm{g}}} \tag{2-30}$$

式中：ρ 为密度（kg/m^3）；V 为体积（m^{-3}）；c_{p} 为比热容（J•kg^{-1}•K^{-1}）；Δz 为控制体的高度（m）；$T_{\mathrm{c},i}$ 为包壳控制体温度（K）；$T_{\mathrm{f},i}$ 为冷却剂控制温度（K）；d_{cs} 为包壳外径（m）；d_{ci} 为包壳内径（m）；$\lambda_{\mathrm{c},i}$ 为包壳热导率（W•m^{-2}•K^{-1}）；$h(i)$ 为表面换热系数（W•m^{-2}•K^{-1}）；h_{g} 为间隙等效换热系数（W•m^{-2}•K^{-1}）；$f_{\mathrm{z}}(i)$ 为轴向功率分布因子；$P(t)$ 为堆芯总功率（W）；V_{co} 为堆芯活性区芯块总体积（m^{-3}）。

燃料芯块和包壳之间通常充有惰性气体，如氦气，随着反应堆的运行，燃料芯块内的裂变气体会进入到间隙内；由于燃料和包壳的热膨胀通常不同，燃料芯块和包壳可能会发生直接接触，从而减小间隙内的热阻；同时由于包壳和燃料芯块之间存在较大的温差，通常会发生辐射换热，因此燃料芯块和包壳的间隙内的换热是一个非常复杂的过程，国内外学者也发展了诸多间隙导热模型，但在实际应用中，通常采用的是间隙热导的经验数据。对于铅基快堆而言，间隙导热的取值并没有非常明确的数据，公开的文献中一般是根据反应堆线功率密度的不同，在 2 800～12 000 W/（m^2 • ℃）之间取值[28]。

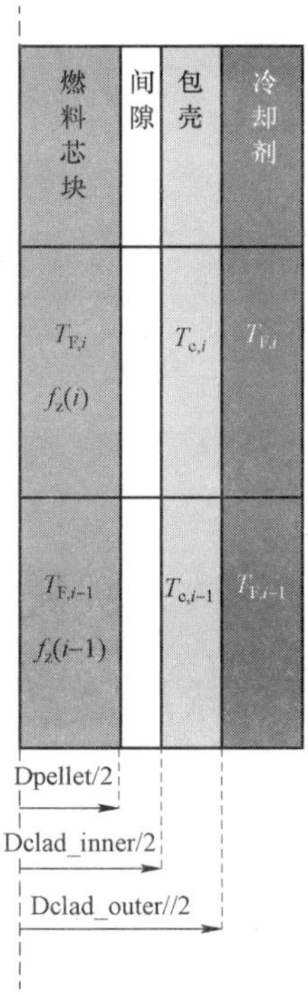

图 2-1　燃料棒热传导模型

2.1.3　主热交换器模型

对于自然循环反应堆来说，主热交换器作为热阱，主要用来决定一回路主冷却剂系统的温度分布，进而直接影响反应堆内自然循环的建立和自然循环能力性能，因此建立合适的主热交换器模型至关重要。在本模型中忽略轴向导热，传热管内传热过程是沿管壁径向的一维传热过程。

对主热交换器沿轴向划分若干个控制体，径向上划分两类控制体，分别代表壳侧冷却剂和管侧冷却剂，建立了如图 2-2 的换热模型，其中主热交换器的换热量 Q 可用如下式计算：

$$Q=hA\Delta T_{\mathrm{m}} \tag{2-31}$$

$$\Delta T_{\mathrm{m}} = (\Delta T_{\max} - \Delta T_{\min}) \Big/ \left(\ln \frac{\Delta T_{\max}}{\Delta T_{\min}} \right) \tag{2-32}$$

$$h = \frac{1}{A_0 / (h_{\mathrm{i}} A_{\mathrm{i}}) + (A_0 \ln(r_0 / r_{\mathrm{i}}) / 2\pi k l) + (1 / h_0)} \tag{2-33}$$

其中壳侧（液态铅或铅铋冷却）：

$$Nu_0 = \frac{h_0 d_0}{k_{\mathrm{f}}} = (4.6 + 0.015 Pe^{0.75})(d_0 / d_{\mathrm{i}})^{0.3} \tag{2-34}$$

管侧（水冷）：

$$Nu_{\mathrm{i}} = \frac{h_0 d_{\mathrm{i}}}{k_{\mathrm{f}}} = \begin{cases} 0.023 Re^{0.8} Pr^{0.4} & \text{预热阶段} \\ 5 p^{0.2} q^{0.7} & \text{沸腾阶段} \end{cases} \tag{2-35}$$

上述式中：Q 为主热交换器换热量（W）；h 为总换热系数（$\mathrm{W \cdot m^2 \cdot K^{-1}}$）；$A$ 为主热交换器换热面积（$\mathrm{m^{-2}}$）；ΔT_{m} 为对数对数平均温差（℃）；$\Delta T_{\max}$、$\Delta T_{\min}$ 为主热交换器两端换热温差的最大值和最小值（℃）；h_{i} 为管侧换热系数（$\mathrm{W \cdot m^2 \cdot K^{-1}}$）；$h_0$ 为壳侧换热系数（$\mathrm{W \cdot m^2 \cdot K^{-1}}$）；$r_0$ 为换热管的外半径（m）；r_{i} 为换热管的内半径（m）；k 为换热管的热导率（$\mathrm{W \cdot m^{-1} \cdot K^{-1}}$）；$A_0$ 为壳侧换热面积（$\mathrm{m^{-2}}$）；A_{i} 为管侧换热面积（$\mathrm{m^{-2}}$）；d_0 为换热管外径（m）；d_{i} 为换热管内径（m）；k_{f} 为流体的热导率（$\mathrm{W \cdot m^{-1} \cdot K^{-1}}$）；$Nu_0$ 为壳侧努塞尔数，为无量纲数；Nu_i 为管侧努塞尔数，为无量纲数；Pe 为贝克莱数。

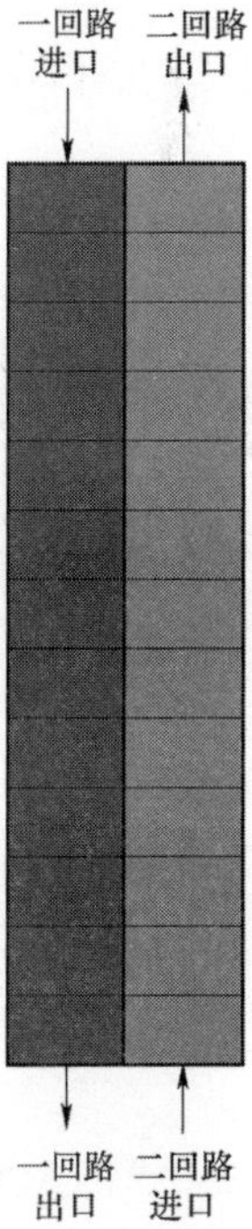

图 2-2　主热交换器换热模型

2.1.4　上/下腔室模型

由于铅基快堆通常采用池式结构设计，上、下腔室是一个很大的铅或铅铋池，内部存在复杂的三维流动换热现象。课题组前期开展的铅基快堆稳态和瞬态 CFD 分析表明，上腔室的下部和下腔室的上部通常存在热分层现象，且每个平面上温度分布不均[29–31]。为了简化分析起见，本子程序对上、下腔室采用集总参数法，假设腔室内每一个平面上温度均匀分布，流体流入上、下腔体会后会迅速和腔室内的冷却剂混合。即：

上腔室：

$$G_{\mathrm{total}} (h_{\mathrm{up\_inlet}} - h_{\mathrm{up\_outlet}}) = Q_{\mathrm{hp\_gas}} + Q_{\mathrm{up\_lp}} \tag{2-36}$$

下腔室：

$$G_{\mathrm{total}} (h_{\mathrm{lp\_inlet}} - h_{\mathrm{lp\_outlet}}) = Q_{\mathrm{up\_lp}} - Q_{\mathrm{lp\_RVACS}} \tag{2-37}$$

上述式中：G_{total} 为一回路主冷却剂系统的总流量（kg/s）；$h_{\mathrm{up\_inlet}}$ 为流入上腔室冷却剂的

比焓（J•kg^{-1}•K^{-1}）；h_{up_outlet}为流出上腔室冷却剂的比焓（J•kg^{-1}•K^{-1}）；Q_{hp_gas}为上腔室通过冷却剂自由液面传给覆盖气体的热量（J）；Q_{up_lp}为上腔室通过热隔板传给下腔室的热量（J）；h_{lp_inlet}为流入下腔室冷却剂的比焓（J•kg^{-1}•K^{-1}）；h_{lp_outlet}为流出下腔室冷却剂的比焓（J•kg^{-1}•K^{-1}）；Q_{lp_RVACS}为下腔室通过主容器壁传递给余热排除系统的热量（J）。

2.1.5 单通道模型

单通道模型是反应堆热工水力计算中普遍采用的分析模型，自然循环铅基快堆普遍采用闭式燃料组件设计，堆芯设计紧凑且组件内燃料棒排布密集，组件内部的热工参数分布较均匀，因此在热工水力设计和分析中非常适合采用单通道模型。图 2-3 为典型自然循环铅基快堆单通道模型示意图。

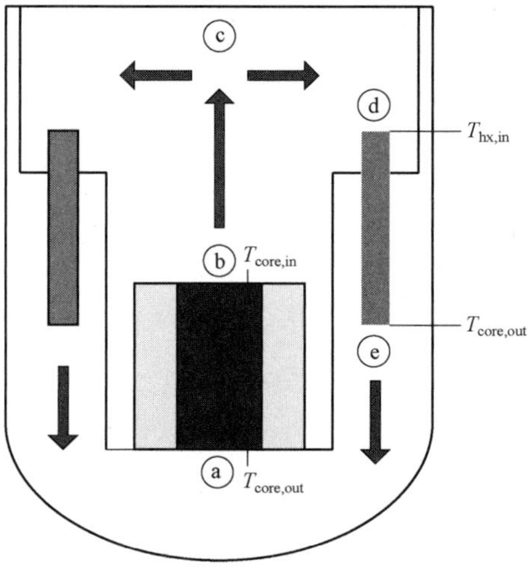

图 2-3　典型自然循环铅基快堆单通道模型示意图

（1）平均通道的热工参数计算：

在本单通道模型中存在几个假设，分别是：

1）主冷却剂系统内的液态重金属视为不可压缩流体；

2）采用 Boussinesq 假设，除了动量方程的浮力项外，冷却剂的密度视为定值；

3）整个系统内均不考虑冷却剂的轴向传热；

4）在堆芯和热交换器轴向上，冷却剂的密度线性变化。

基于上述假设，冷却剂密度由如下公式给出：

$$\rho = \rho_0[1-\beta(1-T_0)] \tag{2-38}$$

$$\beta = -\frac{1}{\rho}\left(\frac{\partial\rho}{\partial T}\right)_{\mathrm{P}} \tag{2-39}$$

式中：ρ_0是冷却剂在参考温度T_0下的参考密度（kg/m^3）；β为冷却剂的热膨胀系数（K^{-1}）。同时得到整个系统内的动量方程：

$$\Delta p_{\mathrm{firc}} = \Delta p_{\mathrm{b}} \tag{2-40}$$

式中：Δp_{firc}代表整个冷却剂循环过程中的流动阻力（Pa）；Δp_{b}代表整个系统的自然循环驱动力（Pa）。其中Δp_{firc}可表示为：

$$\Delta p_{\mathrm{firc}} = \frac{1}{2}\rho_0 RQ^2 \tag{2-41}$$

式中：R 代表整个冷却剂循环过程中的流动阻力系数，为无量纲量。R 可表示为：

$$R = \sum \left(f_i \frac{L_i}{D_i A_i^2} + \frac{K_i}{A_i^2} \right) \tag{2-42}$$

（2-40 式）中 Δp_{b} 可表示为：

$$\Delta p_{\mathrm{b}} = \oint \rho g \mathrm{d}z \tag{2-43}$$

$$\begin{aligned}\Delta p_{\mathrm{b}} &= -\frac{\rho_{\mathrm{h}} + \rho_{\mathrm{c}}}{2}(z_{\mathrm{b}} - z_{\mathrm{a}})g - \rho_{\mathrm{h}}(z_{\mathrm{d}} - z_{\mathrm{b}})g - \frac{\rho_{\mathrm{h}} + \rho_{\mathrm{c}}}{2}(z_{\mathrm{e}} - z_{\mathrm{d}})g - \rho_{\mathrm{c}}(z_{\mathrm{a}} - z_{\mathrm{e}})g \\ &= (\rho_{\mathrm{c}} - \rho_{\mathrm{h}})g\left(\frac{z_{\mathrm{e}} + z_{\mathrm{d}}}{2} - \frac{z_{\mathrm{a}} + z_{\mathrm{b}}}{2} \right) \\ &= (\rho_{\mathrm{c}} - \rho_{\mathrm{h}})g\Delta H \end{aligned} \tag{2-44}$$

式中：ΔH 为堆芯和热交换器热中心的轴向高度差（m）；ρ_{c} 为反应堆热段冷却剂密度（$\mathrm{kg/m^3}$）；ρ_{h} 为反应堆热段冷却剂密度（$\mathrm{kg/m^3}$）；利用式（2-38），对式（2-44）做进一步处理，可得：

$$\Delta p_{\mathrm{b}} = \rho_0 \beta g \Delta T \Delta H \tag{2-45}$$

式中：ΔT 为通过堆芯冷却剂的温差（℃）；根据整个系统的能量方程，可得：

$$P = \rho_0 Q \overline{c_{\mathrm{p}}} \Delta T \tag{2-46}$$

式中：P 为反应堆的总功率（W），根据式（2-45）和式（2-46）可得整个系统的自然循环驱动压头为：

$$\Delta p_{\mathrm{b}} = \frac{\beta g \Delta H P}{Q \overline{c_{\mathrm{p}}}} \tag{2-47}$$

联立式（2-41）和式（2-47），可得通过主冷却剂系统的冷却剂总流量（kg/s）为：

$$\dot{m} = \rho_0 Q = \left(\frac{2\rho_0^2 \beta g \Delta H P}{\overline{c_{\mathrm{p}}} R} \right)^{1/3} \tag{2-48}$$

由以上公式推导，可求出通过主冷却剂系统的冷却剂总流量 $\dot{m}$ 和堆芯进出口冷却剂的温差 ΔT，进而计算出反应堆的其他稳态热工水力参数。

（2）热通道的热工参数计算

对于平均管来说，可以根据上小节计算得到的热工参数，根据以下两式分别计算轴向各节点的冷却剂温度和包壳外表面温度：

$$T_{\mathrm{f},i} = \frac{\bar{Q} f_{\mathrm{z}}(i)}{W c_{\mathrm{p},i}} \tag{2-49}$$

$$T_{\mathrm{cs},i}=T_{\mathrm{f},i}+\frac{\bar{Q}f_{\mathrm{z}}(i)}{h(i)} \tag{2-50}$$

式中：$T_{\mathrm{f},i}$ 为平均管节点内冷却剂的温度（℃）；$T_{\mathrm{cs},i}$ 为平均管节点内包壳外表面的温度（℃）；$\bar{Q}$ 为堆芯的平均线功率（$\mathrm{W\cdot m^{-1}}$）；$f_{\mathrm{z}}(i)$ 为轴向功率分布因子；W 为平均管冷却剂流量（$\mathrm{kg\cdot s^{-1}}$）；$c_{\mathrm{p},i}$ 为平均管轴向节点的定压比热容（$\mathrm{J\cdot kg^{-1}\cdot s^{-1}}$）；$h(i)$ 为平均管的表面换热系数（$\mathrm{W\cdot m^{-2}\cdot K^{-1}}$）。

对于热管，需要考虑径向核热管因子、焓升工程热管因子和热流密度工程热点因子等因素，由此热管内冷却剂的温度和包壳外表面温度可计算如下：

$$T_{\mathrm{f},i}^{\mathrm{H}}=\frac{\bar{Q}f_{\mathrm{z}}(i)f_{\mathrm{R}}^{\mathrm{N}}f_{\Delta\mathrm{H}}^{\mathrm{E}}}{W_{\mathrm{H}}c_{p,i}^{\mathrm{H}}} \tag{2-51}$$

$$T_{\mathrm{cs},i}^{\mathrm{H}}=T_{\mathrm{f},i}^{\mathrm{H}}+\frac{\bar{Q}f_{\mathrm{z}}(i)f_{\mathrm{R}}^{\mathrm{N}}f_{\mathrm{q}}^{\mathrm{E}}}{h(i)^{\mathrm{H}}} \tag{2-52}$$

式中：$T_{\mathrm{f},i}^{\mathrm{H}}$ 为热管节点内冷却剂的温度（℃）；$f_{\mathrm{R}}^{\mathrm{N}}$ 为径向核热管因子；$f_{\Delta\mathrm{H}}^{\mathrm{E}}$ 为焓升工程热管因子；W_{H} 为热管内冷却剂流量（$\mathrm{kg\cdot s^{-1}}$）；$c_{\mathrm{p},i}^{\mathrm{H}}$ 为热管轴向节点的定压比热容（$\mathrm{J\cdot kg^{-1}\cdot s^{-1}}$）；$h(i)^{\mathrm{H}}$ 为热管的表面换热系数（$\mathrm{W\cdot m^{-2}\cdot K^{-1}}$）；$f_{\mathrm{q}}^{\mathrm{E}}$ 为热流密度的工程热点因子。

2.1.6 闭式并联多通道模型

闭式并联多通道模型是利用一维的并行闭式通道实现堆芯模拟。主要包括两部分：每一个并行通道的稳态热工模型；各并行通道之间的流量分配模型。在确定入口和出口边界条件后，每个并行通道的稳态热工计算模型和上节中给出的单通道稳态热工计算模型完全一致，因此，本小节中仅仅给出各并行通道之间的流量分配模型。

图 2-4 给出了闭式并联多通道模型示意图，可以以单个燃料组件或者一层燃料组件为基本通道单元，进行铅基快堆多通道划分。

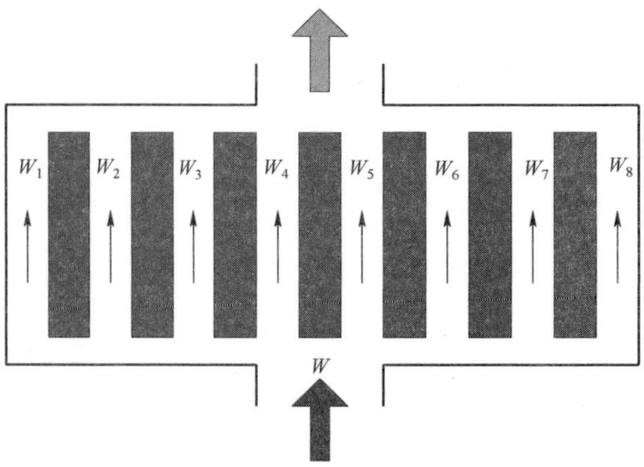

图 2-4 闭式并联多通道模型

压降平衡方程组：

$$\begin{cases}\Delta p_1 \approx \Delta p_2 \approx \Delta p_3 \approx \ldots \approx \Delta p_i \\ \Delta p_1 = \Delta p_{\text{inlet},1} + \Delta p_{\text{a},1} + \Delta p_{\text{f},1} + \Delta p_{\text{el},1} + \Delta p_{\text{support\_grid},1} + \Delta p_{\text{outlet},1} \\ \Delta p_2 = \Delta p_{\text{inlet},2} + \Delta p_{\text{a},2} + \Delta p_{\text{f},2} + \Delta p_{\text{el},2} + \Delta p_{\text{supprot\_grid},2} + \Delta p_{\text{outlet},2} \\ \cdots\cdots\cdots \\ \Delta p_i = \Delta p_{\text{inlet},i} + \Delta p_{\text{a},i} + \Delta p_{\text{f},i} + \Delta p_{\text{el},i} + \Delta p_{\text{support\_grid},i} + \Delta p_{\text{outlet},i}\end{cases} \tag{2-53}$$

通道压降计算：

$$\Delta p_{\text{inlet}} = K_{\text{inlet}} \frac{w^2}{2\rho A^2} \tag{2-54}$$

$$\Delta p_{\text{a}} = \int_0^L \frac{\partial}{\partial Z} \frac{w^2}{\rho A^2} \mathrm{d}z \tag{2-55}$$

$$\Delta p_{\text{f}} = \int_0^L \frac{f w^2}{2 d_{\text{e}} \rho A^2} \mathrm{d}z \tag{2-56}$$

$$\Delta p_{\text{el}} = \int_0^L \rho \bar{g} \mathrm{d}z \tag{2-57}$$

$$\Delta p_{\text{support\_grid}} = K_{\text{support\_grid}} \frac{w^2}{2\rho A^2} \tag{2-58}$$

$$\Delta p_{\text{outlet}} = K_{\text{outlet}} \frac{w^2}{2\rho A^2} \tag{2-59}$$

上述式中：L 代表流道的长度（m）；Δp_{inlet} 代表入口的压降（Pa）；Δp_{a} 代表加速压降（Pa）；Δp_{f} 代表摩擦压降（Pa）；Δp_{el} 代表提升压降（Pa）；$\Delta p_{\text{support\_grid}}$ 代表定位格架压降（Pa）；Δp_{outlet} 代表出口压降（Pa）。

质量守恒方程组：

$$W = W_1 + W_2 + W_3 + \cdots + W_n \tag{2-60}$$

能量守恒方程组：

$$\begin{cases} Q_1 = c_{\text{p,out},1} W_1 T_{\text{out},1} - c_{\text{p,in},1} W_1 T_{\text{in},1} \\ Q_2 = c_{\text{p,out},2} W_2 T_{\text{out},2} - c_{\text{p,in},2} W_2 T_{\text{in},2} \\ \cdots\cdots \\ Q_i = c_{\text{p,out},i} W_n T_{\text{out},i} - c_{\text{p,in},i} W_{\text{n}} T_{\text{in},i} \\ T_{\text{in},1} = T_{\text{in},2} = \cdots = T_{\text{in},i} \end{cases} \tag{2-61}$$

联立式（2-53）～式（2-60），可很方便求出各个闭式并联通道的流量；同时根据式（2-61）能很快取出各个通道的冷却剂温升，借助前述的单通道热工模型，可以详尽求出各个闭式通道内的各主要热工水力参数。

2.1.7 最热通道模型

现有的系统分析程序，大多都没有专门的最热通道分析模型，无法给出最热燃料元件的热点温度，而这恰恰是反应堆初步安全分析评估中非常关心的问题。通常详细的稳态热点温度分布计算和分析，一般都是借助于子通道分析程序或更加详细的三维 CFD 分析程序，而系统程序对于堆芯结构的划分还是比较粗糙，现有的单通道模型和多通道模型均只能给出堆芯不同组件的平均参数，无法准确给出最热组件最热棒的温度分布信息。同时由于铅基快堆组件各子通道的结构不均匀性，同一轴向位置处燃料棒存在周向温度分布不均匀的特性。

典型的子通道分析模型如图 2-5 所示。通常将燃料棒束划分为若干个相互连通、相互作用的平行的子通道，相邻子通道内的冷却剂在通过堆芯的过程中存在横向的质量、动量和能量的交混。

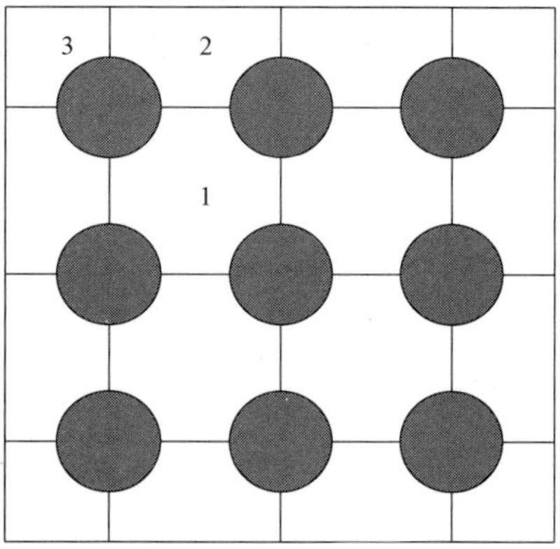

图 2-5 典型正方形组件子通道划分

1—中心通道；2—边通道；3—角通道

本模型拟参考子通道分析模型，基于闭式并联多通道分析结果，选取最热燃料组件的内子通道、边子通道和角子通道来模拟分析最热燃料组件内的了冷却剂、包壳和燃料芯块温度分布，结合课题组对铅基快堆燃料组件内燃料棒周向温度分布不均匀特性的研究[32]，同时不考虑燃料元件加工误差、经验关系式的误差等不确定性因素，从而获得包壳的最高名义温度。

基于全堆芯的并联多通道分析结果，可获取焓升最大燃料组件的压降；将组件进出口面视为等压面，将该最热组件划分为彼此孤立、互不连通的子通道，各子通道分为三类：中心通道、边通道和角通道。其中，第 i 个通道两端的压降为：

$$\Delta p_i = f_i \frac{L}{D_{\mathrm{el}}} \frac{\rho \upsilon^2}{2} \tag{2-62}$$

令中心通道、边通道和角通道这三类子通道的压降相等，则有：

$$f_{\mathrm{central}} \frac{L}{D_{\mathrm{central}}} \frac{\rho_{\mathrm{central}} \upsilon_{\mathrm{central}}^2}{2} = f_{\mathrm{edge}} \frac{L}{D_{\mathrm{edge}}} \frac{\rho_{\mathrm{central}} \upsilon_{\mathrm{edge}}^2}{2} = f_{\mathrm{edge}} \frac{L}{D_{\mathrm{edge}}} \frac{\rho_{\mathrm{central}} \upsilon_{\mathrm{edge}}^2}{2} \tag{2-63}$$

式中：f_{central} 是中心通道的摩擦系数，为无量纲量；f_{edge} 是边通道的摩擦系数，为无量纲量；f_{central} 是角通道的摩擦系数，为无量纲量；D_{central} 为中心通道的水力直径（m）；D_{edge} 为边通道的水力直径（m）；D_{edge} 为角通道的水力直径（m）；L 为冷却剂通道的长度（m）。

假定中心通道、边通道和角通道的数目分别为 N_{central}、N_{edge} 和 N_{corner}，中心通道、边通道和角通道的横截面积分别为 A_{central}、A_{edge} 和最热组件的冷却剂的流通面积为 A_{hot}，通过最热组件的冷却剂流量为 $\dot{m}_{\mathrm{hot}}$，则该组件内冷却剂的平均流速为：

$$\bar{u}_{\text{hot}}=\frac{\dot{m}_{\text{hot}}}{\bar{\rho}_{\text{hot}}A_{\text{hot}}} \tag{2-64}$$

根据质量守恒，有：

$$\bar{\rho}_{\text{hot}}\bar{u}_{\text{hot}}A_{\text{hot}}=N_{\text{central}}\bar{\rho}_{\text{central}}\bar{u}_{\text{central}}A_{\text{central}}+N_{\text{edeg}}\bar{\rho}_{\text{edge}}\bar{u}_{\text{edge}}A_{\text{edge}}+N_{\text{corner}}\bar{\rho}_{\text{corner}}\bar{u}_{\text{corner}}A_{\text{corner}} \tag{2-65}$$

出于简化计算的考虑，根据各通道内燃料棒的湿润面，分别获得该通道的总功率。同时各通道径向功率分布均匀，轴向上划分若干控制体，根据最热组件的轴向功率分布确定各个节点的功率。根据能量守恒，有：

$$\begin{cases}Q_{\text{hot}}=N_{\text{central}}\dot{Q}_{\text{central}}+N_{\text{edge}}\dot{Q}_{\text{edge}}+N_{\text{corner}}\dot{Q}_{\text{corner}}\\ \dot{Q}_{\text{central}}=\bar{c}_{\text{p,central}}\dot{m}_{\text{central}}\Delta T_{\text{central}}\\ \dot{Q}_{\text{edge}}=\bar{c}_{\text{p,edge}}\dot{m}_{\text{edge}}\Delta T_{\text{edge}}\\ \dot{Q}_{\text{corner}}=\bar{c}_{\text{p,corner}}\dot{m}_{\text{corner}}\Delta T_{\text{corner}}\end{cases} \tag{2-66}$$

式中：Q_{hot} 为最热组件总功率（W）；$\dot{Q}_{\text{central}}$ 为单个中心通道的功率（W）；$\dot{Q}_{\text{edge}}$ 为单个边通道的功率；$\dot{Q}_{\text{corner}}$ 为单个角通道的功率（W）。

联立式（2-63）、式（2-65）和式（2-66），可分别求出中心通道、边通道和角通道内的流量、温升，根据前述的燃料棒导热模型，进而求出燃料棒的温度分布，获取堆芯冷却剂名义最高温度和包壳名义最高温度。

2.2　热工水力设计与分析程序开发

主要根据自然循环铅基快堆内的关键部件和区域进行网格划分，重点关注堆芯、主热交换器、上腔室和下腔室，图 2-6 给出了典型自然循环铅基快堆系统节点划分图，其中：

1）堆芯。堆芯活性区可依据单通道模型划分为平均通道和热通道，也可依据多通道模型划分为若干个闭式通道。各通道径向划分三类控制体，分别是燃料芯块、包壳和冷却剂，这三类控制体在活性区域段均沿轴向划分若干个控制体，以便进行详细的计算和分析，同时堆芯上、下部非活性区域段各划分 1 个控制体；

2）主热交换器。主热交换器径向划分三类控制体，分别是一次侧冷却剂、换热管和二次侧冷却剂，这三类控制体沿轴向划分为若干个控制体，以便进行详细的计算和分析；

3）上腔室。上腔室径向不考虑控制体划分，轴向划分为两个控制体，分别为堆芯出口控制体和上升段控制体，其中堆芯出口控制体主要用于混合堆芯活性区出来的冷却剂温度，两个控制体均用集总参数法进行求解；

4）下腔室。下腔室径向不考虑控制体划分，轴向划分为两个控制体，分别是堆芯进口控制体和下降段控制体，其中堆芯进口控制体主要用于堆芯各通道的流量分配，两个控制体均用集总参数法进行求解。

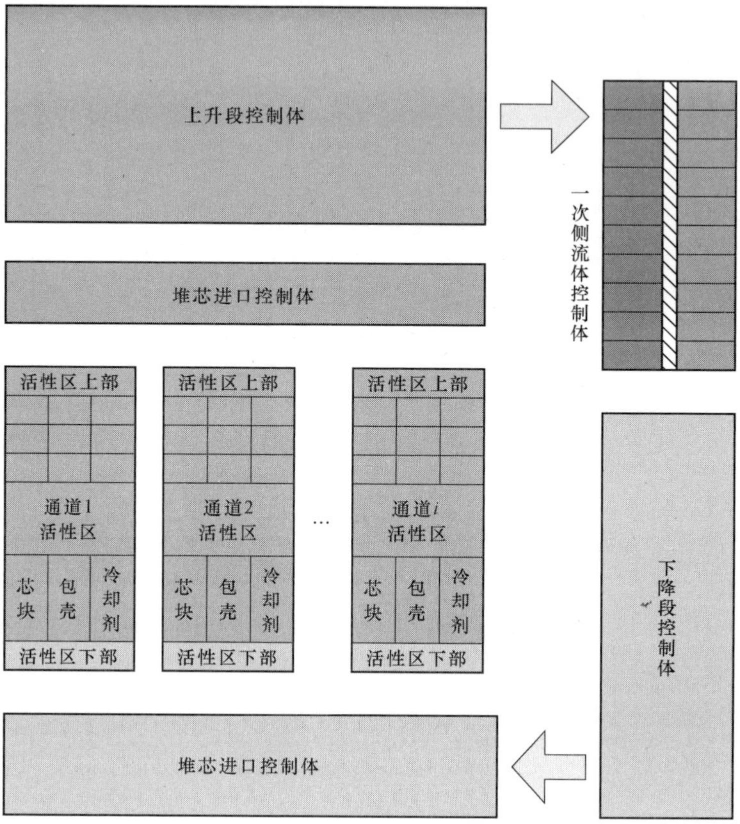

图 2-6 系统节点划分图

根据上述热工水力模型和网格划分，采用了 Fortran 95 标准进行了程序开发，编制了适用于小型模块化自然循环铅基快堆 SNCLFR－100 的稳态热工水力计算程序 STAC（Steady－state Thermal－hydraulic Analysis Code for SNCLFR－100），程序采用模块化的编程方法，主要包括数据输入模块、初始化模块、物性模块、压降模块、传热模块、单通道模块、闭式并联多通道模块和最热通道模块等。STAC 程序流程图如图 2-7 所示。

STAC 程序功能丰富，包含热工水力设计和稳态热工水力特性分析两大功能，其中：

1）热工水力设计。可确定反应堆的自然循环高度、堆芯的流量、平均通道和热通道详尽的温度分布，以此确定堆芯的热工水力设计方案；

2）全堆芯稳态热工水力特性分析。基于并联多通道模型，可开展堆芯流量分配设计和优化分析，同时确定堆芯内最热燃料组件；借鉴子通道思想开发的最热通道模型可进一步确定堆芯内最高名义热点温度的分布情况，以此对设计的堆芯进行较为全面的热工水力性能评价。

STAC 程序扩展性强，便于移植到其他自然循环铅基反应堆上，如韩国设计的小型模块化自然循环铅基快堆 URANUS，中国设计的中国铅基合金冷却快堆 CLEAR 等。

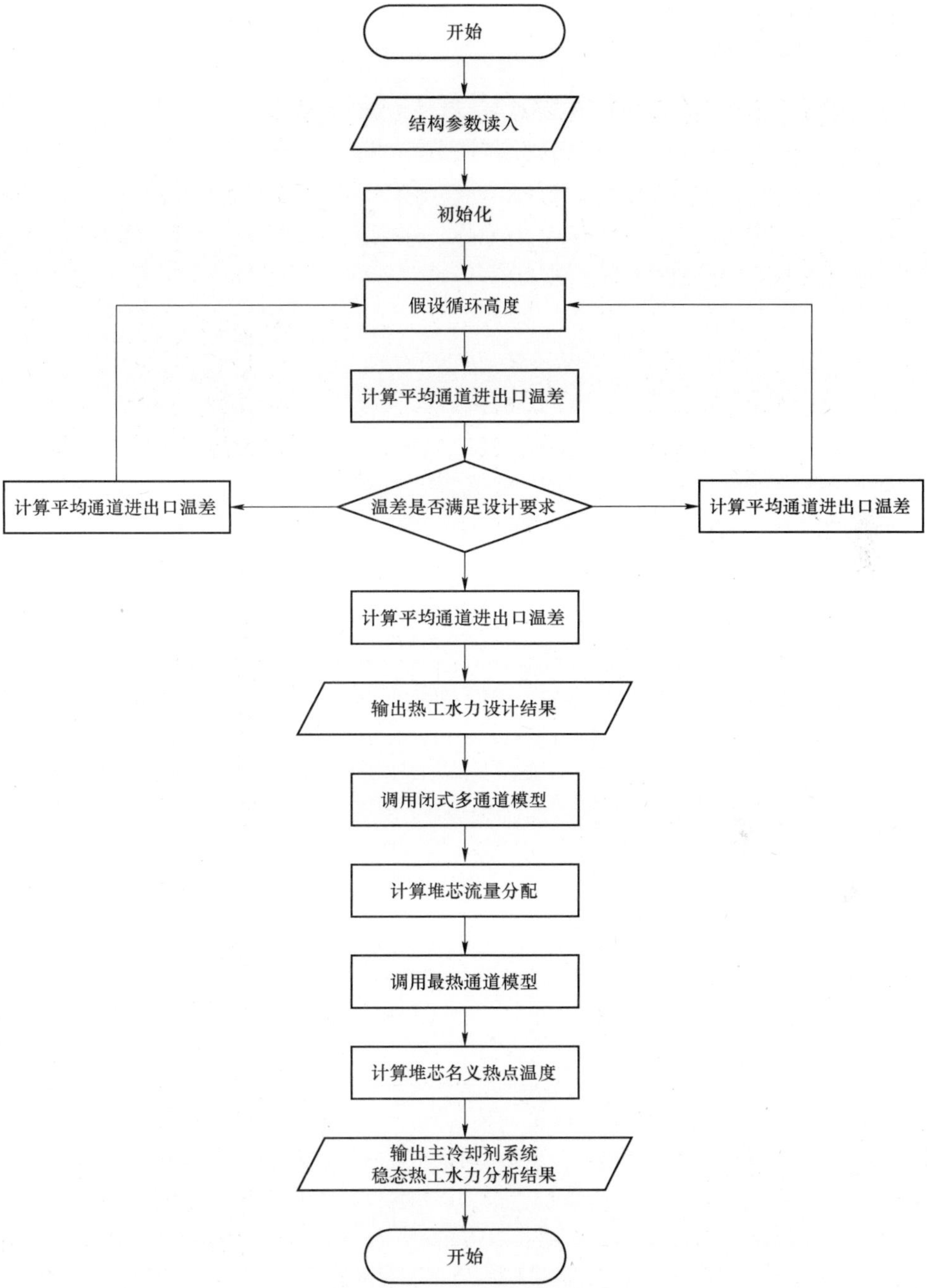

图 2-7　STAC 程序流程图

2.3　热工水力设计与分析程序验证

主要开展两部分的验证，首先是基于课题组开发的子通道分析程序 KMC-SUB 对 STAC 的最热通道模型开展验证，其次是对 STAC 主体程序开展整体验证。

2.3.1 最热通道模型验证

借鉴子通道思想开发的最热通道模型，做了一定程度的简化和假设处理，因此需要对模型开展验证，以便用于全堆芯的稳态热工水力特性分析评价。考虑采用课题组开发并已经开展较充分验证的铅基快堆子通道程序 KMC－SUB 对最热通道模型进行验证。

KMC－SUB 程序吸收了 COBRA 系列程序的优点和经验，不但可以对铅基快堆开展稳态子通道分析，同时也可以开展瞬态子通道分析[33-34]。本节使用 KMC－SUB 程计算不同稳态工况下的冷却剂和包壳名义最高温度，主要选取三个较有代表性的工况进行比较：

1）高功率、高流量工况：功率为 560.0 kW，流量为 44.0 kg/s，入口温度为 400 ℃；

2）中等功率、中等流量工况：功率为 280.0 kW，流量为 22.0 kg/s，入口温度为 400 ℃；

3）低功率、低流量工况：功率为 140.0 kW，流量为 11.0 kg/s，入口温度为 400 ℃。

选用 SNCLFR－100 的燃料组件设计方案，对燃料组件进行子通道划分并进行编号，如图 2-8 所示。其中中心通道 64 个，边通道 32 个，角通道 4 个。

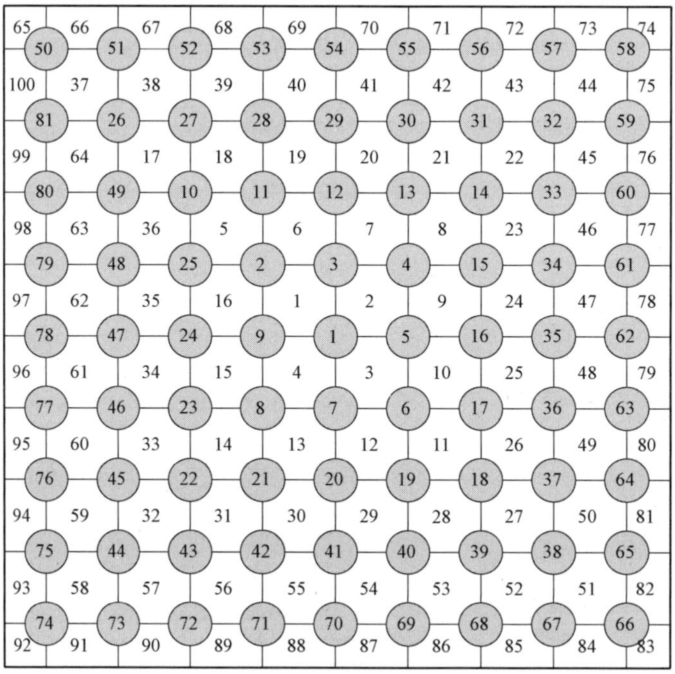

图 2-8　SNCLFR－100 子通道划分及编号

SNCLFR－100 设计的燃料棒全长 3.0 m，其中活性区长度为 1.0 m，裂变腔长度为 1.0 m，图 2-9 给出了 SNCLFR－100 燃料棒设计示意图，图 2-10 给出了堆芯寿期初（BOL）、寿期中（MOL）和寿期末（EOL）燃料棒活性区轴向功率分布，分析中选用寿期初（BOL）时的参数，KMC－SUB 中将燃料棒沿轴向划分 60 个节点。图 2-11 给出了该组件横截面上各燃料棒的径向功率分布情况。

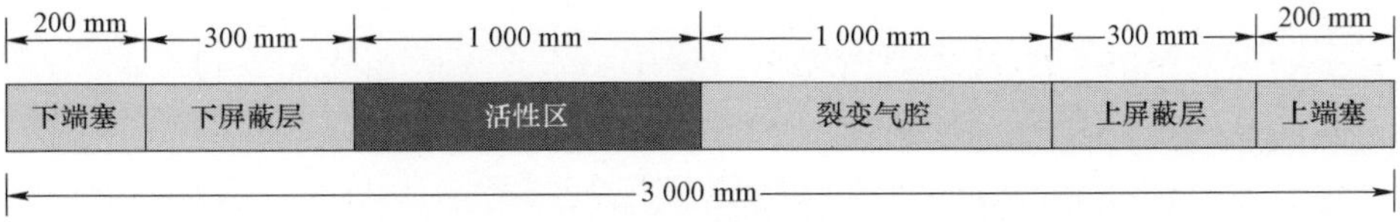

图 2-9　SNCLFR－100 燃料棒设计示意图

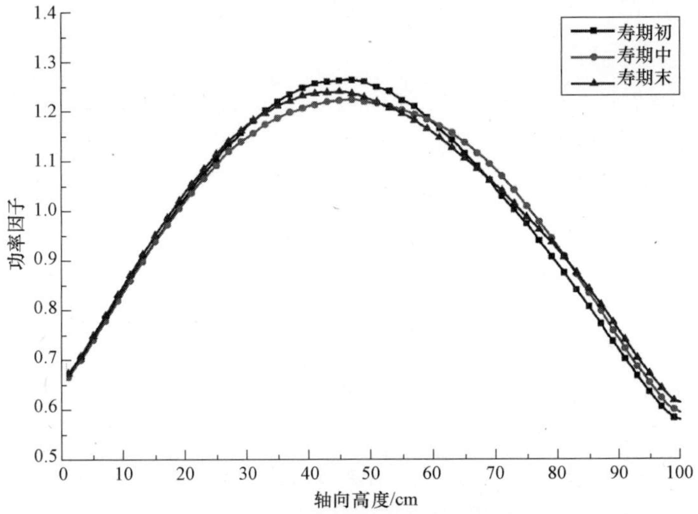

图 2-10　燃料棒轴向功率分布图

1.043 76	1.046 93	1.053 83	1.043 37	1.030 77	1.039 44	1.015 85	0.984 33	1.006 1
1.052 22	1.049 78	1.047 55	1.042 97	1.060 77	1.053 58	1.036 95	1.027	1.003 92
0.999 03	1.051 73	1.043 21	1.030 99	1.037 52	1.003 48	0.986 64	0.984 43	1.013 54
1.043 59	1.023 02	1.032 3	1.032 97	1.000 15	0.992 66	0.992 7	1.010 71	0.994 35
1.024 31	1.018 94	1.002 8	1.015 69	0.996 4	1.009 02	1.008 2	0.996 91	0.998 88
1.006 68	0.990 9	1.007 98	0.991 63	0.998 43	1.006 84	0.990 16	0.984 93	0.968 96
0.983 12	0.986 87	0.989 05	0.971 43	0.982 29	0.986 65	0.990 05	0.993 89	0.974 27
0.964 96	0.956 5	0.977 34	0.996 42	0.966 44	0.967 78	0.965 13	0.936 45	0.943 93
0.952 5	0.955 92	0.963 35	0.951 79	0.946 12	0.954 26	0.966 9	0.926 38	0.920 35

图 2-11　组件各棒径向归一化功率分布情况（9×9 排布）

2.3.1.1　高功率、高流量工况

图 2-12 给出了高功率、高流量工况下，STAC 程序和 KMC－Sub 程序计算最热通包壳轴向温度分布情况，由图中可以看出，STAC 程序计算结果与 KMC－Sub 计算结果吻合良好，其中 STAC 计算得到的包壳最高名义温度为 536.38 ℃，而 KMC－Sub 计算得到的值为 530.02 ℃，两程序计算结果的相对误差为 1.2%。

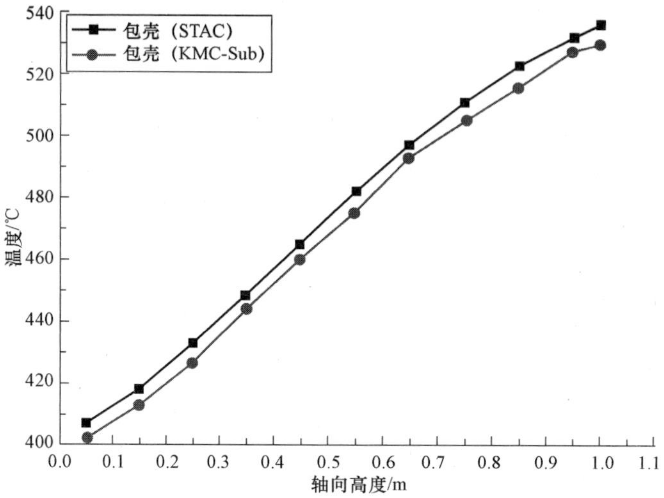

图 2-12　高功率、高流量工况下包壳轴向温度分布对比图

2.3.1.2　中等功率、中等流量工况

图 2-13 给出了中等功率、中等流量工况下，STAC 程序和 KMC－Sub 程序计算最热通包壳轴向温度分布情况，由图 2-13 可看出，STAC 程序计算结果与 KMC－Sub 计算结果吻合良好，其中 STAC 计算得到的包壳最高名义温度为 517.65 ℃，而 KMC－Sub 计算得到的值为 510.51 ℃，两程序计算结果的相对误差为 1.4%。

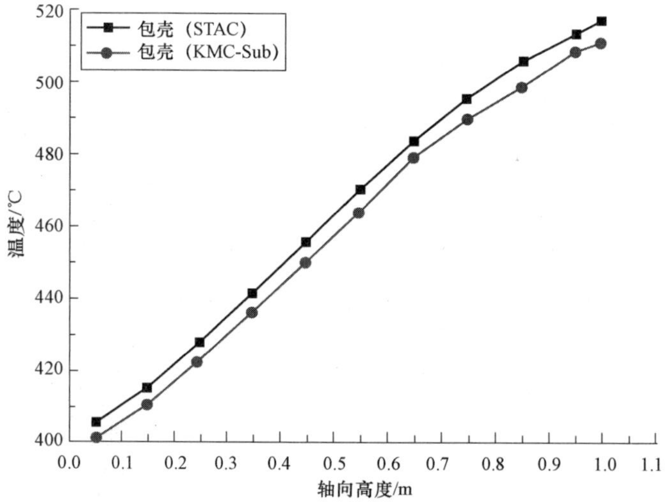

图 2-13　中等功率、中等流量工况下包壳轴向温度分布对比图

2.3.1.3　低功率、低流量工况

图 2-14 给出了低功率、低流量工况下，STAC 程序和 KMC－Sub 程序计算最热通包壳轴向温度分布情况，由图中可以看出，STAC 程序计算结果与 KMC－Sub 计算结果吻

合良好，其中 STAC 计算得到的包壳最高名义温度为 502.38 ℃，而 KMC–Sub 计算得到的值为 494.92 ℃，两程序计算结果的相对误差为 1.5%。

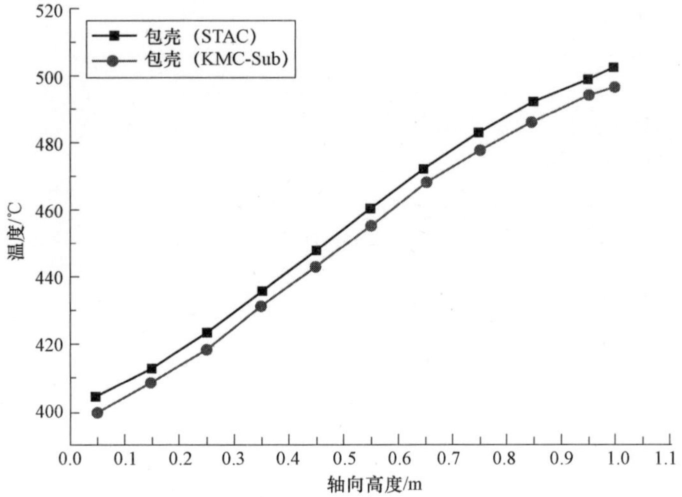

图 2-14　低功率、低流量工况下包壳轴向温度分布对比图

由以上各工况下，STAC 和 KMC–Sub 计算得到的稳态包壳轴向温度分布结果对比分析，可看出所开发的最热通道模型是合理的、可行的，同时计算结果是保守的，STAC 计算结果和 KMC–Sub 程序偏差不大，在可接受范围内，STAC 的最热通道模型可用于堆芯最高名义热点温度分布的分析。

2.3.2　程序主体功能验证

选用韩国国立首尔大学核能研究中心设计的小型模块化自然循环铅基快堆 URANUS 作为基准算例，对 STAC 主体程序开展验证。主要对程序的热工水力设计模块和稳态热工水力分析模块开展验证分析。

URANUS 是由韩国国立首尔大学核能研究中心在之前设计的小型自然循铅基快堆 PEACER 的基础上[35-36]，对堆芯和主冷却剂系统进行优化设计后，于 2015 年正式对外发布的先进全自然循环小型模块化铅基快堆[1-2]，并公布了该堆较为详细的热工水力设计方案，同时基于韩国自主研发的系统程序 MARS 对 URANUS 主冷却剂系统的热工水力性能进行了较为详尽的分析。图 2-15 给出了 URANUS

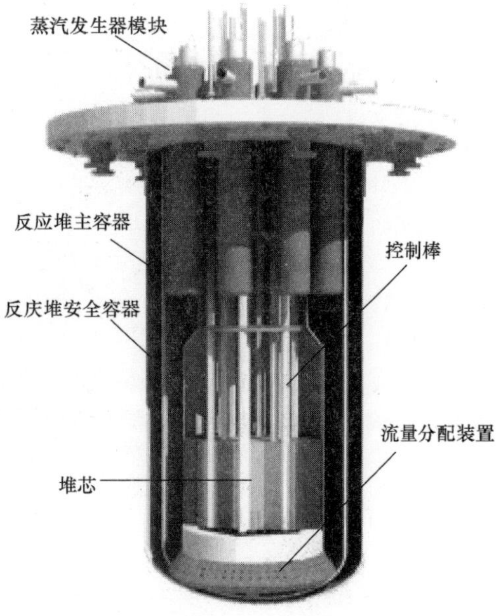

图 2-15　URANUS 堆本体结构示意图

堆本体的结构设计示意图，表 2-5 给出了 URANUS 的总体设计参数。

表 2-5　URANUS 反应堆总体设计参数

参数	设计值
热功率/MW	100
换料周期/年	20
一回路冷却剂	铅铋
燃料	UO_2
包壳	T－91
自然循环高度/m	5.5
堆芯进出口温度/℃	300/457
燃料组件结构	六边形组件
单个燃料组件内燃料棒个数	61
燃料棒外径/mm	18.2
燃料芯块直径/mm	13.5
燃料棒间距	1.35
堆芯活性区高度/mm	1 800
二回路冷却剂进出口温度/℃	252/356
二回路冷却剂流量/（kg/s）	52.68

根据公开文献提供的URANUS物理和结构设计参数，对其进行网格划分，利用STAC计算URANUS的稳态热工水力参数以及热通道内燃料芯块和包壳的轴向温度分布情况。图 2-16 给出了 URANUS 堆芯节点网格划分情况，堆芯分为平均通道和最热组件通道，每个通道的活性区轴向划分 9 个节点，同时基于最热通道模型计算 URANUS 内最热子通道的温度分布情况。

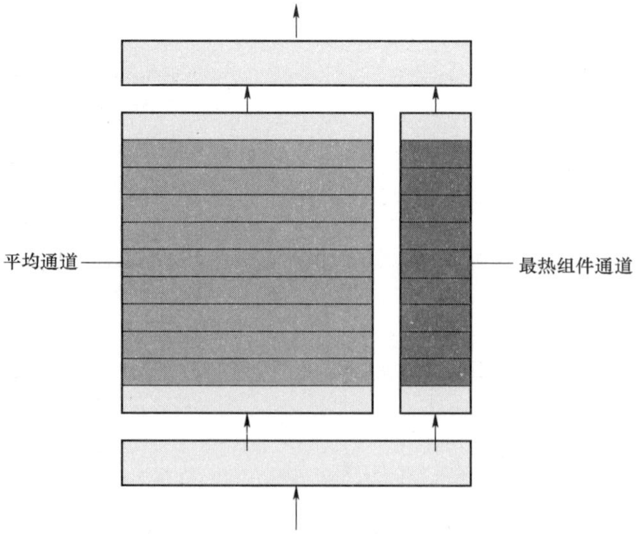

图 2-16　URANUS 堆芯网格划分

表 2-6 列出了 STAC 计算结果和 MARS 计算结果的对比情况，图 2-17 是最热子通道轴向温度分布的对比图。对比结果显示，STAC 计算结果与 MARS 计算结果吻合良好，两程序计算最大相对误差在 3%左右，同时最热子通道内芯块中心温度和包壳温度的轴向温度分布趋势基本一致。程序的计算误差可能来自于 MARS 程序所采用的铅铋物性、传热和压降模型和 STAC 存在一定差别，但是 3%的误差在热工分析中属可接受范围。以上分析结果表明，STAC 程序的开发是成功的，计算结果可靠，能用于小型模块化自然循环铅基快堆的热工水力设计和稳态热工水力特性分析。

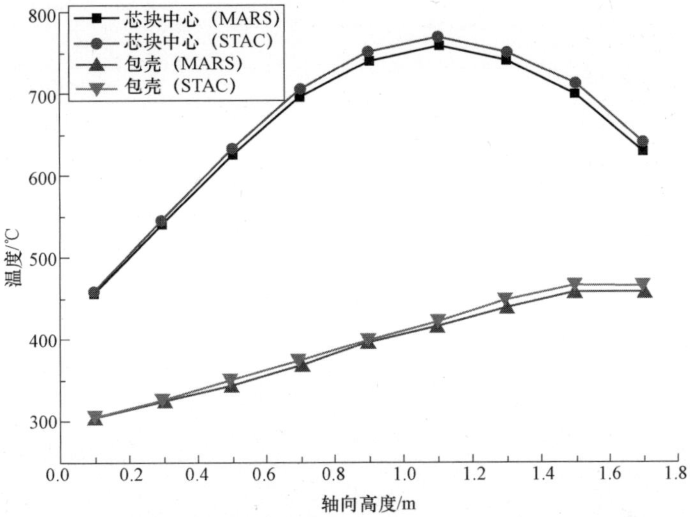

图 2-17　最热通道内燃料芯块、包壳轴向温度分布对比图

表 2-6　STAC 程序计算结果对比验证

参数	STAC 计算结果	MARS 计算值	相对误差
堆芯流量/（kg/s）	4 812.0	4 886.00	1.51%
堆芯进口温度/℃	303.20	300.00	1.07%
堆芯出口温度/℃	465.00	457.00	1.75%
堆芯进出口温差/℃	161.80	157.00	3.06%
包壳温度峰值/℃	466.42	464.96	0.31%
燃料芯块温度峰值/℃	768.00	756.25	1.55%
二回路冷却剂出口温度/℃	351.00	356.00	1.40%

2.4　小型自然循环铅基快堆热工水力方案设计[37]

2.4.1　设计目标与约束条件

（1）总体设计目标

SNCLFR－100 的总体设计目标是：基于现实可行的工程技术，设计一个具有工业

应用价值的全自然循环冷却铅基快堆。

依据总体设计目标，SNCLFR－100 的顶层设计选择如表 2-7 所示。

表 2-7　SNCLFR－100 顶层设计选择

项目	选择内容
用途	发电/供暖
热功率/MW_{th}	100
热效率	>35%
运行温度/℃	<500
冷却方式	自然循环
燃料	MOX 燃料
控制棒材料	B_4C
组件配重材料	钨
一回路冷却剂	液态铅
包壳材料	T91
结构材料	T91

（2）热工水力设计准则

SNCLFR－100 的热工水力设计任务是：依据反应堆的总体设计目标和顶层设计选择，设计一套能够为反应堆提供与堆芯产热量相匹配的热传输能力并且能够满足各种工况下的安全设计要求的热工水力学方案。

为保证达到反应堆的安全要求，设定以下热工水力设计准则：

1）燃料最高温度限值：为确保燃料芯块在正常工况和事故工况下均不出现熔化现象，设定燃料最高温度限值。SNCLFR－100 的燃料为 MOX 燃料，依据保守原则，选择富集度为 30%、燃耗为 50 MWd/kgHM 所对应的燃料熔点温度作为燃料的最高温度限值。参考 2.1.1 节 MOX 燃料的物性，选择 2 300 ℃作为正常工况和事故工况下的燃料最高温度限值。

2）包壳最高温度限值：为确保燃料棒包壳在正常工况和事故工况下均不出现破损和熔化现象，设定包壳最高温度限值。SNCLFR－100 的包壳材料选择为 T91 钢，在广泛调研国际上铅基快堆 T91 钢使用温度限值的基础上，选择 550 ℃作为正常工况下包壳最高温度限值，选择 650 ℃作为事故工况下包壳最高温度限值。

3）冷却剂最高流速限值：液态铅对材料的腐蚀作用随冷却剂流速的增加而增加，为防止液态铅对结构材料的腐蚀过于严重，设定了冷却剂流速最高限值。在广泛调研国际上铅基快堆冷却剂流速限值的基础上，选择 2 m/s 作为正常工况和事故工况下冷却剂最高流速限值。

4）冷却剂最低温度限值：为防止反应堆内冷却剂发生凝固，设定冷却剂下限温度。铅的熔点 327.5 ℃，选择高于 350 ℃作为冷却剂下限温度，以保证有足够的安全裕量。同时，各通道的设计中必须保证冷却剂不发生沸腾。

SNCLFR－100 的热工水力设计限值如表 2-8 所示。

表 2-8　SNCLFR－100 热工水力设计限值

<table>
<tr><th>项目</th><th colspan="2">设计限值</th></tr>
<tr><td>燃料最高温度限值/℃</td><td colspan="2">2 300</td></tr>
<tr><td rowspan="2">包壳最高温度限值/℃</td><td>正常工况</td><td>550</td></tr>
<tr><td>事故工况</td><td>65 ℃</td></tr>
<tr><td>冷却剂最高流速限值/（m/s）</td><td colspan="2">2</td></tr>
<tr><td>冷却剂最低流速限值/℃</td><td colspan="2">350</td></tr>
</table>

（3）燃料组件设计方案

在开展热工水力设计之前，需进行燃料组件选型和结构设计。SNCLFR－100 燃料组件采用 9×9 四边形布置，固定方式采用 6 层格架固定，总长度为 3.4 m。SNCLFR－100 燃料组件结构布置如图 2-18 所示，燃料组件设计参数见表 2-9。

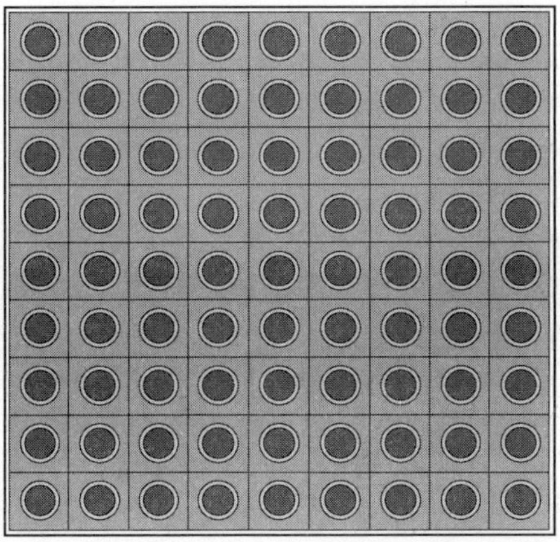

图 2-18　SNCLFR－100 燃料组件设计示意图

表 2-9　SNCLFR－100 燃料组件设计参数

项目	数值
燃料棒数目	81
燃料棒排列形式	9 × 9 正方形栅格
燃料棒间距/mm	17.4
组件盒厚度/mm	1.2
组件盒长度/m	3.4
燃料棒长度/m	3
组件入口段长度/m	0.2
组件出口段长度/m	0.2
组件间距/mm	160
组件间隙/mm	1
定位格架数目	6

SNCLFR－100 燃料棒采用圆柱体燃料棒，由芯块、上屏蔽层、下屏蔽层、上端塞和下端塞组成。燃料棒结构布置见图 2-19，燃料棒设计参数见表 2-10。

图 2-19　SNCLFR－100 燃料棒结构设计图

表 2-10　SNCLFR－100 燃料棒设计参数

项目	数值
燃料棒间距/mm	17.4
燃料棒外径/mm	12.2
间距—外径比（*P*/*D*）	1.43
燃料芯块直径/mm	9.8
燃料－包壳间隙厚度/mm	0.2
燃料－包壳填充材料	He
包壳厚度/mm	1
活性高度/cm	100
裂变气体腔高度/cm	100
上屏蔽层高度/cm	30
下屏蔽层高度/cm	30
上端塞高度/cm	20
下端塞高度/cm	20
燃料棒总长度/m	3

SNCLFR－100 控制棒组件采用 9×9 正方形布置，中心 3×3 区域留空放置控制棒，固定方式采用 6 层格架固定，总长度为 3.4 m。SNCLFR－100 控制棒组件结构布置见图 2-20，控制棒组件设计参数见表 2-11。

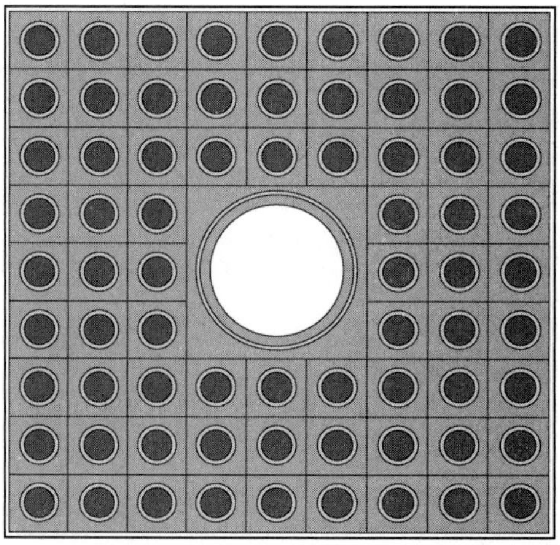

图 2-20　SNCLFR－100 控制棒组件结构设计图

表 2-11 SNCLFR－100 控制组件设计参数

参数	数值
控制棒数目	1
控制棒导管外径/mm	48
控制棒导管内径/mm	45
控制棒外径/mm	40
燃料棒数目	72
燃料棒排布形式	9×9 正方形排列
组件盒厚度/mm	1.2
组件盒长度/m	3.4
燃料棒长度/m	3
组件入口段长度/m	0.2
组件出口段长度/m	0.2
组件间距/mm	160
组件间隙/mm	1
定位格架数目	6
定位格架阻塞率	27.58%

（4）堆芯中子学设计方案[38]

在开展热工水力设计之前，需进行堆芯中子学方案设计。SNCLFR－100 中子学设计参数由 MCNP5 程序计算。SNCLFR－100 中子学计算模型如图 2-21 所示，SNCLFR－100 中子学设计参数如表 2-12 所示。

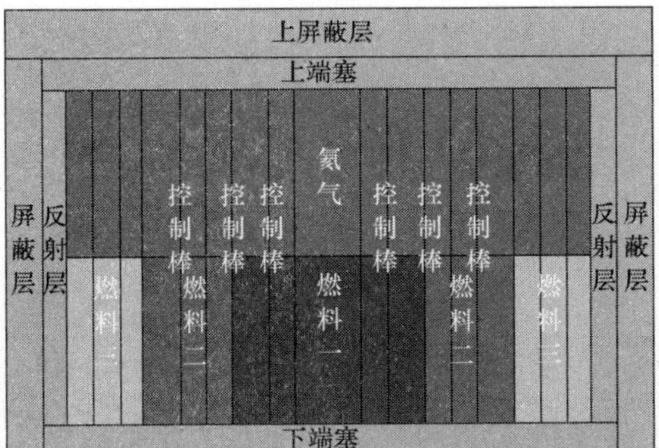

(a) 模型 x–z 图

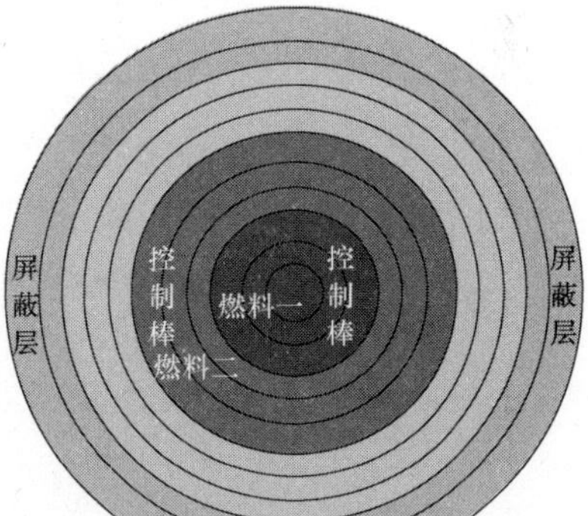

(b) 模型 x–y 图

图 2-21 SNCLFR－100 中子学计算模型

基于中子学计算结果，SNCLFR－100 堆芯结构布置如下：堆芯由 204 个燃料组件，36 个控制棒组件，48 个反射层组件和 84 个屏蔽层组件组成。其中燃料层组件分区三个燃料区，活性区高度 1 m，等效直径 2.8 m，堆芯呈扁平状结构。堆芯布置图见图 2-22，堆芯设计参数见表 2-13。

表 2-12　SNCLFR－100 中子学设计参数

项目		数值
初始稳态运行 k_{eff}		1.000 010
初始剩余反应性/pcm		2 023
停堆深度/pcm		5 528
功率峰因子	径向	1.24
	轴向	1.21
瞬发中子寿命/s		5.29×10^{-7}
有效缓发中子寿命/pcm		487
燃料多普勒系数/（pcm/K）		－0.987
冷却剂温度系数/（pcm/K）		－0.681
轴向膨胀系数/（pcm/K）		－0.213 4
径向膨胀系数/（pcm/K）		－5.480

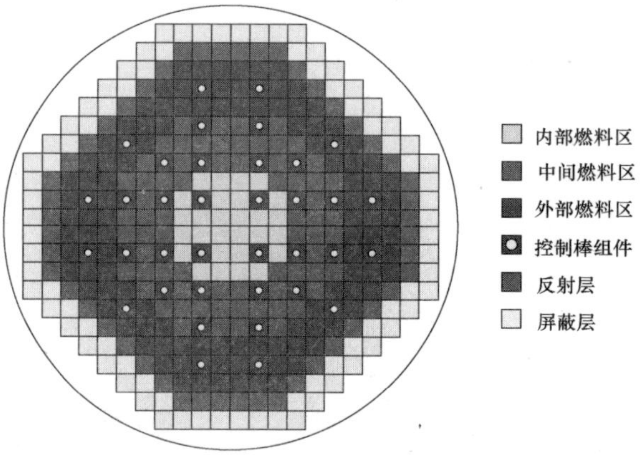

图 2-22　SNCLFR－100 堆芯布置图

表 2-13　SNCLFR－100 堆芯设计参数

项目	参数	项目		参数
燃料组件数目	204	堆芯活性区等效直径/m		2.8
控制组件数目	36	燃料富集度	内部燃料区	PuO_2（16%）＋UO_2（84%）
堆芯总高度/m	3.4		中部燃料区	PuO_2（19%）＋UO_2（81%）
堆芯总直径/m	3.46		外部燃料区	PuO_2（24%）＋UO_2（76%）

2.4.2　关键参数选择

（1）运行温度

在铅基快堆中，最高运行温度和最低运行温度的选择都需要进行特殊考虑。铅基快堆最高运行温度的选择主要考虑的是结构材料的承受能力，而不像压水堆中主要考虑冷却剂的沸点。基于这个特点，铅基快堆一般可以采用较高的运行温度，这对提高反应堆的热效率具有重要意义。但是，结构材料在铅冷却剂中的腐蚀效应随温度的增加而增强，这成为铅基快堆最高运行温度设计中最主要的限制条件。根据材料腐蚀试验结果，T91钢在液态铅中可以承受的长期运行的最高温为 550 ℃[39]。

铅基快堆最低运行温度主要考虑的是铅的凝固问题。铅的熔点是 327.5 ℃，如果运行温度过低，可能会导致铅凝固问题，而铅的凝固将有可能对反应堆内构件造成损伤。一般要求铅基快堆内的铅冷却剂在寿期内保持液体状态，这成为了铅基反应堆最低运行温度的主要限制条件。在现有的铅基快堆设计方案中，最低运行温度一般选择在 400 ℃左右。

基于上述分析，SNCLFR－100 的运行温度选择在 400～500 ℃之间，且正常运行工况下包壳最高温度不超过设计限值 550 ℃。

（2）棒束排列形式

在快堆中，棒束排列形式可分为两种形式，分别是三角形排列和四边形排列。三角形排列比四边形排列更为紧凑，适合于冷却剂热导率好的液态金属冷却反应堆，广泛应用于钠冷快堆和铅基快堆中。但是，从摩擦阻力角度分析，在同样的栅元尺寸（燃料棒直径和棒间距比）下，四边形排列形式的水力直径更大，摩擦系数更小，更适合应用于小型自然循环铅基快堆中。四边形排列的不足之处在于降低了栅元内的燃料比例，使得堆芯直径变大，燃料装量增加，反应堆经济性有所降低。不过，液态铅对中子的吸收能力比钠小，可以在一定程度上弥补这方面带来的不足。基于上述分析，SNCLFR－100 采用全自然循环冷却技术，适合采用摩擦阻力较小的四边形的棒束排列形式。

（3）栅元尺寸

栅元尺寸包括燃料棒直径和燃料棒间距比。提高燃料棒直径和增加棒间距比都可以降低冷却剂通道内的摩擦阻力，但也带来了某些方面的不足。在相同的燃料棒直径下，提高棒间距比，可以增加冷却剂通道的水力直径，从而降低通道的摩擦阻力，但同时会降低栅元内的燃料比例，因而不可无限制地增大棒间距比。在同样的间距比下，提高燃料棒直径可以增加冷却剂通道的水力直径，从而降低通道的摩擦阻力，但同样降低栅元内的燃料比例，因而不可无限制地增大棒间距比。在燃料棒直径的设计中，还要考虑功率密度的问题，因为提高燃料棒直径会提高芯块中心点到外表面直接的温差，从而提高燃料的最高温度，这是燃料棒直径最大设计值的一个重要限制条件。如在功率密度较高的钠冷快堆中，燃料棒直径一般控制在 6 mm 左右。另外，采用大直径的燃料棒，还可以提高燃料棒的抗弯曲能力，有利于提高反应堆的安全性，而且在固定方式上也可以选择制造工艺更加简单的格架固定方式。

基于上述分析，SNCLFR－100 采用全自然循环冷却，且功率密度不高，适合采用大燃料棒棒配合合理的间距比的设计方案。

（4）组件盒

在采用大直径燃料棒的基础上，燃料组件具有更加稳定的机械固定性能，从力学性能角度分析，可以取消燃料组件的组件盒。取消组件盒，还可以减少堆芯区域的结构材料比例，从而提高栅元内的燃料比例，减小堆芯直径，提高反应堆的性能。但采用有组件盒的燃料组件可以有效提高自然循环反应堆的堆芯流量分配能力。因此，组件盒的使用与否需要权衡这两方面的关系。

基于上述分析，SNCLFR–100 采用全自然循环冷却，适合采用组件盒的燃料组件设计方案。

（5）自然循环高度

提高自然循环高度是提高反应堆自然循环能力的有效途径，但提高自然循环高度也会带来一些不足之处。首先，提高自然循环高度，将增加反应堆的总体高度，增加反应堆的高/宽比。构件物的高/宽比是衡量其抗震能力的重要指标，高/ 宽比越大，抗震能力越差。因此，在相同的反应堆直径的条件下，增加自然循环高度会降低反应堆的抗震能力。其次，增加自然循环高度，将增加冷却剂铅和结构材料钢的使用量，从而提高了建造成本，降低了经济性。

基于上述分析，SNCLFR–100 中采用 4 m 自然循环高度，高/宽比控制的限值初步选为 3。

2.4.3 热工水力方案设计

SNCLFR–100 堆芯热功率 100 MW_{th}，燃料采用三区布置的 MOX 燃料，富集度分别为 14%、19%和 24%，冷却剂采用液态铅，堆本体采用一体化池式结构，反应堆总高度 10 m，总直径 6 m，设置 4 台主热交换器。反应堆设计寿命 60 年，换料周期 5 年，采用整堆换料方案，反应堆内不需要设置堆内换料部件。为保证反应堆安全可靠运行，SNCLFR–100 设置了余热排出系统、冷却剂净化系统、氧气控制系统、辅助加热系统等安全与辅助系统。SNCLFR–100 反应堆的总体结构如图 2-23 所示。

SNCLFR–100 热传输系统由一回路系统、二回路系统组成。一回路系统采用全自然循环冷却技术，二回路系统采用压力为 18 MPa 的过热蒸汽系统。为保证冷却剂铅在低功率和零功率情况下仍处于液态，反应堆内设置了辅助加热系统，辅助加热系统初步选择在堆芯底部设置电加热器或布置可充入热气体的管道的设计方案。

表 2-14　SNCLFR–100 一/二回路冷却剂系统主要设计参数

参量	值	参量	值
功率（热/电）/MW	100/40	二回路系统压力/MPa	18
一回路冷却剂	Lead	二回路给水温度/℃	345
热效率/%	40%	二回路出口蒸汽温度/℃	455
冷却方式	自然循环	二回路冷却剂流量/ $kg \cdot s^{-1}$	64
堆芯进出口温度/℃	400/480	主热交换器数目/个	4
堆芯冷却剂流量/ $kg \cdot s^{-1}$	8 528	主热交换器结构形式	管壳式
自然循环高度/m	4	换料间隔时间/年	10

SNCLFR–100 一回路系统由堆芯、热池、主换热器、冷池和用于分隔热池和冷池的热分隔板组成，采用一体化池式结构，所有一回路部件均布置在主容器内。铅冷却剂由堆芯加热后在自然循环驱动力的作用下向上流动，携带燃料组件的核热汇入热池，热池

内的温度较高的铅冷却剂通过主换热器上端的入口窗进入主换热器与二回路冷却剂进行热量交换，并从主换热器下端的出口窗流出汇入冷池，形成一回路自然循环。表 2-14 给出了 SNCLFR–1100 一/二回路冷却剂系统主要设计参数。

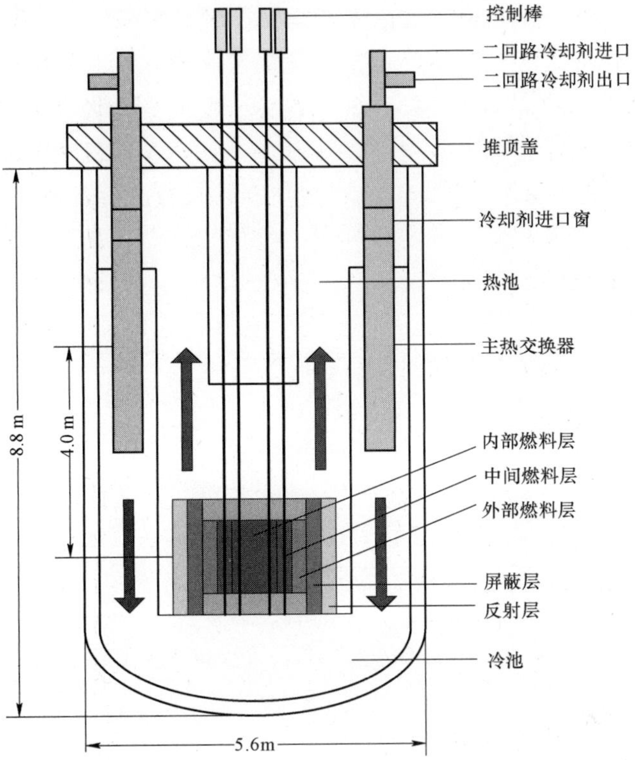

图 2-23 SNCLFR–100 反应堆总体结构图

采用所开发 STAC 程序，基于 SNCLFR–100 一回路系统设计方案，开展堆芯热工水力设计计算。表 2-15 给出 SNCLFR–100 堆芯热工水力设计计算结果。从表 2–15 可知，在所设计的热工水力设计方案中，包壳最高温度 508 ℃，小于设计限值 550 ℃；燃料最高温度 805 ℃，小于设计限值 2 300 ℃；堆芯最高流速 0.29 m/s，小于设计限值 2 m/s。所有安全监视参数均低于设计限值，设计方案合理可靠，符合设计要求。

表 2-15 SNCLFR–100 堆芯热工水力设计参数

项目	参数	项目	参数
平均通道		冷却剂平均雷诺数	18 976
平均线功率密度/（kW/m）	5.23	热通道	
堆芯进/出口温度/℃	400/480	热通道因子	1.5
堆芯流量/（kg/s）	8 528	最大线功率密度/（kW/m）	7.85
冷却剂平均流速/（m/s）	0.228	冷却剂最大流速/（m/s）	0.29
自然循环驱动压头/Pa	3 759	冷却剂最高温度/℃	510.28
堆芯压降/Pa	2 684	包壳最高温度/℃	520.49
换热器压降/Pa	1 074	燃料最高温度/℃	827.93

2.5 小型自然循环铅基快堆热工水力方案评估

根据图 2-22 所示的 SNCLFR–100 堆芯布局，将堆芯分为 8 个通道，分别是：内部燃料区平均通道和热通道、控制棒组件层平均通道和热通道、中间燃料区平均通道和热通道、外部燃料区平均通道和热通道，各个通道的活性区轴向划分 10 个控制体，同时每个热通道内考虑平均棒和最热棒。图 2-24 所示为 SNCLFR–100 的堆芯通道划分示意图。同时主热交换器轴向划分 10 个控制体，整个系统划分的控制体为 120。

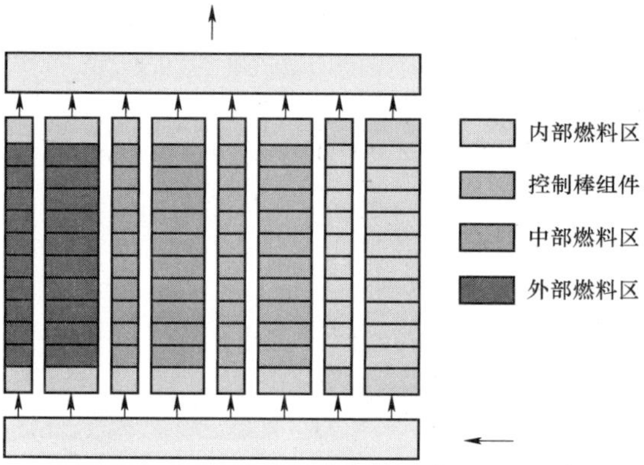

图 2-24 SNCLFR–100 堆芯一维计算模型

2.5.1 一回路主冷却剂系统温度分布

图 2-25 为 SNCLFR–100 一回路主冷却剂系统温度沿冷却剂流动方向的分布。图 2-25 中，由下腔室下降段流入堆芯入口流量分配段，冷却剂属绝热流动，温度保持不变；冷却剂从堆芯入口流量分配段后进入堆芯，在堆芯下段仍作绝热流动，进入堆芯活性区后，冷却剂吸收堆芯热量后温度逐渐升高；从活性区流出后，冷却剂依然作绝热流动而温度保持不变，从堆芯各通道流出的冷却剂在堆芯出口区域混合，温度降低；经混合后的冷却剂在上腔室内继续作绝热流动，温度保持不变；冷却剂进入主热交换器后被二回路的加压水冷却，温度逐渐降低。

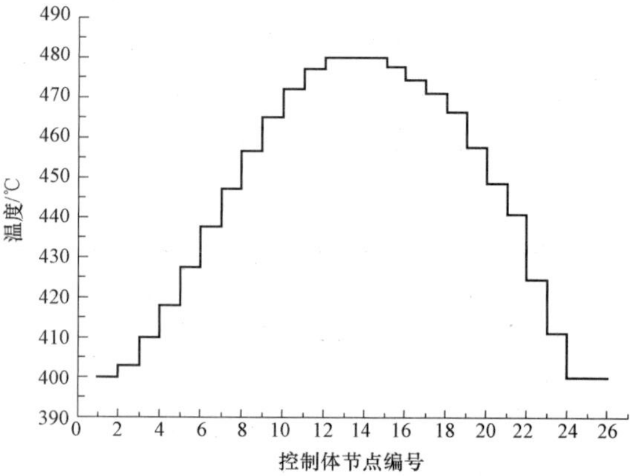

图 2-25 一回路主冷却剂系统温度分布

3–12 号控制体代表堆芯活性区（各平均通道平均温度）；16–25 控制体代表热交换器区

表 2-16 列出了 SNCLFR–100 一回路主冷却剂系统一些关键位置处温度的程序计算结果和设计值。通过对比可发现，STAC 程序

计算值与设计值吻合良好。

表 2-16　STAC 温度的计算值与 SNCLFR－100 设计值

位置	温度/℃		相差量/℃
	STAC 计算值	SNCLFR－100 设计值	
堆芯入口	400.35	400.00	0.35
堆芯出口	481.72	480.00	0.72
主热交换器一次侧进口	480.10	480.00	0.10
主热交换器一次侧出口	400.30	400.00	0.30

2.5.2 寿期初堆芯燃料芯块、包壳表面和冷却剂温度分布

表 2-17 给出了 SNCLFR－100 寿期初（BOL）堆芯内燃料芯块中心、包壳外表面和冷却剂温度分布，考虑了堆芯功率沿活性区轴向的余弦分布。由表 2-17 可知，堆芯内燃料芯块中心最高温度和包壳外表面最高温度均出现在外部燃料区热通道的最热棒上，这主要是基于尽可能展平堆芯轴向功率这一堆物理设计准则的结果。堆芯内燃料芯块最高温度约 828 ℃，远低于 SNCLFR－100 的燃料设计限值温度 2 300 ℃；包壳外表面最高温度约为 520.5 ℃，低于 SNCLFR－100 额定工况运行时的包壳最高温度限值 550 ℃。

表 2-17　额定工况下 SNCLFR－100 堆芯温度分布（BOL）

最高温度/℃		BOL			
		内部燃料区	中间燃料区	外部燃料区	控制棒组件
平均通道	芯块中心	667.866	717.566	653.726	642.128
	芯块外表面	506.890	521.824	498.326	497.131
	包壳外表面	487.204	498.665	479.206	478.996
	冷却剂	479.654	490.727	472.816	472.072
热通道	芯块中心	675.484	751.583	799.819	681.586
	芯块外表面	509.681	533.593	548.667	511.636
	包壳外表面	489.48	508.199	519.773	490.786
	冷却剂	481.741	499.530	510.282	482.870
最热棒	芯块中心	675.741	754.800	827.934	684.209
	芯块外表面	509.718	534.120	553.107	512.013
	包壳外表面	489.487	508.285	520.485	490.866
	冷却剂	481.741	499.530	510.282	482.870

图 2-26 给出了堆芯内最热棒轴向温度分布情况，由图可知包壳外表面和冷却剂的膜温压较小，最大值出现在活性区的中心平面附近，约为 22 ℃，温差相对较小，这主要得益于液态铅良好的换热性能；而芯块外表面和芯块内表面的温差较大，最大值达到 289 ℃，同样出现在活性区的中心平面附近，这主要是因为采用 MOX 燃料导热性较差的缘故。

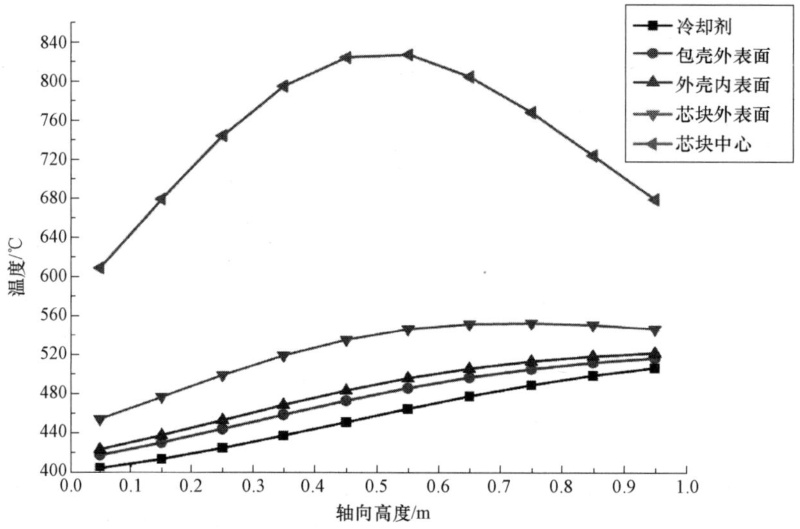

图 2-26　堆芯芯块、包壳内外表面和冷却剂轴向温度分布（BOL）

2.5.3　寿期末堆芯燃料芯块、包壳表面和冷却剂温度分布

表 2-18 给出了 SNCLFR－100 寿期末（EOL）堆芯内燃料芯块中心、包壳外表面和冷却剂温度分布，考虑了堆芯功率沿活性区轴向的余弦分布。由表 2-18 可知，堆芯内燃料芯块中心最高温度和包壳外表面最高温度同样均出现在外部燃料区热通道的最热棒上，燃料芯块最高温度约为 846.4 ℃，远低于 SNCLFR－100 的燃料设计限值温度 2 300 ℃；包壳外表面最高温度约为 522 ℃，低于 SNCLFR－100 额定工况运行时的包壳最高温度限值 550 ℃。

图 2-27 给出了堆芯内最热棒轴向温度分布情况。由图 2-27 可知，与 BOL 相比，EOL 时的堆芯温度分布变得更加不平衡，各燃料区平均通道中燃料芯块中心最高温度差值由 BOL 时的 75.4 ℃上升到了 82.2 ℃；堆内最热棒燃料芯块中心最高温度也提高了近 18.5 ℃；但无论是 BOL 还是 EOL，堆内材料的温度分布都没超过设计限值，这说明 SNCLFR－100 的热工水力设计方案是合理可行的。

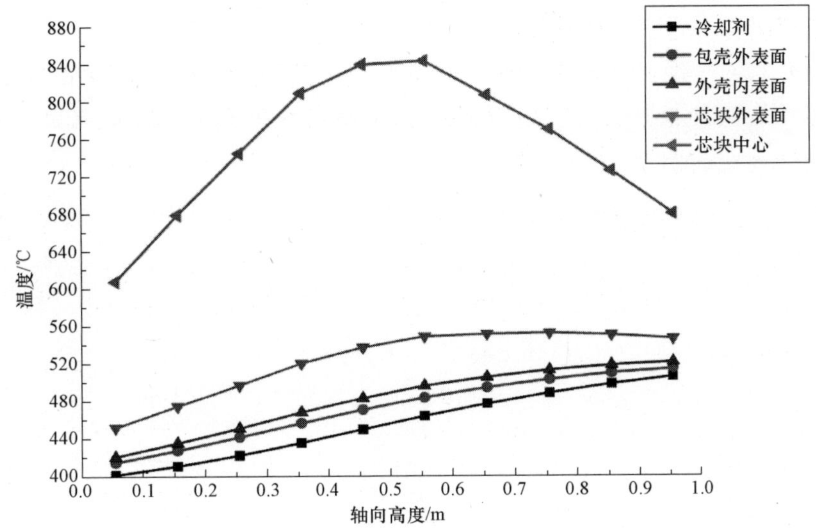

图 2-27 堆芯芯块、包壳内外表面和冷却剂轴向温度分布（EOL）

表 2-18 额定工况下 SNCLFR－100 堆芯温度分布（EOL）

最高温度/℃		EOL			
		内部燃料区	中间燃料区	外部燃料区	控制棒组件
平均通道	芯块中心	685.531	738.931	656.718	665.972
	芯块外表面	507.434	525.561	497.374	500.648
	包壳外表面	486.755	501.380	478.606	481.272
	冷却剂	479.861	493.372	472.332	474.797
热通道	芯块中心	698.843	768.237	814.688	704.919
	芯块外表面	512.01	535.310	550.445	514.085
	包壳外表面	490.452	509.254	521.464	492.126
	冷却剂	483.276	500.654	511.952	484.822
最热通道	芯块中心	699.114	783.976	846.418	718.829
	芯块外表面	512.054	537.766	555.254	516.337
	包壳外表面	490.459	509.650	522.235	492.492
	冷却剂	485.276	502.654	513.952	486.822

2.5.4 稳态自然循环能力分析

自然循环能力是自然循环铅基快堆的核心参数，其由反应堆的热工水力参数和几何结构等参数共同决定，对自然循环铅基快堆的安全性至关重要[40-41]。本小节对自然循环铅基快堆主冷却剂系统堆芯流量与堆芯功率关系、主冷冷却剂系统阻力与堆芯流量的关系和表征自然循环能力的特征参数进行理论分析研究。

（1）堆芯流量和堆芯功率的关系

大量公开文献显示，根据理论推导同时结合大量实验的基础上[42-44]，可知对于自然循环反应堆，其堆内冷却剂的自然循环流量 G_{nc} 和堆芯功率 P_{nc} 之间存在如下的关系式：

$$G_{nc} = R \cdot P_{nc}^{n} \tag{2-67}$$

式中：R 是与自然循环反应堆结构设计和冷却剂状态相关的参数，指数 n 与自然循环反应堆的结构设计相关。

根据中但通道模型推导的式（2-48），结合式（2-67）可知，对于铅基自然循环反应堆，可得出如下关系式：

$$R \approx \left(\frac{2\rho_0^2 \beta g \Delta H}{\overline{c_p} R}\right)^{1/3} \tag{2-68}$$

$$n \approx \frac{1}{3} \tag{2-69}$$

上述两式中可以看出，通过堆芯的流量与功率成 $\frac{1}{3}$ 次方关系。

基于开发的STAC，分别计算SNCLFR－100处于不同功率时通过堆芯的冷却剂流量，图 2-28 给出了堆芯自然循环流量和堆芯功率的关系，根据 STAC 程序的计算结果，按式（2-67）进行拟合，得到如下的函数关系式：

$$G_{nc} = 151.327\,85 P_{nc}^{0.350\,55} \tag{2-70}$$

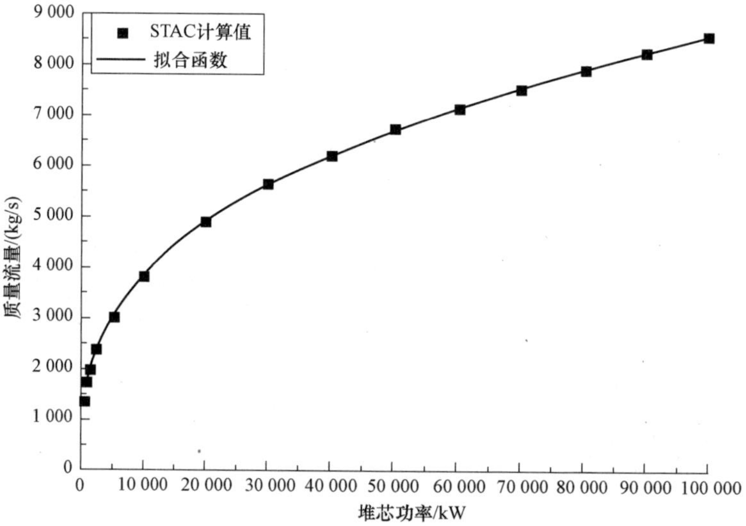

图 2-28　SNCLFR－100 自然循环流量和堆芯功率关系

由图 2-28 可知，随着堆芯功率的不断增大，通过堆芯的冷却剂流量也不断上升，但是与自然循环流量和功率并不严格成 1/3 次方关系，存在一定偏差，这主要是因为在单通道模型推导时，我们假设堆芯和主热交换器中冷却剂的温度线性变化，但实际运行中并不严格成线性变化关系。

根据式（2-70），我们可以获得一个预测 SNCLFR－100 自然循环流量和堆芯功率的简单关系式，这对预测 SNCLFR－100 各种稳态运行工况下的自然循环特性具有重要的指导意义。

（2）主冷却剂系统总阻力和堆芯流量的关系

主冷却剂系统的阻力主要包括：堆芯阻力 Δp_{core}、主热交换器阻力 Δp_{phx}、上腔室阻力 Δp_{up}、下腔室阻力 Δp_{lp}。已有的研究结果表明，堆芯阻力 Δp_{core} 和主热交换器阻力 Δp_{phx} 总和占自然循环铅基快堆主冷却剂系统总阻力的 95%以上[45]，在中国实验快堆主冷却剂系统的稳态热工水力分析中发现，上下腔室的阻力不到堆芯阻力的 0.1%[46]。因此，在本书中，忽略上下腔室阻力的影响，主冷却剂系统的总压降 Δp_{total} 为：

$$\Delta p_{total} = \Delta p_{core} + \Delta p_{phx} \tag{2-71}$$

根据 STAC 程序，可计算得到不同自然循环流量 G_{nc} 下，整个主冷却剂系统的对应阻力 Δp_{total}，图 2-29 给出了 G_{nc} 和 Δp_{total} 的对应关系。

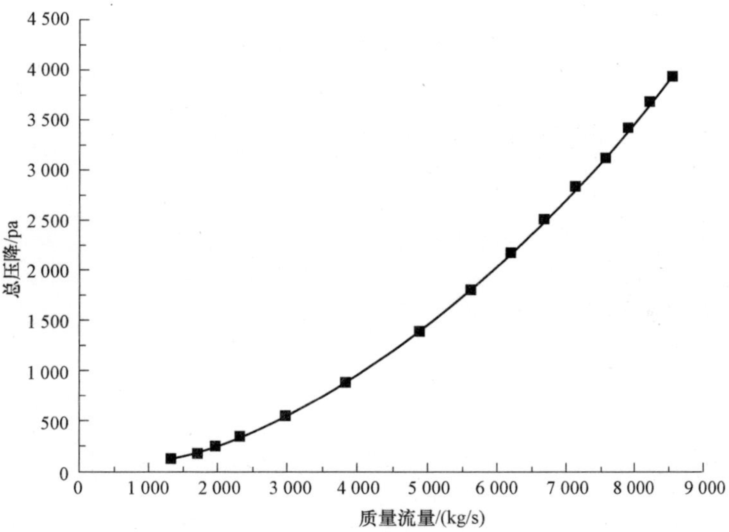

图 2-29　SNCLFR－100 主冷却剂系统总阻力和自然循环流量关系

$$\Delta p_{total} = 1.837\,98 \times 10^4 G_{nc}^{1.865\,01} \tag{2-72}$$

由上式可知，主冷却剂系统的总压力 Δp_{total} 与自然循环总流量 G_{nc} 同样也满足和式（2-67）类似的幂函数关系式：

$$\Delta p_{total} = R' G_{nc}^{q} \tag{2-73}$$

仔细对比经过拟合得到的式（2-70）和式（2-72），可发现：

$$q \approx \frac{1-m}{m} \tag{2-74}$$

因此，我们可以将系统总阻力和流量的关系式表示为：

$$\Delta p_{total} = G_{nc}^{q}, \quad q = \frac{1-m}{m} \tag{2-75}$$

由此，根据式（2-70）可由堆功率快速计算得通过主冷却剂系统流量，再由式（2-75）进一步预测整个主冷却剂系统的阻力，从而可实现对 SNCLFR－100 的稳态自然循环特性进行快速的分析评估。

（3）自然循环能力特征参数[47]

自然循反应堆的自然循环能力通常包括两个方面的含义：其一是自然循环载热能力；其二是自然循环流动能力。自然循环反应堆能载出更多的热量或能产生更大的流量，说明其自然循环载热能力或流动能力强。对于一个具体的自然循环反应堆，通常需要根据明确的自然循环能力特征参数，来判定该反应堆的自然循环能力大小。但由于自然循环反应堆的自然循环能力是整个反应堆冷却剂系统的综合效果，难以通过单一简单参数来评估，因此目前尚缺乏一综合指标来评估系统的自然循环能力。

清华大学的任成等通过理论推导，建立了相应的指标来评估自然循环反应堆的载热能力和循环能力[47-48]。对于自然循环反应堆主冷却剂系统，通常包括 3 类参数，分别是：结构设计参数、冷却剂物性参数和反应堆运行参数。其中结构设计参数决定了整个主冷却剂系统的阻力系数 R_{total}、冷却剂流通面积 A、自然循环高度 ΔH 等；冷却剂类型确定了物性间的关系 $\Delta\rho/\Delta T$ 以及储热能力 c_{p}；反应堆运行参数决定了冷却剂运行温度 T_{coolant} 和系统运行压力 p。对一确定的自然循环铅基快堆，有如下关系式：

$$Q = c_{\text{p}}\dot{m}\Delta T \tag{2-76}$$

$$\Delta\rho g\Delta H = \frac{1}{2}R_{\text{total}}\frac{\dot{m}^2}{\rho A_{\text{coolant}}^2} \tag{2-77}$$

式中：R 代表整个主冷却剂系统的阻力系数，包括摩擦阻力系数和局部阻力系数。

将 $\Delta\rho = \dfrac{\partial\rho}{\partial T}\Delta T$ 代入式（2-77），可得：

$$\dot{m}^2 = 2\frac{1}{R_{\text{total}}}\rho\frac{\partial\rho}{\partial T}\Delta T_{\text{g}}\Delta HA_{\text{coolant}}^2 \tag{2-78}$$

$$\frac{Q^2}{\Delta T^3} = \frac{\dot{m}^2}{\Delta T} = 2\frac{c_p^2}{R_{\text{total}}}\rho\frac{\partial\rho}{\partial T}g\Delta HA_{\text{coolant}}^2 \tag{2-79}$$

定义：

$$k_1 = \frac{\dot{m}}{\Delta T^{\frac{1}{2}}} = A\left(2\frac{1}{R_{\text{total}}}\rho\frac{\partial\rho}{\partial T}g\Delta H\right)^{\frac{1}{2}} \tag{2-80}$$

$$k_2 = \frac{Q}{\Delta T^{\frac{3}{2}}} = c_{\text{p}}A\left(2\frac{1}{R_{\text{total}}}\rho\frac{\partial\rho}{\partial T}g\Delta H\right)^{\frac{1}{2}} \tag{2-81}$$

其中：

$$k_2 = c_{\text{p}}k_1 \tag{2-82}$$

k 的含义为：当堆芯进出口温差为 1 ℃时，自然循环反应堆所产生的流量或所载出的热量。从 k_1 的定义式（2-80）可以看出，当主冷却剂系统内冷却剂流通面积越大、流体密度越大、单位温差所对应的冷却剂密度差越大、重力加速度越大、自然高度越大和回路阻力系数越小，则 k_1 就越大，自然循环反应堆一回路主冷却剂系统的自然循环流动能力就越强；如果同时冷却剂的储热能力也强，则 k_2 越大，自然循环反应堆一回路主冷却剂系统的载热能力就越强。由此，通过参数 k，即可衡量不同结构设计、不同冷却剂类型以及不同反应堆运行参数下自然循环反应堆的载热能力和流动能力。

由式（2-80）可看出，对于一确定的自然循环反应堆，其自然循环流量与堆芯进出口温差的 $\frac{1}{2}$ 次方成正比；由式（2-81）可看出，自然循环反应堆的载热量与堆芯进出口温差的 $\frac{3}{2}$ 次方成正比；载热能力参数 k_2 和流动能力参数 k_1 之间只相差 1 个比热参数。因此，对于自然循环反应堆来说，只需要通过 k_1 和 k_2 中的任意一参数即能评价反应堆主冷却剂系统的流动和载热能力。并且，在通过热电偶测定堆芯进出口温差后，即可立即由式（2-80）和式（2-79）获得反应堆的自然循环流量、堆芯功率等稳态热工水力参数。

由上分析，k_1 和 k_2 即作为评估自然循环反应堆自然循环能力的特征参数，现结合 SNCLFR－100 的具体热工水力设计，分别根据 k_1 和 k_2 来评估 SNCLFR－100 的自然循环能力。

图 2-30 和图 2-31 给出了 k_1 和 k_2 随堆芯冷却剂平均温度的变化而变化情况，由图可知，对 SNCLFR－100 来说，k_1 和 k_2 随堆芯冷却剂平均温度的升高而升高，反映了主冷却剂系统自然循环呢你的不断增强。

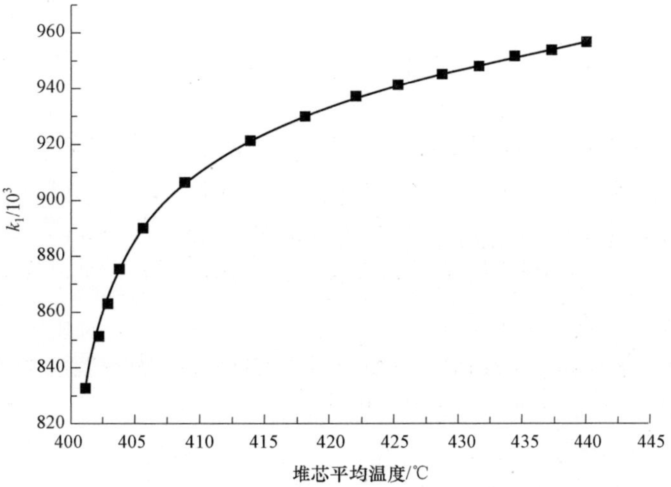

图 2-30　k_1 随着堆芯冷却剂平均温度的变化

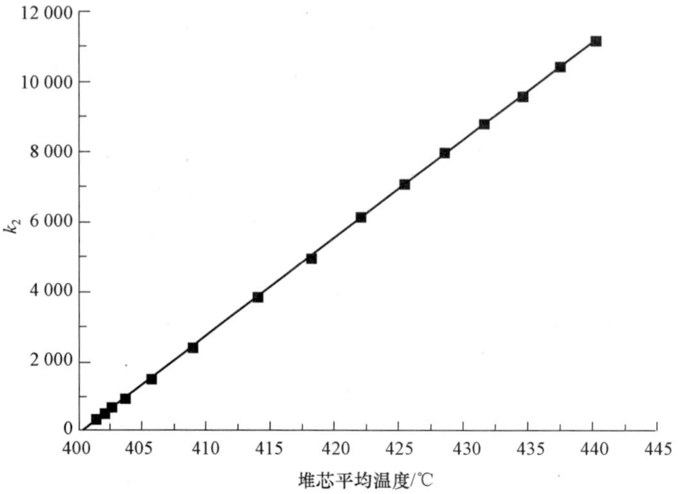

图 2-31　k_2 随着堆芯冷却剂平均温度的变化

根据图 2-30 和图 2-31 中 STAC 程序计算结果，可拟合得到 k_1 和 k_2 随堆芯冷却剂平均温度 $T_{average}$ 的变化关系式，如下所示：

$$\begin{aligned} k_1 = 979.822\,17 - 87.483\,8e\left[-(T_{average} - 401.092\,16)/29.839\,06\right] \\ - 43.922\,36e\left[-(T_{average} - 401.092\,16)/4.142\,8\right] \\ - 22.142e\left[-(T_{average} - 401.092\,16)/0.88\,39\right] \end{aligned} \tag{2-83}$$

$$k_2 = -111\,968.476\,21 + 279.713\,99T_{average} \tag{2-84}$$

式（2-83）和式（2-84），可作为 SNCLFR－100 这类自然循环铅基快堆的技术资料，根据这两个拟合关系式，可非常便捷的根据 k 计算反应堆的其他参数，这将在自然循环铅基快堆实际工况的计算中发挥重要的作用。

2.6　小　结

本章对小型自然循环铅基快堆一回路主冷却剂系统稳态热工水力设计分析程序 STAC 的开发过程进行了详细的阐述，并结合韩国设计的小型自然循环铅基快堆 URANUS 热工水力设计和稳态热工分析结果对程序进行了验证，基于验证的程序对 SNCLFR－100 一回路主冷却剂系统的稳态热工水力特性进行了分析研究。

本章的主要研究内容总结如下：

1）详细介绍了为小型自然循环铅基快堆开发的有关铅和铅铋的物性、压降、传热、单通道、闭式并联多通道、最热通道子程序库，进一步开发了针对小型自然循环铅基快堆设计和一回路主冷却剂系统稳态热工水力特性分析的程序 STAC。

2）基于项目组开发的铅基快堆子通道分析程序 KMC－Sub，对最热通道模型进行了验证；基于韩国公布的小型自然循环铅基快堆 URANUS 热工水力设计方案和一回路主冷却剂系统稳态热工水力特性分析结果，对 STAC 程序功能进行了验证。结果表明：所开发的 STAC 程序适用于小型自然循环铅基快堆热工水力设计和一回路主冷却剂系统的稳态热工水力分析。

3）基于所开发的程序 STAC，对 SNCLFR-100 的一回路主冷却剂系统的稳态热工水力特性进行了较详细的研究。分析了一回路主冷却剂系统冷却剂流动方向上的温度分布特性和反应堆寿期初（BOC）以及反应堆寿期末（EOC）堆芯材料的温度分布特性，对 SNCLFR-100 的稳态热工安全性能进行了评价。同时，基于理论推导和程序计算结果，提出了适用于预测 SNCLFR-100 堆芯功率与自然循环流量关系式、冷却剂系统总阻力和堆芯流量的关系式，以及判定反应堆自然循环能力的特征参数关系式，这些关系式对快速评估自然循环铅基快堆稳态热工水力性能，优化相关热工参数设计具有重要的指导作用。

参考文献

[1] Choi S，Hwang I S，Cho J H，et al. URANUS：Korean lead-bismuth cooled small modular fast reactor activities [C] //ASME 2011 small modular reactors symposium. American Society of Mechanical Engineers Digital Collection，2012：107-112.

[2] Shin Y H，Choi S，Cho J，et al. Advanced passive design of small modular reactor cooled by heavy liquid metal natural circulation [J]. Progress in Nuclear Energy，2015，83：433-442.

[3] Wallenius J，Suvdantsetseg E，Fokau A. ELECTRA：European lead-cooled training reactor [J]. Nuclear Technology，2012，177（3）：303-313.

[4] Sobolev，V. Database of thermophysical properties of liquid metal coolants for GEN-IV. Technical Report BLG-1069. SCK-CEN，2011.

[5] Handbook L B. Handbook on Lead-Bismuth Eutectic Alloy and Lead Properties，Materials Compatibility，Thermal-Hydraulics and Technology [J]. Nuclear Energy Agency，NEA，2007 （6195）.

[6] Fazio C，Sobolev V P，Aerts A，et al. Handbook on lead-bismuth eutectic alloy and lead properties，materials compatibility，thermal-hydraulics and technologies-2015 edition [R]. Organisation for Economic Co-Operation and Development，2015.

[7] Morimoto K，Kato M，Ogasawara M，et al. Thermal conductivities of hypostoichiometric（U，Pu，Am）O2-x oxide [J]. Journal of Nuclear Materials，2008，374（3）：378-385.

[8] 俞冀阳，贾宝山. 反应堆热工水力学 [M]. 清华大学出版社，2003.

[9] Duriez C，Alessandri J P，Gervais T，et al. Thermal conductivity of hypostoichiometric low Pu content（U，Pu）O2-x mixed oxide [J]. Journal of Nuclear Materials，2000，277（2）：143-158.

[10] Carbajo J J，Yoder G L，Popov S G，et al. A review of the thermophysical properties of

MOX and UO2 fuels [J]. Journal of Nuclear Materials, 2001, 299 (3): 181-198.
[11] Carbajo J J, Yoder G L, Popov S G, et al. A review of the thermophysical properties of MOX and UO 2 fuels [J]. Journal of Nuclear Materials, 2001, 299 (3): 181-198.
[12] Weisenburger A, Heinzel A, Müller G, et al. T91 cladding tubes with and without modified FeCrAlY coatings exposed in LBE at different flow, stress and temperature conditions [J]. Journal of Nuclear Materials, 2008, 376 (3): 274-281.
[13] Bubelis E, Schikorr M. Review and proposal for best fit of wire-wrapped fuel bundle friction factor and pressure drop predictions using various existing correlations [J]. Nuclear Engineering and Design, 2008, 238 (12): 3299-3320.
[14] Chen S K, Todreas N E, Nguyen N T. Evaluation of existing correlations for the prediction of pressure drop in wire-wrapped hexagonal array pin bundles [J]. Nuclear Engineering and Design, 2014, 267: 109-131.
[15] Rehme K. Pressure drop correlations for fuel element spacers [J]. Nuclear technology, 1973, 17 (1): 15-23.
[16] Novendstern E H. Turbulent flow pressure drop model for fuel rod assemblies utilizing a helical wire-wrap spacer system [J]. Nuclear Engineering and Design, 1972, 22 (1): 28-42.
[17] Bubelis E, Schikorr M. Review and proposal for best fit of wire-wrapped fuel bundle friction factor and pressure drop predictions using various existing correlations [J]. Nuclear Engineering and Design, 2008, 238 (12): 3299-3320.
[18] Cheng X, Tak N. Investigation on turbulent heat transfer to lead-bismuth eutectic flows in circular tubes for nuclear applications [J]. Nuclear Engineering and Design, 2006, 236 (4): 385-393.
[19] Marocco L, Loges A, Wetzel T, et al. Experimental investigation of the turbulent heavy liquid metal heat transfer in the thermal entry region of a vertical annulus with constant heat flux on the inner surface [J]. International Journal of Heat and Mass Transfer, 2012, 55 (23-24): 6435-6445.
[20] Pacio J, Marocco L, Wetzel T. Review of data and correlations for turbulent forced convective heat transfer of liquid metals in pipes [J]. Heat and Mass Transfer, 2015, 51 (2): 153-164.
[21] Bricteux L, Duponcheel M, Winckelmans G, et al. Direct and large eddy simulation of turbulent heat transfer at very low Prandtl number: Application to lead-bismuth flows [J]. Nuclear Engineering and Design, 2012, 246: 91-97.
[22] Zhao P, Wang C, Ge Z, et al. DNS of turbulent mixed convection over a vertical backward-facing step for lead-bismuth eutectic [J]. International Journal of Heat and Mass Transfer, 2018, 127: 1215-1229.
[23] 张贵勤，向明忠，周学智. 液态金属钠在环管热进口段的紊流换热实验研究[J]. 化

工学报，1990，41（3）：346-352.
[24] 张贵勤，肖泽军. 液态金属在环管换热研究［J］. 中国科学：A 辑，1995，25（2）：212-218.
[25] Pfrang W，Struwe D. Assessment of correlations for heat transfer to the coolant for heavy liquid metal cooled core designs［M］. FZKA，2007.
[26] Mikityuk K. Heat transfer to liquid metal：review of data and correlations for tube bundles［J］. Nuclear Engineering and Design，2009，239（4）：680-687.
[27] Di Piazza I，Angelucci M，Marinari R，et al. Heat transfer on HLM cooled wire-spaced fuel pin bundle simulator in the NACIE-UP facility［J］. Nuclear Engineering and Design，2016，300：256-267.
[28] Sobolev V，Malambu E，Abderrahim H A. Design of a fuel element for a lead-cooled fast reactor［J］. Journal of Nuclear Materials，2009，385（2）：392-399.
[29] Tarantino M，Martelli D，Barone G，et al. Mixed convection and stratification phenomena in a heavy liquid metal pool［J］. Nuclear Engineering and Design，2015，286：261-277.
[30] Zhao P，Chen Z，Zhou T，et al. CFD analysis of thermal stratification of China lead alloy cooled research reactor （CLEAR-I）［C］//2013 21st International Conference on Nuclear Engineering. American Society of Mechanical Engineers Digital Collection，2014.
[31] Martelli D，Tarantino M，Di Piazza I. Experimental activity for the investigation of mixing and thermal stratification phenomena in the CIRCE pool facility［C］//2016 24th International Conference on Nuclear Engineering. American Society of Mechanical Engineers Digital Collection，2016.
[32] Chen Z，Zhou G，Zhou T，et al. CFD Analysis of Circumferential Temperature Distribution on Fuel Cladding Surface of China Lead Alloy Cooled Research Reactor （CLEAR-I）［C］//2013 21st International Conference on Nuclear Engineering. American Society of Mechanical Engineers Digital Collection，2014.
[33] Li S，Cao L，Khan M S，et al. Development of a sub-channel thermal hydraulic analysis code and its application to lead cooled fast reactor［J］. Applied Thermal Engineering，2017，117：443-451.
[34] Cao L，Yang G，Chen H. Transient sub-channel code development for lead-cooled fast reactor using the second-order upwind scheme［J］. Progress in Nuclear Energy，2019，110：199-212.
[35] Hwang I S，Jeong S H，Park B G，et al. The concept of proliferation-resistant，environment-friendly，accident-tolerant，continual and economical reactor （PEACER）［J］. Progress in Nuclear Energy，2000，37（1-4）：217-222.
[36] Choi S，Cho J H，Bae M H，et al. PASCAR：Long burning small modular reactor based

on natural circulation[J]. Nuclear Engineering and Design, 2011, 241(5): 1486-1499.

[37] 陈钊. 小型自然循环铅冷快堆 SNCLFR-100 热工水力设计与安全分析研究[D]. 中国科学技术大学, 2015.

[38] 张浩然. 小型模块化自然循环铅冷快堆（SNCLFR-100）初步物理设计及燃耗优化[D]. 中国科学技术大学, 2017.

[39] Zhang J. A review of steel corrosion by liquid lead and lead-bismuth [J]. Corrosion Science, 2009, 51 (6): 1207-1227.

[40] 吴磊，贾海军，刘洋，等.自然循环系统流动—阻力特性理论和实验研究 [J]. 核动力工程，2016，37（03）：10-15.

[41] Su'ud Z. Comparative study on safety performance of nitride fueled lead-bismuth cooled fast reactor with various power levels [J]. Progress in Nuclear Energy, 1998, 32 (3-4): 571-577.

[42] 黄彦平. 压水堆自然循环特性研究 [D]. 西安：西安交通大学博士学位论文，2003.

[43] 杨祖毛，王飞. 闭合回路单相自然循环稳态特性研究 [J]. 核动力工程，1999，20（3）：219-222.

[44] Jang B I, Kim M H, Jeun G. Experimental and computational investigation of a natural circulation system in Regional Energy Reactor-10MW th [J]. Nuclear Engineering and Design, 2011, 241 (6): 2214-2223.

[45] 徐銤. 快堆热工流体力学 [M]. 中国原子能出版社，2011.

[46] 许义军，刘一哲，薛秀丽，等. 池式快堆三维热工流体力学设计研究 [J]. 核科学与工程，2009，29（4）：308-315.

[47] 任成，杨星团，刘志勇，等.一体化小型堆主回路自然循环稳态特性实验研究[J]. 原子能科学技术，2014，48（S1）：173-178.

[48] 吴磊. 一体化自然循环反应堆一回路自然循环及稳压特性研究 [D]. 清华大学，2016.

第 3 章

一回路主冷却系统三维稳态热工水力分析

小型自然循环铅基快堆采用典型的池式结构设计，一回路主冷却系统内的热工水力现象具有明显的三维特征，系统内冷却剂的三维流动和换热现象对反应堆的安全特性有重要影响，需要进行深入的探索和分析。本章将在不影响 SNCLFR-100 反应堆一回路主冷却系统整体热工水力参数的前提下对其进行合理的简化，建立 SNCLFR-100 的四分之一整体分析模型和全堆芯三维分析模型，同时提出燃料棒模型、主热交换器模型等相应辅助模型。基于商用 CFD 程序 ANSYS FLUENT 获取 SNCLFR-100 额定功率运行时整个一回路主冷却系统的流场和温度场，同时得到全堆芯自然循环流量分配特性分析结果，并提出流量分配设计优化方案。

3.1 CFD 分析模型构建

SNCLFR-100 一回路主冷却系统中液态铅的流动为闭式循环，对其采用无出入口的闭式整体建模最为合理，同时采用闭式整体模型无需假定主冷却系统内各部件间的边界条件，可大大提高数值模拟分析结果的可靠性。由此，拟建立 SNCLFR-100 的四分之一闭式整体 CFD 分析模型，对反应堆稳态运行时一回路主冷却系统内液态铅的流动和换热特性进行分析。在此基础上，建立全堆芯 CFD 分析模型，提取整体分析模型的结果作为边界条件，分析 SNCLFR-100 在额定工况下的全堆芯自然循环流量分配特性。

3.1.1 一回路主冷却系统整体 CFD 分析模型

虽然自然循环铅基快堆一回路主冷却系统采用全自然循环驱动，相应的结构设计已经大为简化，但是其依然是一个相对复杂的热力学系统。因此，在进行三维稳态热工水力分析之前，务必在确保不影响一回路主冷却系统整体热工水力参数的前提下对其进行合理的简化，以便能真实而准确地反应一回路主冷却系统咂逆冷却剂的流动和温度分布情况。

SNCLFR-100 一回路主冷却系统拥有 4 台主热交换器，堆芯中各类组件共计 372 盒，上、下腔室分别位于主冷却系统的上部和下部，整个一回路主冷却系统的总尺寸是 $\phi 5.6\ \text{m} \times 8.8\ \text{m}$，是一个非常复杂的几何结构[1-2]。基于这样的几何结构建立包含每个组件的整体三维 CFD 分析模型，对现有的 CFD 建模和计算来说是一个极大的挑战。诸多学者采用非一致的网格划分思想，对结构相对规整的堆芯区域采用结构化网格，对结构复杂区上、下腔室域采用非结构化网格，采用网格拼接的办法实现结构化网格区域和非结构化网格区域的连通。该方法可较大幅度降低整体模拟的网格数量，有利于提高计算时间经济性，但是采用非一致网格划分思想获得的网格，在连接区域相邻两层网格的插值是非连续的，计算数据可能产生误差，并导致数值模拟的收敛性较差。由此，综合考虑建模可行性和计算时间经济性等因素后，分别建立 SNCLFR－100 一回路主冷却系统的四分之一整体 CFD 分析模型，以及 SNCLFR－100 全堆芯 CFD 分析模型，提取整体分析模型的结果作为全堆芯 CFD 分析的边界条件，从而实现 SNCLFR－100 整体和局部三维热工水力特性的统一[3-4]。

一回路主冷却系统整体建模时需要模拟对一回路铅池中冷却剂流动和换热具有重要影响的部件，如堆芯、主热交换器、水平和轴向热屏蔽等，为尽可能准确地模拟一回路主冷却系统内的自然循环流动特性，建模时需要包括这些主要部件。在综合考虑动量和能量方面的影响，以及建模的方便程度后，对 SNCLFR－100 一回路主冷却系统进行了如下简化处理：

1）考虑一回路主冷却系统中主热交换器、水平和轴向热屏蔽等关键部件，以及堆芯各类组件布局具有良好的对称性，计算中选用 90° 作为计算区域；

2）上、下腔室的水平和轴向热屏蔽内冷却剂的流动非常缓慢，且热隔板非常的薄，详细刻画热屏蔽内热隔板和相应冷却剂流道的几何形状需要耗费相当多的网格，由此采用加权的办法等效模拟为固体或无壁厚的环板；

3）现有的分析结果表明，在稳态分析时，忽略一回路主冷却系统上、下腔室冷却剂自由液面的液位差，不会给系统内冷却剂的流动和传热模拟带来显著影响[5-8]。由此，在中将 SNCLFR－100 上、下腔室冷却剂自由液面视为处在同一水平面上；

4）由于 SNCLFR－100 采用全堆芯整体换料，堆顶盖上没有配置常规强迫循环反应堆所拥有的大小旋塞之类的换料机构，堆出口紧稀疏布置了各类温度、流量和功率监测仪表，由此，中忽略堆芯出口的各监测仪器对堆芯出口冷却剂的影响。同时忽略一回路主冷却系统内部的各装配固定零件，如固定堆芯各类组件的定位板，下腔室的堆芯定位支撑结构等；

5）堆芯包含有 204 个燃料组件、36 个控制棒组件、48 个反射组件和 84 个屏蔽组件，每个燃料组件和控制棒组件均由上、下管座，6 个轴向定位格架组成。在对一回路主冷却系统进行模拟时，堆芯各组件的结构过于复杂，无法详细的刻画。由此根据 SNCLFR－100 堆芯的径向布局，将复杂的堆芯简化为同轴的环状结构，并使用多孔介质方法进行简化模拟；

6）忽略一回路主冷却系统和诸多一回路辅助系统的传热，不考虑一回路主冷却系统通过上、下腔室的冷却剂自由液面向氩气覆盖腔室的散热，以及通过下腔室自由液面向反应堆堆坑的散热。

基于如上的简化处理，SNCLFR－100 一回路主冷却系统采用如表 3-1 所示的模拟方式。图 3-1 给出了 SNCLFR－100 堆芯简化建模方案，表 3-2 给出了堆芯各层通道的布局和几何结构参数。由图 3-1 可知，整个堆芯被简化为 8 个环形通道，其中包含 3 个燃料通道，分别位于堆芯的内部、中部和外部燃料区域；3 个控制组件通道，分别对应于位于堆芯内部、中部和外部燃料区的控制组件；1 个反射组件通道；1 个屏蔽组件通道。在 SNCLFR－100 堆芯采用闭式组件的设计方案，由此堆芯各层环形通道不考虑冷却剂的横流影响；同时堆芯各组件盒间设有冷却剂流动通道，此为冷却剂的窄间隙流动，流动情况复杂，其对各组件盒内的冷却剂流动和传热影响目前尚处于研究之中，处于保守计算的考虑，忽略组件盒的冷却剂流动，不考虑堆芯各层通道的径向传热。

图 3-1　SNCLFR－100 堆芯简化 CFD 计算模型

表 3-1　SNCLFR－100 一回路主冷却系统各主要部件的模拟方式

部件		模拟方式
主热交换器		模拟主热交换器外形，采用多孔介质
热屏蔽	上部轴向热屏蔽	无壁厚环板
	中部水平热屏蔽	模拟外形，加权等效为固体
	下部轴向热屏蔽	模拟外形，加权等效为固体
上腔室冷却剂自由液面		对称边界条件
下腔室冷却剂自由液面		对称边界条件
主容器		绝热壁
堆芯各组件		模拟外形，采用多孔介质

表 3-2　SNCLFR－100 堆芯简化 CFD 模型轴向各层布局

层数	组件个数	半径/mm	间距/mm	区域
1	4	166.598	166.598	内部控制组件层
2	28	496.312	329.714	内部燃料组件层
3	20	620.565	124.253	中部控制组件层

续表

层数	组件个数	半径/mm	间距/mm	区域
4	68	957.034	336.469	中部燃料组件层
5	12	999.590	42.556	外部控制组件层
6	108	1 357.290	357.700	外部燃料组件层
7	48	1 488.940	131.650	反射组件层
8	84	1 694.890	205.950	屏蔽组件层

根据如上简化，采用商用 CFD 程序通用的前处理软件 ANSYS ICEM 直接建模，获得如图 3-2 所示的四分之一整体模型。模型中包含下腔室、堆芯、上腔室、主热交换器和热隔板。冷却剂从下腔室流入堆芯，由堆芯出口进入上腔室，在上腔室的上部进入主热交换器进口窗，经换热后由主热交换器出口重新汇入下腔室。

基于所建立的 SNCLFR－100 四分之一整体 CFD 计算模型，采用 ANSYS ICEM 对模型进行整体的结构化网格划分，同时在网格的生成中，重点考虑了网格的正交性、光滑性和节点分布特性，获得了如图 3-3 所示的整体网格。

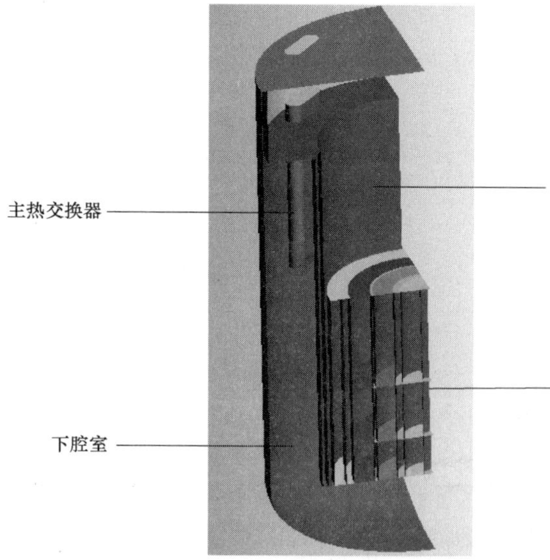

图 3-2　SNCLFR－100 堆芯简化 CFD 计算模型

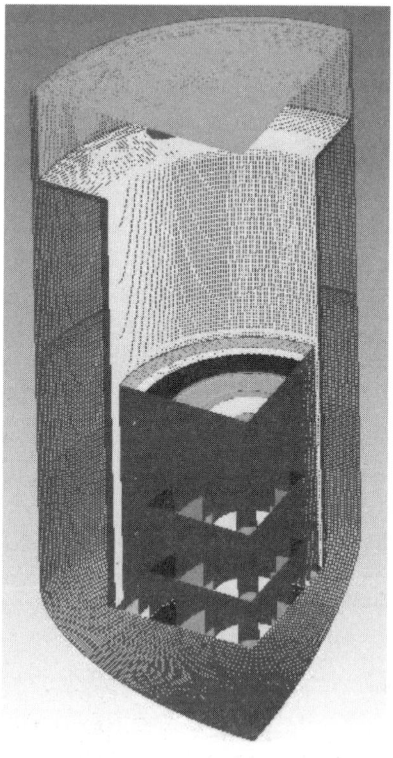

图 3-3　SNCLFR－100 四分之一整体 CFD 计算模型网格

通过网格敏感性分析，同时综合考虑计算精度、计算时间经济性和现有计算资源，对堆芯入口、堆芯活性区、堆芯出口、主热交换器入口和主热交换器换热段进行适当的加密，最终选定了527万网格单元的方案。图3-4给出了整体CFD计算模型网格质量情况，由图3-4可知，网格质量在0.664以上，能满足三维稳态数值模拟分析的需求。

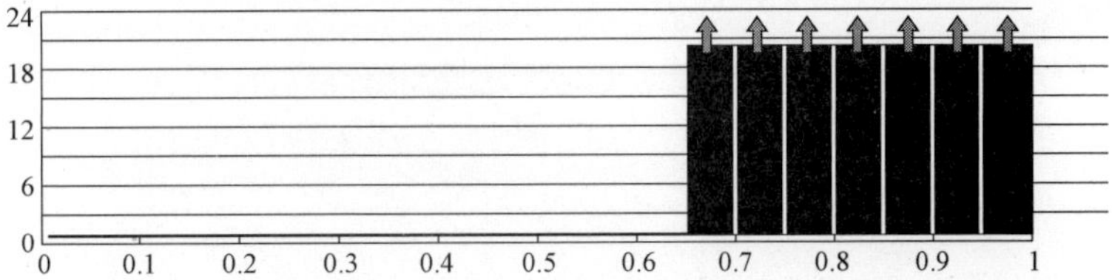

图3-4 SNCLFR－100四分之一整体CFD计算模型网格质量

3.1.2 全堆芯CFD分析模型

现有的研究结果表明，下腔室底部区域内冷却剂的流动情况对堆芯入口冷却剂的流量分配具有重要影响[9-13]，由此在建立全堆芯 CFD 分析模型时，附带刻画了SNCLFR－100下腔室底部区域。同时，现有的快堆堆芯出口测量技术和相关快堆堆芯出口数值模拟分析研究表明[14-18]，在堆芯出口区域上方500 mm处，从堆芯各组件出来的冷却剂基本混合均匀，该处的冷却剂压力分布已比较均匀，可视为等压面。由此，将全堆芯CFD分析模型的上边界建在堆芯出口区域600 mm处。图3-5给出了SNCLFR－100全堆芯几何模型。同样，在全堆芯CFD分析模型中，无需考虑各组件间的恒流影响，且处于保守计算的考虑，同样忽略组件盒间的冷却剂流动，不考虑堆芯各层通道的径向传热。

图3-5 SNCLFR－100全堆芯CFD计算模型

基于所建立的 SNCLFR–100 全堆芯 CFD 计算模型，采用 ANSYS ICEM 对模型进行整体的结构网格划分，同时在网格的生成过程中，重点考虑了网格的正交性、光滑性和节点分布特性，获得了如图 3-6 所示的整体网格。

图 3-6　SNCLFR–100 全堆芯 CFD 计算模型网格

通过网格敏感性分析，同时综合考虑计算精度、计算时间经济性和现有计算资源，对堆芯入口、堆芯活性区和堆芯出口等区域进行适当的加密，最终选定了 510 万网格的方案。图 3-7 给出了全堆芯 CFD 模型网格质量情况，由图 3-7 可知，网格质量在 0.514 以上，能满足三维稳态数值模拟分析的需求。

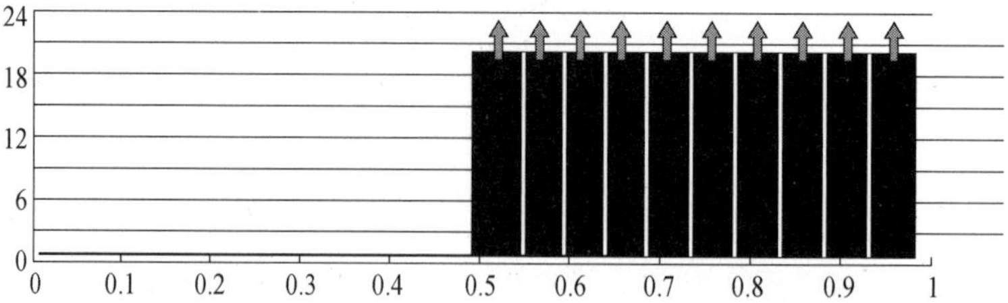

图 3-7　SNCLFR–100 全堆芯 CFD 计算模型网格质量

3.1.3　CFD 辅助模型

虽然采用 CFD 方法可使研究人员对铅基快堆一回路主冷却系统的三维热工水力现象开展更直观和全面的分析，但相对系统分析程序已拥有数十年的热工水力模型发展经验相比，CFD 还存在一定的不足，相关的反应堆热工水力模型还需进一步的开发，如热交换器模型、燃料棒模型、中子动力学模型等[19-22]。本小节拟针对 SNCLFR－100 稳态三维热工水力特性分析需求，开发稳态燃料棒传热模型和稳态主热交换器模型。

（1）燃料棒传热模型

稳态燃料棒传热模型主要用于分析堆芯各冷却剂通道内燃料棒轴向和径向的温度分布情况，在建立该模型时，确立了如下假设：

1）仅考虑燃料棒的径向导热，忽略轴向传热；

2）燃料芯块的热物性随芯块温度变化而变化，取芯块控制体的平均温度为定性温度，SNCLFR－100 堆芯采用 MOX 燃料，其热导率随温度变化的关系如下式所示[23]：

$$\lambda_{95} = \frac{38.24}{t + 402.55} + 4.788 \times 10^{-13} (t + 273.15)^3$$

$$\lambda_{\mathrm{MOX}} = 0.95 \lambda_{\mathrm{UO_2}} \tag{3-1}$$

式中：λ_{95}是密度为 95%理论值的 UO_2 的热导率［W/（m·K）］；t 为燃料的温度（℃）；λ_{MOX}为 MOX 燃料的热导率［W/（m·K）］；

3）忽略燃料芯块和包壳间气隙的比热容，对于芯块和包壳之间的传热采用采用的是间隙热导的经验数据，取 6 000 W/（m^2·℃）[24]；

4）燃料包壳的热物性随包壳温度变化而变化，取燃料包壳控制体的平均温度为定性温度，SNCLFR－100 采用 T91 作为包壳材料，其热导率随温度变化的关系式如下所示[25]：

$$\lambda_{\mathrm{T91}} = -2.0 \times 10^{-5} T^2 + 0.017T + 25.535 \tag{3-2}$$

式中：λ_{T91}为 T91 的热导率［W/（m·K）］；T 为燃料的温度（K）。

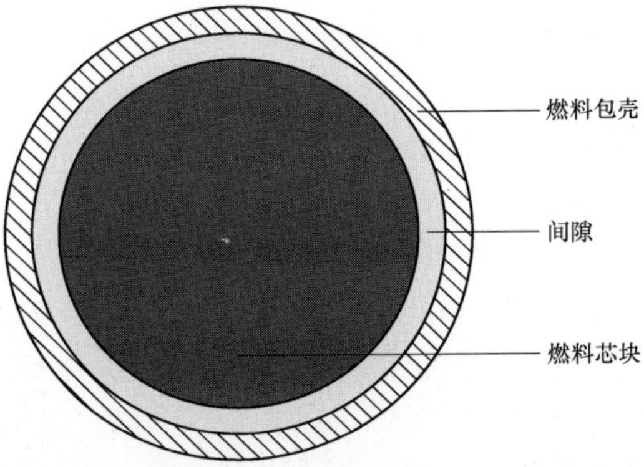

图 3-8 SNCLFR－100 稳态燃料棒传热模型

根据上述假设，对燃料棒轴向径向划分 3 类控制体，分别对应于燃料芯块、包壳和冷却剂，轴向根据分析需要划分若干个节点，得到如图 3-8 所示的燃料棒传热模型，同时可通过如下的关系式来分别获取每层控制体内冷却剂、包壳和燃料芯块的温度分布情况：

包壳外壁面温度：

$$T_{\mathrm{co},i}(z) = \frac{T_{\mathrm{f},i-1}(z) + T_{\mathrm{f},i}(z)}{2} + \frac{q_i(z)\Delta z}{h_i(z)} \tag{3-3}$$

包壳内壁面温度：

$$T_{\text{ci},i}(z)=T_{\text{co},i}(z)+\frac{q_i(z)\ln(d_0/d_i)}{2\pi\lambda_{\text{c}}} \tag{3-4}$$

燃料棒壁面温度：

$$T_{\text{uo},i}(z)=T_{\text{ci},i}(z)+\frac{q_i(z)}{\pi d_{\text{u}}h_{\text{g}}} \tag{3-5}$$

燃料棒中心温度：

$$T_{\text{ui},i}(z)=T_{\text{uo},i}(z)+\frac{q_i(z)}{4\pi\lambda_{\text{u}}} \tag{3-6}$$

上述各式中：$T_{\text{f},i-1}(z)$ 为 i 层冷却剂控制体的入口温度（K）；$T_{\text{f},i}(z)$ 为 z 层冷却剂控制体的出口温度（K）；$q_i(z)$ 为线功率密度（W/m）；Δz 为 i 层控制体的轴向高度（m）；$h_i(z)$ 为冷却剂和包壳的对流换热系数［W/（m^2•K）］；$T_{\text{co},i}(z)$ 为包壳控制体外壁面温度（K）；$T_{\text{ci},i}(z)$ 为包壳控制体内壁面温度（K）；λ_{c} 为包壳热导率［W/（m•K）］；d_i 为包壳的内径（m）；d_0 为包壳的内径（m）；$T_{\text{uo},i}(z)$ 为燃料芯块控制体的外壁面温度（K）；h_{g} 为间隙等效换热系数［W/（m^2•K）］；d_{u} 为燃料芯块的外径（m）；$T_{\text{ui},i}(z)$ 为燃料芯块控制体的中心温度（K）；λ_{u} 为燃料芯块的热导率［W/（m•K）］。

基于 CFD 程序提供的用户自定义函数功能，根据上述建立的计算模型，编制相应的计算模块，即可获得稳态燃料棒传热 CFD 模型。相应的 CFD 程序可动态调用该模块，从而获得堆芯径向核轴向的燃料棒温度分布情况。

（2）稳态主热交换器模型

主热交换器内冷却剂的流动和换热情况，直接影响铅基快堆一回路主冷却系统的整体热工水力参数，尤其对于自然循环铅基快堆而言，热交换器模型将直接影响堆内冷却剂自然循环的建立。本书第二章在 STAC 程序开发中也建立了主热交换器模型，但是该模型稍显复杂，考虑到三维 CFD 计算中通过用户自定义功能导入相关模型后，CFD 的每步计算时间会变长，由此，处于计算时间经济性的考虑，在此小节中对第二章提出的主热交换器模型进行合理的简化，从而获得稳态主热交换器 CFD 模型。

图 3-9 给出了典型铅基快堆主热交换器的结构示意图。根据图 3-9，拟采用集总参数法开发热交换器 CFD 模型，不考虑二回路的换热细节，同时仅考虑主热交换器的换热管束部分。单个主热交换器的换热量，采用如下的关系式进行计算：

$$Q_{\text{HX}}=hA_{\text{HX}}(T-T_{\text{water}})/V_{\text{HX}}\times F_{\text{HX}} \tag{3-7}$$

$$h=1/(1/h_{\text{lead}}+R+1/h_{\text{water}}) \tag{3-8}$$

$$h_{\text{lead}}=\frac{\text{Nu}_{\text{lead}}\cdot\lambda}{D_{\text{H}}} \tag{3-9}$$

$$\text{Nu}_{\text{lead}}=(4.6+0.015\text{Pe}^{0.75})(d_2/d_1)^{0.3}$$

$$1.5<d_2/d_1<3.0\text{、}0.004<\text{Pr}<0.0075\text{、}200<\text{Pe}<1400 \tag{3-10}$$

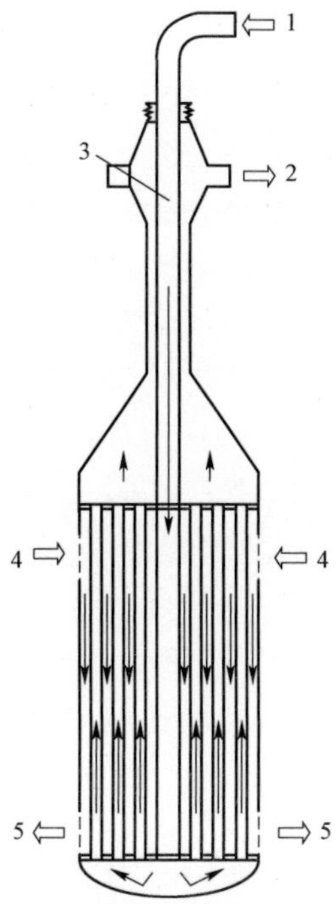

图 3-9　典型铅基快堆主热交换器结构示意图

1—二回路冷却剂入口管；2—二回路蒸汽出口管；3—中心下降管；4—主热交换器进口窗；5—主热交换器出口窗

上述各式中：Q_{HX} 为单个主热交换器所带走的热量（W）；h 为主热交换器的总对流换热系数［W/（m^2·K）］；h_{lead} 为主热交换器一次侧对流换热系数［W/（m^2·K）］；h_{water} 为主热交换器二次侧对流换热系数［W/（m^2·K）］；T_{water} 为主热交换器二回路冷却剂进口温度（K）；V_{HX} 为单个主热交换器热交换段总体积（m^3）；F_{HX} 为额外附加量，用于调节主热交换器换热量 Q_{HX}，在本模型中，取为 0.25；R 为换热管的导热热阻（m^2·K/W）；Nu_{lead} 为主热交换器一次侧液态铅的努塞尔数；Pe 为液态铅的贝克莱数；d_2 为换热管的外径（m）；d_1 为换热管的内径（m）。

基于 CFD 程序提供的用户自定义函数功能，根据上述建立的计算模型，编制相应的计算模块，即可获得稳态主热交换器模型。数值计算时在该模型中添加负热源，每次迭代均会随着主热交换器一次侧进口的液态铅温度变化而变化，并最终达到平衡。

3.2　数值模拟方案研究

3.2.1　湍流模型选取

SNCLFR－100 的热工水力设计和初步稳态热工水力特性分析发现，一回路主冷却系统内冷却剂的雷诺数在 2×10^4 左右，因此三维稳态热工水力特性数值模拟分析中需要用到液态金属的湍流换热模型。但现有的通用 CFD 程序所开发的湍流换热模型大多是针对于水和空气的，而液态金属于低普朗特数流体，采用 CFD 方法来模拟液态金属的流动和换热现象还不是很成熟，世界各国学者都在着力开展液态金属的湍流换热模型研发[26-28]，但相关模型依然处在开发和实验验证阶段，尚没有到大规模成熟应用阶段。尽管如此，诸多学者还是通过实验分析研究发现，对水和空气发展起来的湍流换热模型进行适当的修正，在目前阶段也可将其用于液态金属的流动和换热模拟中[29-31]，这主要体现在两个方面：1），需要根据液态金属的相关实验数据对湍流模型中的相关特征参数进行修改，如湍流粘度η和湍动能k等；2）需要根据液态金属的相关实验数据对壁面函数法中的特征参数进行适当修正。

目前，基于经过适当修正的水的湍流模型和壁面函数法来模拟液态金属的流动和换热特性已被国内外学者广泛采用，相关的分析结果也被业界认为在目前阶段时可以接受的。在所选取的湍流模型中，$k-\varepsilon$模型、RNG 模型、SST 模型和 Reynolds Stress 模型使用较为广泛，各国学根据相关的液态金属实验数据和直接数值模拟（DNS）结果，对各模型进行了较为广泛的对比验证[32-35]。选取上述 4 种湍流模型分别开展整体 CFD 模型的数值计算，选取收敛后的堆芯进出口平均压降、堆芯平均温升进行比较，如表 3-3 所示。

表 3-3　各湍流模型计算结果对比

湍流模型	$k-\varepsilon$	RNG	SST	Reynolds Stress
堆芯平均压降/Pa	2 650	2 662	2 690	2 710
堆芯平均温升/K	79.5	79.8	80.2	79.8

通过对比以上几种不同湍流模型的数值模拟结果可发现，在流动较为稳定的堆芯区域，湍流模型对冷却剂流场和温度场的影响不大。参考国内外的相关文献可发现，在研究铅基快堆整体三维热工水力特性的时候，大多均选择 RNG 模型，其不仅可保证数值模拟结果的精度，同时在计算稳定性、计算时间进行性方面表现突出[36-38]。根据现有的计算资源，同时考虑到铅基快堆一回路主冷却系统内冷却剂的流速均不大（低于 2 m/s），在 SNCLFR－100 一回路主冷却系统三维热工水力数值模拟计算中采用 RNG 模型。

3.2.2　多孔介质模型

（1）多孔介质模型简介

SNCLFR－100 堆芯由 204 个燃料组件、36 个控制组件、48 个反射组件和 84 个屏蔽组件，每个燃料组件内含有 81 根燃料棒，每个控制组件内含有 72 根燃料棒，液态铅在燃料棒间流动；同时单个主热交换器由 1 500 根换热管组成，液态铅在换热管外侧流动。考虑现有计算条件的限值，需要对堆芯和主热交换器区域进行合理的简化处理，而多孔介质模型恰好非常适用于此类问题的模拟分析[39-41]。在以 FLUENT、CFX 等为代表的通用 CFD 程序中，多孔介质模型能很好地描述冷却剂流经堆芯和主热交换器这类多孔区域的压力损失，其将冷却剂流经这些区域的压降等效为动量守恒方程中的附加动量源项，该源项由粘性损失项和惯性损失项组成，其物理方程可表示为：

$$S_i = \sum_{j=1}^{3} D_{ij} \mu v_j + \sum_{j=1}^{3} C_{ij} \frac{1}{2} \rho |v_j| v_i \tag{3-11}$$

式中：S_i为某个坐标方向（x, y, z）动量守恒方程中的附加动量源项；右边第一项为粘性损失项；右边第二项为惯性损失项，D和C分别为粘性损失系数和惯性损失系数，需要预先设定。由于铅基快堆堆芯的各类组件通常呈有规律状均匀排列，式（3-11）可简化为：

$$S_i = \frac{\mu}{\alpha} v_i + C_2 \frac{1}{2} \rho |v_i| v_i \tag{3-12}$$

式中：α为多孔介质区域的渗透性参数，C_2为惯性阻力因子，与式（3-11）相比，分别取D为$1/\alpha$，C为C_2。

在铅基快堆中，由于一回路主冷却系统内冷却剂流速相对较低，同时液态铅的粘性系数相对较小，且相关研究表明堆芯和主热交换器区域雷诺数较大，因此在模拟堆芯和主热交换器区域时仅保留惯性损失项即可[5-8, 36-37]，则多孔介质控制方程可简化为：

$$-\frac{\partial p}{\partial z} = C_2 \frac{\rho}{2} |v| v \tag{3-13}$$

式中：p为堆芯或主热交换器内的压力，z为轴向高度，v为冷却剂流速。

（2）多孔介质模型参数的选取

多孔介质几个相关参数的选取对多孔介质模型的成功应用至关重要，这些参数由孔隙率γ、惯性损失系数C_2：

1）孔隙率γ：由于铅基快堆主热交换器换热管束、堆芯各类组件的固体区域和液体区域在轴向上分布式较均匀的，所以可将横向面积孔隙率近似为多孔介质区域的体积孔隙率。可采用如下公式进行计算：

$$\gamma = 1 - \frac{A_{\text{solid}}}{A_{\text{assembly}}} \tag{3-14}$$

式中：A_{solid}为固体区域横截面积，A_{assembly}为整个区域的横截面积，对于SNCLFR－100的燃料组件和控制组件，孔隙率均为0.614，主热交换器的孔隙率为0.62。

2）惯性损失系数C_2：通常惯性损失系数需要通过实验获得，对单个组件或主热交换器开展不同入口流速下的压降实验，根据实验结果，参照式（3-12）拟合压降和进口流速的经验关系式，再根据简化后的式（3-13）计算得到相应的惯性损失系数C_2。但现阶段绝大多数的铅基快堆尚处于设计阶段，各国基于液态金属冷却剂开展的热交换器和组件压降实验相对较少，相关的公开文献也鲜有这方面的报导。由此，根据STAC程序开发经验，结合相关文献[89-93]，在CFD程序中建立起与冷却剂雷诺数相关的堆芯、热交换器压降计算方法。下面重点介绍堆芯区域基于流动雷诺数的压降计算方法：

$$\Delta p_{\text{core}} = \Delta p_{\text{inlet}} + \Delta p_{\text{friction}} + \Delta p_{\text{spacers}} + \Delta p_{\text{outlet}} \tag{3-15}$$

式中：Δp_{core}为总压降（Pa）；Δp_{inlet}为入口压降（Pa）；$\Delta p_{\text{friction}}$为摩擦压降（Pa）；$\Delta p_{\text{spacers}}$为定位格架压降（Pa）；$\Delta p_{\text{outlet}}$为出口压降（Pa），其中：

$$\Delta p_{\text{inlet}} = \frac{1}{0.025 \cdot Re^{0.5}} \cdot \frac{\rho v^2}{2} \tag{3-16}$$

$$\Delta p_{\text{friction}} = \frac{0.316\,4}{Re^{0.25}} \cdot \frac{L}{D_e} \cdot \frac{\rho v^2}{2} \tag{3-17}$$

$$\Delta p_{\text{spacers}} = N_{\text{spacers}} \cdot \varepsilon^2 \cdot \text{MIN}\left[3.5 + \frac{73.14}{Re^{0.264}} + \frac{2.79 \cdot 10^{10}}{Re^{2.79}}, \frac{2.6}{\varepsilon^2}\right] \cdot \frac{\rho v^2}{2} \tag{3-18}$$

$$\Delta p_{\text{outlet}} = 0.35 \cdot Re^{0.15} \cdot \frac{\rho v^2}{2} \tag{3-19}$$

上述式中：仅 Re 为未知量，其他参数多可以直接从多孔介质区域提取，而雷诺数 Re 又可根据多孔介质区域相关提取量计算得到，从而实现堆芯压降与多孔介质区域雷诺数的变化而变化。采用该方法可将单通道模型中计算堆芯压降的方法成功引入到 CFD 分析中，在无法直接开展实验获取堆芯压降特性的情况下，采用该方法不失为一种较好的选择。

对于铅基快堆堆芯和主热交换器这类高度各向异性的多孔介质区域而言，可将各坐标方向（x,y,z）的惯性损失系数限值在 2～3 个数量级。同时由于 SNCLFR－100 采用闭式组件设计，无需考虑组件盒间的横向流动，同时已有的相关数值模拟结果表明在主热交换器换热段，冷却剂的轴向流动占主导地位[5-8,36-37]，因此只计算堆芯和主热交换器轴向惯性阻力系数，堆芯径向的惯性阻力系数设为轴向惯性阻力系数的 100 倍。对于反射层组件和屏蔽层组件，由于目前 SNCLFR－100 的堆芯设计方案中，这两层组件的功率极小，在主冷却系统依靠自然循环驱动的大背景下，应尽可能限值这两层组件内的冷却剂流量，因此这两层组件不采用与雷诺数相关的堆芯压降计算方案，直接将其惯性阻力系数设置为一个较大的值。基于以上的考虑，对 SNCLFR－100 主热交换器、堆芯各层通道的的压降模拟方法汇总于表 3-4 中。

表 3-4　SNCLFR－100 堆芯和主热交换器的多孔介质模拟方法

区域		轴向压降模拟方法
堆芯	内部控制组件层	$f(Re)$
	内部燃料组件层	$f(Re)$
	中部控制组件层	$f(Re)$
	中部燃料组件层	$f(Re)$
	外部控制组件层	$f(Re)$
	外部燃料组件层	$f(Re)$
	反射组件层	给定较大惯性损失系数值
	屏蔽组件层	给定较大惯性损失系数值
主热交换器		$f(Re)$

3）多孔介质模型的测试

根据上述提出的与雷诺数相关的堆芯压降计算方法，现选 SNCLFR－100 的一燃料组件为研究对象，基于 ANSYS ICEM 建立该燃料组件的 CFD 分析模型，同时基于 ANSYS FLUENT 的用户自定义函数功能，定义组件棒束区域的相关多孔介质参数，并在活性区添加均匀的体积热源，分别基于理论计算和 CFD 数值模拟，获取不同流量下的压降变化关系。

1）初始边界条件：入口温度 400 ℃，组件功率：0.42 MW，初始流量：40.0 kg/s；

2）计算结果对比：图 3-10 给出了不同组件平均流速下，理论计算和 CFD 多孔介质模型计算的组件压降对比情况。由图 3-10 可看出，理论计算结果和 CFD 计算结果吻合良好，CFD 计算结果相对理论计算结果偏大，但当组件进口流量在 2.5 kg/s 至 40 kg/s 之间变化时，最大相对误差在 5%以内，这对于热工流体分析来说，是可以接受的。由此，可以看出，所提出的基于雷诺数的压降计算方法是有效的，可用于一回路主冷却系统的三维稳态热工水力特性分析。

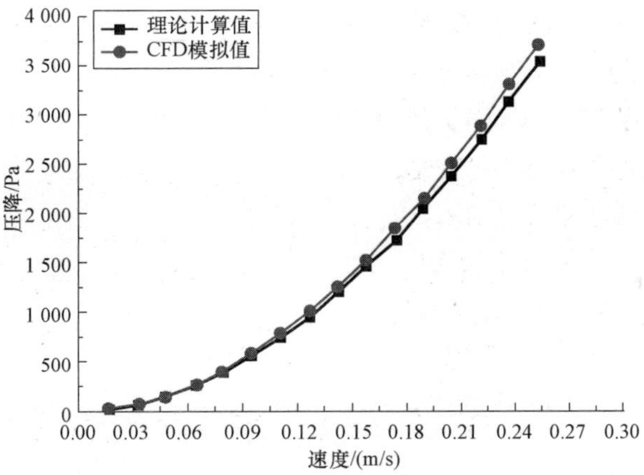

图 3-10　理论计算结果和 CFD 计算结果对比图

3.2.3　堆芯释热方式研究

对于一回路主冷却系统整体 CFD 模型，采用多孔介质模拟堆芯或主热交换器后，堆芯每层通道和主热交换器都被当成一个整体，其产生或吸收的热源均匀地分布在各处。但实际上堆芯各层通道径向和轴向的功率分布均不相同，且中需要提取每层通道的冷却剂轴向功率分布，同时将堆芯每层视为该层的一个平均通道，因此需要考虑堆芯各层通道活性区的轴向功率分布，可忽略各通道的径向功率分布。而对主热交换器来说，主热交换器内的冷却剂流动和换热现象不是的研究重点，仅需主热交换器出口温度达到设计要求即可，因此对主热交换器不考虑轴向负热源的分布情况。

SNCLFR－100 的堆物理设计中，堆芯分为 3 层燃料组件，且每层燃料区的控制棒组件内含有 72 根燃料棒。在初期的堆物理设计中，3 层燃料组件的轴向功率分布各不相同，暂将各层燃料组件内的所用控制组件轴向功率分布视为相同，各控制组件的轴向功率分布于 3 层燃料组件也不相同。图 3-11 给出了堆芯各类组件的轴向功率分布情况，根据图 3-11 拟合堆芯各层的轴向功率分布函数，通过 CFD 程序的用户自定义函数功能添加到 CFD 程序中，从而实现轴向非均匀内热源的堆芯释热模拟。

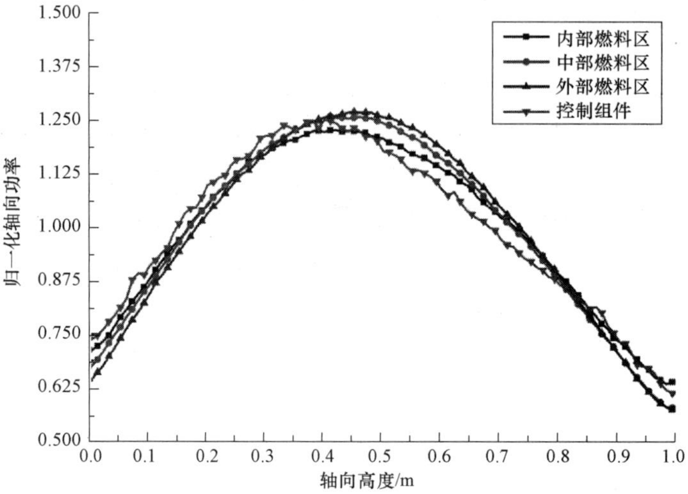

图 3-11　SNCLFR－100 堆芯各类组件的轴向功率分布

对于全堆芯 CFD 模型，由于堆芯燃料组件和控制组件达到了 240 个，如果对于每个组件也采用上述的非均匀内热源模型，大量用户自定义函数的使用将导致 CFD 分析的时间经济性太差，这显然不利于全堆芯流量分配特性分析的顺利开展，因此最终决定在全堆芯 CFD 模型每个组件的活性区采用均匀内热源方式模拟堆芯释热。

3.3　三维稳态热工水力特性分析

基于上述的 CFD 分析模型、辅助模型和确定的相应数值模拟方案，采用大型商用 CFD 程序 ANSYS FLUENT 来开展 SNCLFR－100 一回路主冷却系统的稳态热工水力特性分析。ANSYS FLUENT 程序是目前国际上比较流行的商用 CFD 程序，其拥有丰富的物理模型、先进的数值计算方法和强大的前后处理功能，在汽车设计、航空航天、石油天然气和核反应堆热工水力分析等方面都有着广泛的应用[42-43]。

在对一回路主冷却系统的流动和换热现象进行详细分析之前，首先务必对数值模拟分析结果进行初步的分析评估，以判定数值模拟的可信度。表 3-5 给出了 SNCLFR－100 一回路主冷却系统一些关键热工水力参数和设计值得对比情况。由表 3-5 可知，CFD 数值计算结果与设计值吻合良好，最大相对误差在 2%以内，在反应堆热工水力计算中是可以接受的，由此也说明整体三维热工水力特性的 CFD 模拟是成功的，结果是可信的。

表 3-5　关键热工水力参数的 CFD 模拟结果与设计值对比

项目	CFD 计算值	设计值	相对误差/%
堆芯平均入口温度	400.21 ℃	400 ℃	0.053
堆芯平均出口温度	479.59 ℃	480 ℃	0.085
堆芯冷却剂流量	8 580.58 kg/s	8 556.39 kg/s	0.28
堆芯平均压降	2 725.90 Pa	2 684 Pa	1.56
主热交换器入口温度	479.38 ℃	480 ℃	0.13
主热交换器出口温度	399.90 ℃	400 ℃	0.025

3.3.1　额定工况下一回路主冷却系统温度场分析

图 3-12 给出了 SNCLFR－100 额定工况下一回路主冷却系统温度分布情况。由图 3-12 可知，整个反应堆下腔室的整体温度分布比较均匀，未见明显的热分层现象。堆芯各通道的活性区轴向可见明显的热分层现象，同时堆芯各通道径向温度分布不均匀，在堆芯活性区上部，中间燃料区和中间控制组件区的冷却剂温度要明显高于堆芯其他通道，同时堆芯反射层和屏蔽层由于功率很小，整个通道未见明显的温度上升。对于上腔室，从堆芯出来的冷却剂搅浑效果比较理想，整个上腔室径向和轴向虽能见到明显的热分层，但是其温度梯度都不大；同时注意到靠近上腔室热隔板的冷却剂温度分布较为均匀，不会给其带来额外的热应力危害。在主热交换器部位，可看到明显的冷却剂温度梯度，这也同时验证了稳态主热交换器模型的有效性。整个下腔室的温度分布较为均匀，这也说明了 SNCLFR－100 的热分隔系统设计是成功的。

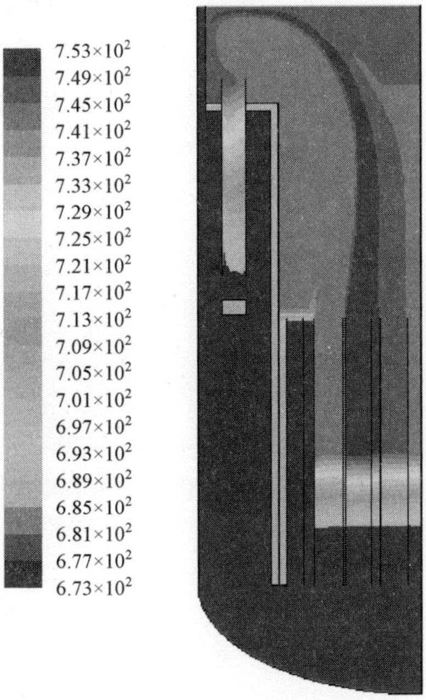

图 3-12　额定工况下一回路主冷却系统温度云图

图 3-13 给出了整个上腔室的温度差异（同一高度横截面上冷却剂最高温度减去最低温度）分布情况。由图 3-13 可知，相较于下腔室整体温度分布较均匀来说，上腔室内冷却剂的温度差异要大得多，上腔室中温度差异最大值出现在堆芯出口的横截面上，约为 81.87 ℃，随着轴向高度的增加，温度差异逐渐减小，但在 5.25 m 至 8.25 m 区域变化不明显，当达到自由液面时，温度差异降到了 2 ℃以内，这从图 3-13 中接近自由液面处的冷却剂温度分布情况也可以看出。上述分析结果表明，上腔室中冷热流体的搅混还是较为剧烈的。

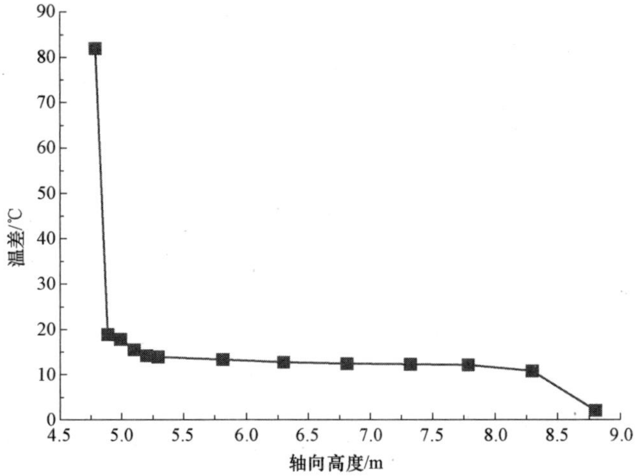

图 3-13　上腔室不同高度横截面上冷却剂的温度差

图 3-14 给出了上腔室不同高度横截面上冷却剂的平均温度情况，由图 3-14 可看出，在堆芯出口的横截面上冷却剂平均温度最低，随后上腔室不同高度的冷却剂平均温度变化非常小，这在一定程度上也得益于 SNCLFR－100 热分隔系统的良好性能。

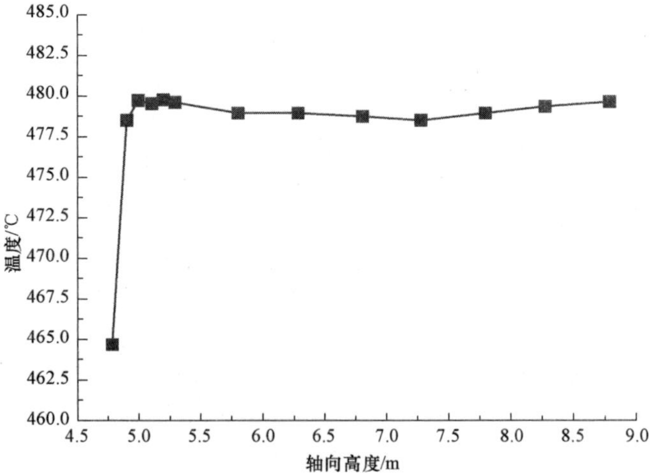

图 3-14　上腔室不同高度横截面上冷却剂的平均温度

图 3-15 给出了堆芯各层通道冷却剂进出口的温度分布情况，由图 3-15 可看出，正如图 3-12 的温度云图所示的，中部燃料区和中部控制组件的冷却剂出口温度式最高的，其分别约为 484.2 ℃和 487.4 ℃。从整体上来说，堆芯径向控制组件和燃料组件的分布比较均匀，均在 480 ℃附近，最低温度出现在最外层的控制组件区，约为 475.47 ℃。

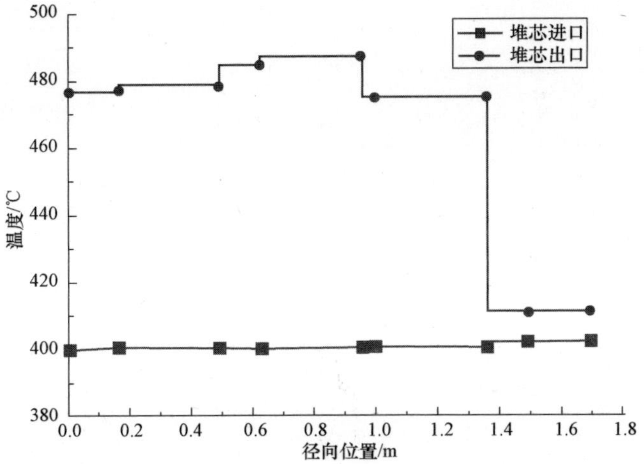

图 3-15　堆芯各通道的冷却剂进出口温度分布图

图 3-16 给出了堆芯各燃料层、控制组件层燃料芯块中心、包壳最高温度分布情况。由图 3-16 可知，堆芯燃料芯块最高温度出现在第 4 层，即中部燃料区，约为 716.26 ℃，低于燃料设计限值温度 2 300 ℃；堆芯包壳最高温度也出现在第 4 层，约为 498.88 ℃，低于额定工况下包壳运行温度限值 550 ℃。

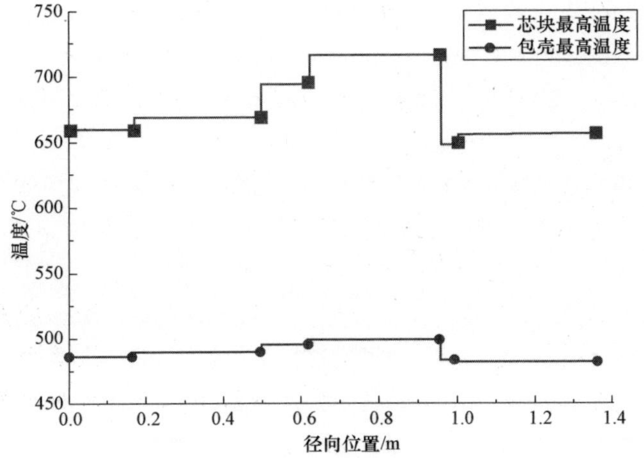

图 3-16　堆芯各燃料层、控制组件层的燃料芯块中心、包壳最高温度分布图

图 3-17 给出了堆内最热通道活性区燃料芯块、包壳轴向温度分布情况，即第 4 层通道。由图 3-17 可看出，燃料芯块中心最高温度并不出现在活性区的中心平面上，而是出现在稍高于中心平面的位置；包壳最高温度出现在堆芯出口位置，而不是处于活性区内部区域，这主要是得益于液态铅良好的导热性能，这也与普通的压水堆不同，是液态金属快堆所特有的现象。

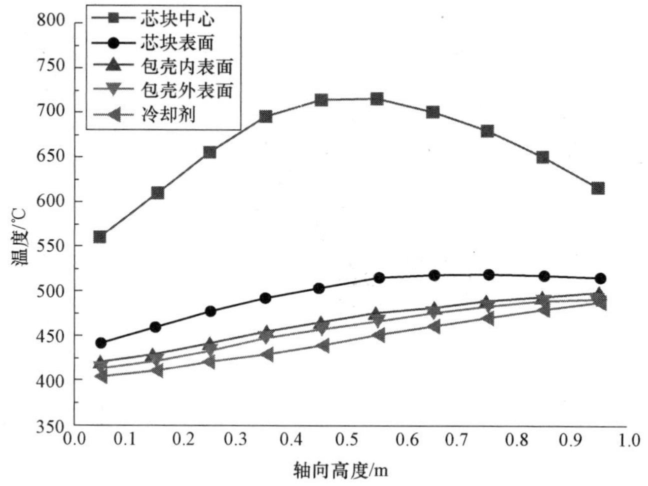

图 3-17 堆芯最热通道活性区燃料芯块中心、包壳轴向温度分布图

3.3.2 额定工况下一回路主冷却系统流场分析

图 3-18 给出了 SNCLFR－100 额定工况下一回路主冷却系统流场分布情况。由图 3-18 可知，在额定工况下，SNCLFR－100 一回路主冷却系统能建立起稳定的自然循环。上腔体室下部冷却剂搅混效果较好，这非常有利于堆芯不同通道不同温度的冷却剂搅浑，上腔室最大流速达到 0.343 m/s；在上腔室内冷却剂形成了一个较明显的漩涡，这有助于冷却剂在上腔室内的充分混合，也是上腔室内不同高度横截面冷却剂温度差异较小的一个重要原因。

图 3-19 给出了 SNCLFR－100 额定工况下一回路主冷却系统主热交换器出口区域流场分布情况。由图 3-19 可知，从主热交换器出口窗出来的冷却剂成“八”字形分布，绝大部分流体在分别撞击主容器内壁面和热隔板外壁面后向下流动，部分流体分别沿主容器内壁面和热隔板外壁面向上流动，在主热交换器出口窗分别形成两个小漩涡，最终在重力的作用下向下流通。对于整个主热交换器出口区域，从整个一回路主冷却系统来说，流速相对较大，在反应堆长期运行时，需要考虑冷却剂对主容器和热隔板的冲刷腐蚀。

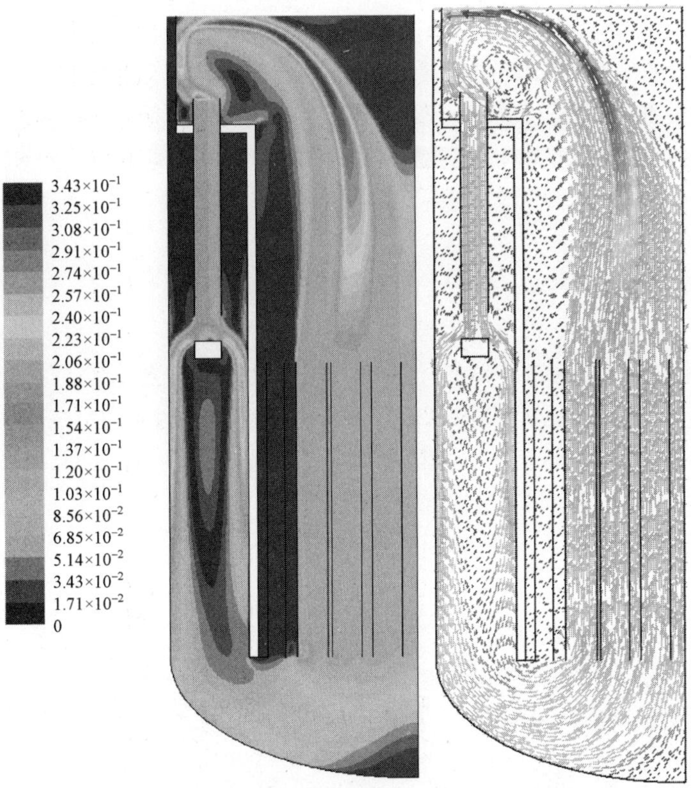

(a) 速度分布云图　　(b) 速度分布矢量图

图 3-18　额定工况下一回路主冷却系统的流场分布

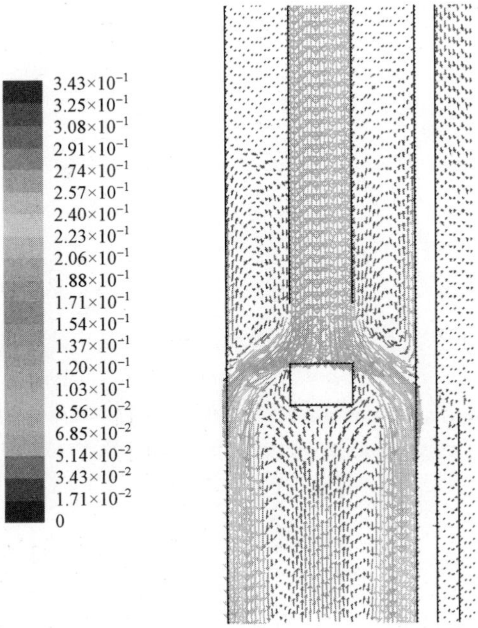

图 3-19　额定工况下一回路主冷却系统主热交换器出口区域流场分布

下腔室的冷却剂流动状况对堆芯入口的冷却剂流量分配有重要影响，需要进行重点分析。图 3-20 给出了 SNCLFR–100 额定工况下一回路主冷却系统堆芯入口区域的流场分布情况。由图 3-20 可看出，冷却剂从下腔室环形下降段进入下腔室底部区域时，绝大部分流体贴近主容器壁面流动，在接近底部下端区域时出现了流动分离现象，并最终在下腔室下部区域形成一个较大的漩涡，由此在堆芯边缘处的下方将产生一个低压区，进而将导致进入堆芯各层通道的冷却剂流量分配不均。同时，由图中可明显看到，流入下腔室下部区域的流量绝大多数均进入了堆芯各燃料层和控制棒层，而流经反射层和屏蔽层的冷却剂相当少。最后注意到下腔室下部区域的最低端，冷却剂的流动非常弱，由于该区域处于一回路主冷却系统的最低点，流动较弱很容易导致冷却剂与结构材料形成的残渣在此堆积聚集，这对主冷却剂系统中冷却剂的含氧量控制是不利的，同时有可能导致该区域出现局部的冷却剂凝固，因此需要在后期的设计中对 SNCLFR–100 的下腔室下下部区域的几何形状进行进一步的优化设计。

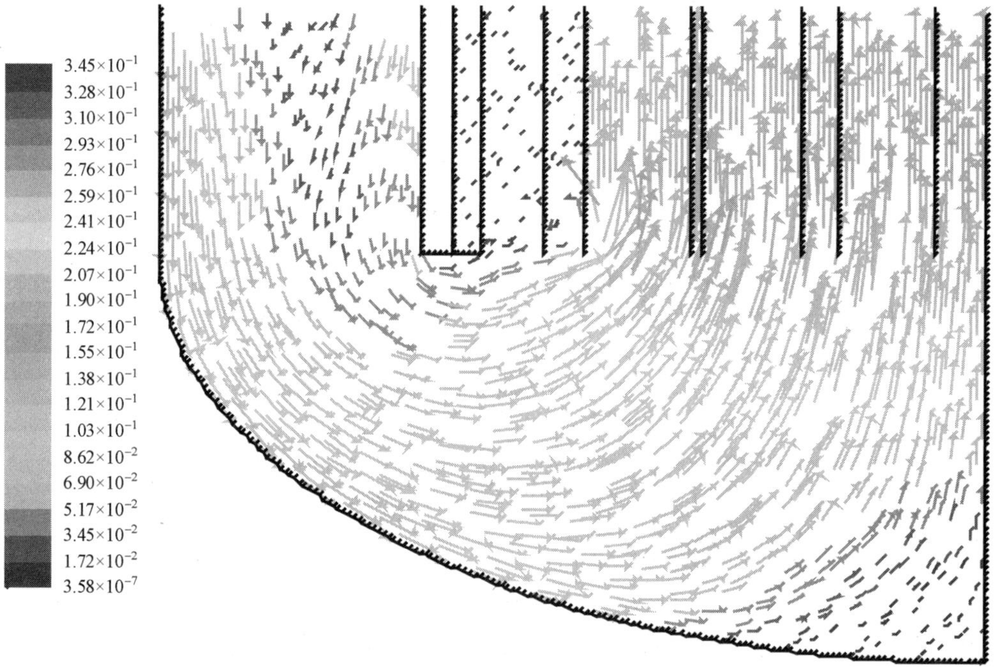

图 3-20　额定工况下一回路主冷却系统堆芯入口区域流场分布

图 3-21 给出了 SNCLFR–100 堆芯各燃料和控制通道入口压力与平均入口压力的压力差沿径向分布情况。由图 3-21 可看出，沿堆芯径向向外，堆芯各通道的入口压力逐渐减小，在堆芯边缘处的下方形成了一个低压区。图 3-22 给出了 SNCLFR–100 堆芯各燃料和控制通道内平均每个组件的冷却剂流量分布情况。由图 3-22 可知，处于堆芯中部的中部燃料区和中部控制组件区单个组件的流量大于堆芯内部和外部区域，这主要是因为中部区域的燃料组件和控制组件的平均功率密度相对其他区域都要大，而对于自然循环反应堆，区域功率越大，自然循环能力就越强，由此通过该区域的流量也就越大。

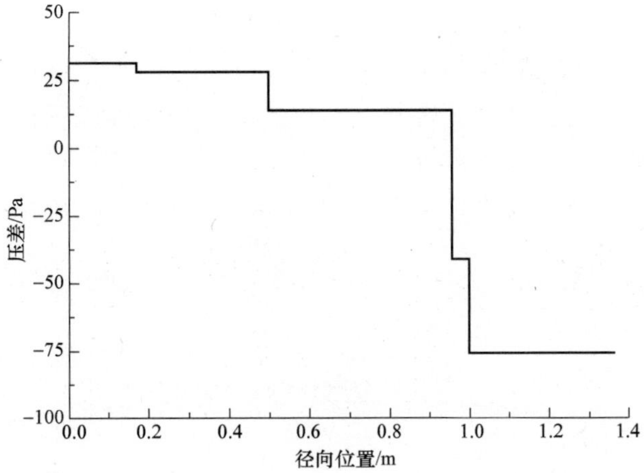

图 3-21　堆芯各燃料、控制组件通道入口压力与平均入口压力的压力差

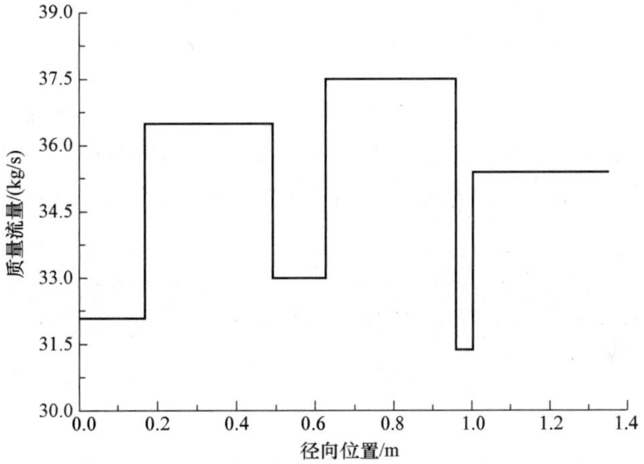

图 3-22　一回路主冷却系统堆芯各燃料、控制通道单个组件的冷却剂流量

图 3-23 给出了 SNCLFR－100 堆芯径向各层功率份额和流量份额的对比情况。对于 SNCLFR－100 这类采用闭式燃料组件设计的自然循环铅基快堆，通常堆芯各通道的流量都是依靠堆芯径向功率分布而自动进行调节。由图 3-23 可知，堆芯各燃料、控制通道的流量份额大体都随着各层的功率份额而变化；各控制组件层的流量份额和其对应的功率份额匹配较为良好；对于中部燃料区，其流量份额约为 29.83%，对应功率份额约为 32.7%，外部燃料区的流量份额和功率份额分别约为 44.64%和 41.71%，这两个区域的流量份额和对应功率份额存在明显的不匹配现象。由上述的分析已可知，中部燃料区为堆芯热通道，需要更多冷却剂去冷却，而下图显示中部燃料区通道存在“过热”现象，而外部燃料区存在“过冷”现象，对于 SNCLFR－100 的稳态运行工况而言，这是可以接受的，堆芯的各温度参数都在设计限值以下，但是一旦反应堆在瞬态或事故工况下运行，该现象将导致堆芯部分区域出现局部过热现象，从而导致反应堆的安全裕量降低，由此，有必要对反应堆进行全堆芯的流量分配研究，并提出相应的流量分配优化设计方案。

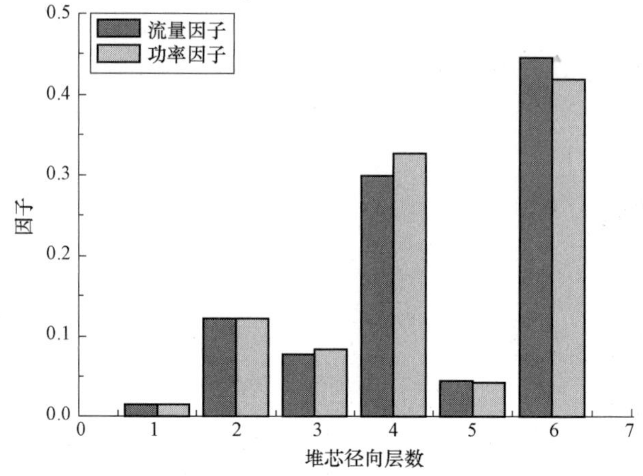

图 3-23　堆芯各燃料、控制通道功率和流量因子对比图

3.3.3　额定工况下全堆芯流量分配特性研究

对于 SNCLFR－100 这类自然循环铅基快堆，受自然循环驱动力的限制，通过一回路主冷却系统的冷却剂流量有限，由此进入堆芯各燃料组件和控制组件的流量也大小有限，而通过各类组件的冷却剂流量对各组件内局部的热工水力特性具有重要影响，并直接关系到自然循环铅基快堆的热工安全性能。

基于上述原因，基于理论分析和三维 CFD 数值模拟，开展自然循环铅基快堆的流量分配分析和优化设计，对该类型反应堆的设计具有重要的意义。首先开展完全依靠自然循环自动调节下的全堆芯流量分配研究，随后对全堆芯流量分配方案进行优化设计。

在进行全堆芯流量分配特性分析和流量分配优化设计前，首先引入了归一化流量这个变量，其定义为堆芯内某一个组件入口流量和堆芯每个组件的平均入口流量之比，如式（3-20）所示：

$$q_i = \frac{Q_i}{\sum_{i=1}^{n}(Q_i / n)} \tag{3-20}$$

式中：Q_i 代表第 i 个组件的入口流量（kg/s）；$\sum_{i=1}^{n}(Q_i / n)$ 代表堆芯每个组件的平均入口流量（kg/s）。

全堆芯自然循环流量分配特性分析：

对于自然循环铅基快堆，其自然循环驱动力是由上、下腔室的密度差产生的。SNCLFR－100 的堆芯区域采用闭式组件的设计方案，其通过添加组件盒，将不同功率份额的组件通道彼此隔开，由此功率份额大的组件内液态铅的平均温度将更高，相应的液态铅的密度也将更低，从而导致该通道的重力压降更小。而对不同的组件来说，可将其堆芯进口区域、出口区域视为等压面，因此各组件的进出口压降可视为基本相等。对于功率份额较大的组件来说，其重力压降相对更小，则相应的摩擦压降和形阻压降就更大，由此通过该组件的冷却剂流量也将更大。基于这种原理，SNCLFR－100 根据堆芯径向功率分布的不均匀性实现堆芯各组件流量的自动分区。

图 3-24 给出了 SNCLFR－100 堆芯径向布局及编号，图中仅给出了堆芯各燃料组件和控制组件，反射组件和屏蔽组件的功率过小，暂不予分析。基于 ANSYS FLUENT 对全堆芯 CFD 模型开展数值分析，监测全堆芯 240 个燃料组件和控制组件的平均进出口压降、入口流量和出口冷却剂温度，得到全堆芯进出口平均压降约为 2 832.29 Pa，各组件出口冷却剂平均温度约为 479.68 ℃。全堆芯平均进出口压降与设计值的相对误差约为 5.52%，这主要来自于堆芯模拟所使用的多空介质模型，基于雷诺数的堆芯压降计算方法和理论计算存在一定的偏差；堆芯出口温度非常接近其设计值 480 ℃，两者相对误差约为 0.067%。从上述分析可看出，CFD 计算的关键热工水力参数和设计值吻合良好，两者的相对误差较小，在热工计算的可接受范围内，这说明全堆芯 CFD 的数值模拟是成功的，计算结果是可信的。

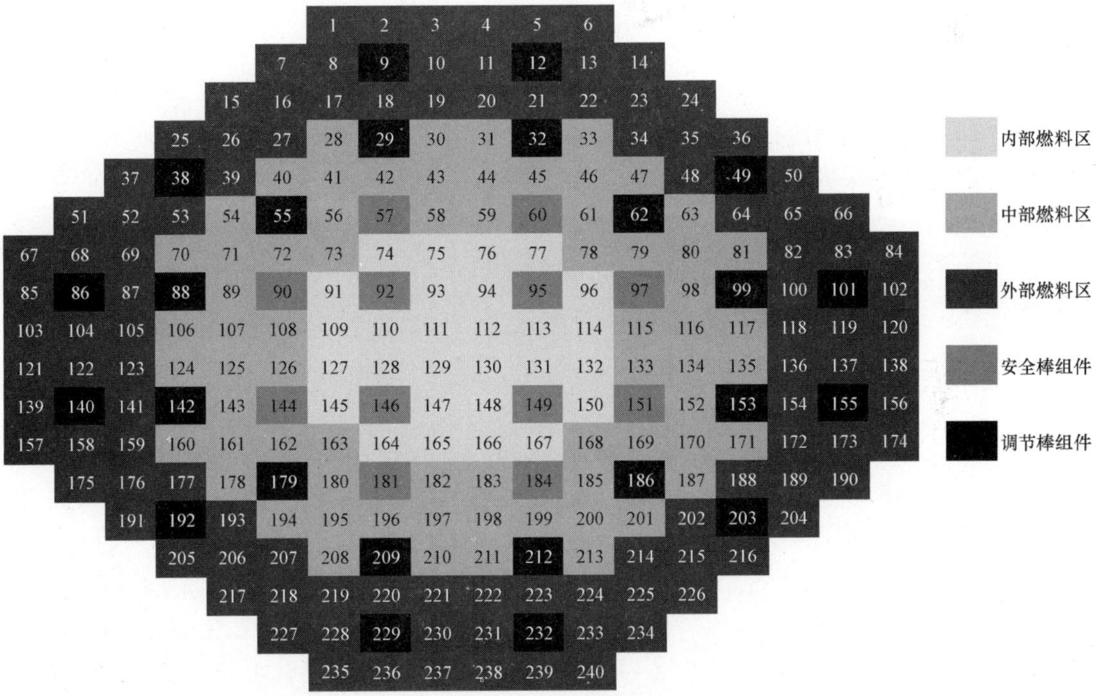

图 3-24 SNCLFR－100 堆芯径向布局及编号

基于堆芯组件的平均流量对全堆芯各组件进行归一化处理，得到图 3-25 所示的额定工况下堆芯各类组件的归一化流量分布情况。由图 3-25 可知，堆芯各组件的流量分配具有良好的对称性，四个主热交换器对应角度的组件归一化流量基本相同。堆芯内冷却剂流量最大组件为位于外部燃料区的第 222 号燃料组件，其归一化流量为 1.151，而其对应的归一化功率为 1.401，亦为堆内功率最大组件；堆芯内冷却剂流量最小组件为位于外部燃料区的第 174 号燃料组件，其归一化流量为 0.778，，而其中对应的归一化功率为 0.489，亦为堆内功率最小组件。由此可进一步看出 SNCLFR－100 的堆芯虽然具备一定的自然循环能力，但存在一定的局限性，堆内存在功率最大组件“过热”和功率最小组件“过冷”的现象。

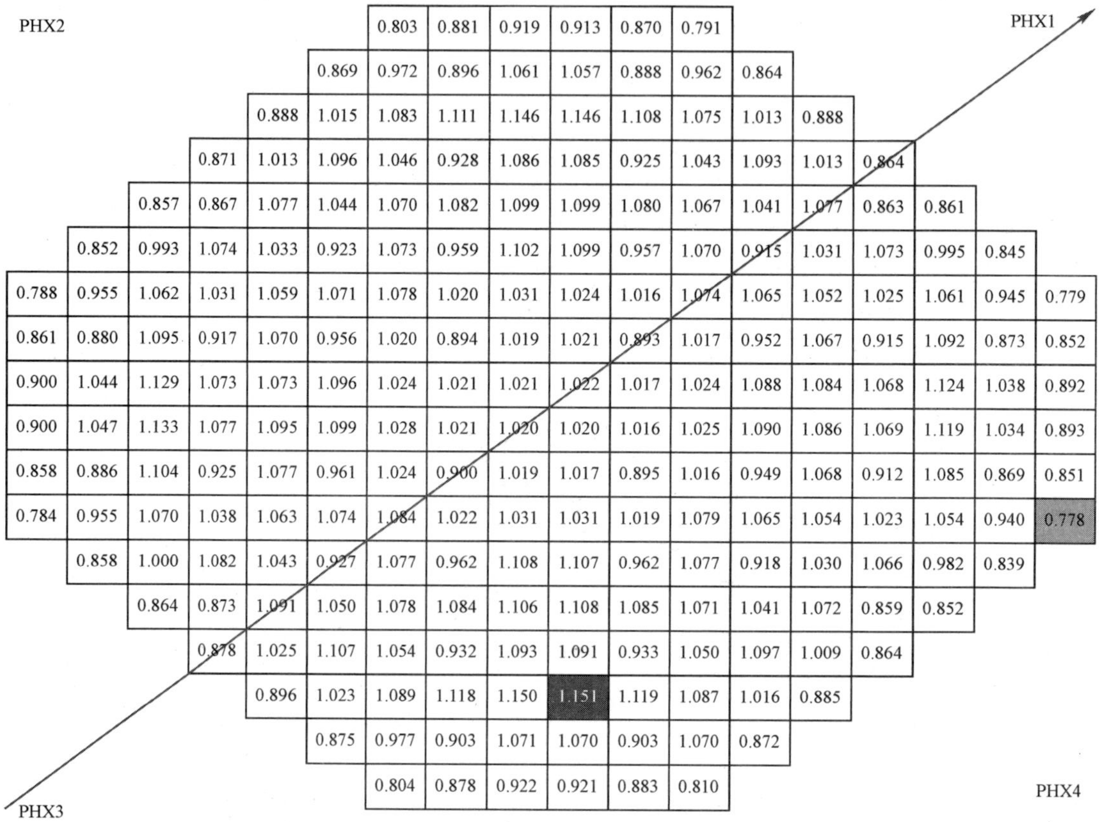

图 3-25　SNCLFR－100 堆芯流量归一化图

图 3-26 给出了额定工况下 SNCLFR－100 各组件冷却剂出口温度分布情况。由图 3-26 可知，堆芯内归一化流量最大且归一化功率最大组件——第 222 号燃料组件，同时也是堆内冷却剂出口温度最高的组件，其温度约为 498.14 ℃；堆芯内归一化流量最小且归一化功率最小组件——第 174 号燃料组件，同时也是堆芯内冷却剂出口温度最低的组件，其温度约为 450.51 ℃。在堆芯各组件的冷却剂入口温度几近相等的条件下，第 222 号燃料组件为冷却剂焓升最大通道，第 174 号燃料组件为冷却剂焓升最小通道，由此，可将第 222 号组件视为堆内最热通道，将第 174 号组件视为堆内最冷通道。

由本章前述分析可知，对于 SNCLFR－100 这类的铅基快堆，其包壳最高温度出现在堆芯通道的出口处，由此可知堆内包壳最高温度必然出现在第 222 号燃料组件内；而对于燃料芯块中心的最高温度，考虑到堆芯各燃料区和控制组件的轴向功率分布不同，堆内燃料芯块中心的最高温度虽然一定会出现在各燃料区和控制组件的热通道内，但并不一定出现在堆芯的最热通道内。现分别分析内部燃料区、中部燃料区、外部燃料区和各控制组件的热通道的燃料棒芯块中心最高温度和包壳最高温度分布情况，相关分析结果汇总于表 3-6 中，由表 3-6 可看出，堆芯内燃料芯块的最高温度出现在外部燃料区的热通道，也就是全堆芯的最热通道内。结合本章 3.2 节中一回路主冷却系统温度场分析结果，我们可发现，在 SNCLFR-100 中，堆芯内中部燃料区的燃料芯块和包壳平均温度最高，而堆内最热通道、堆内燃料芯块中心最高温度和包壳最高温度位于外部燃料区的热通道内，这与第 2 章基于 STAC 程序的分析结果是一致的。

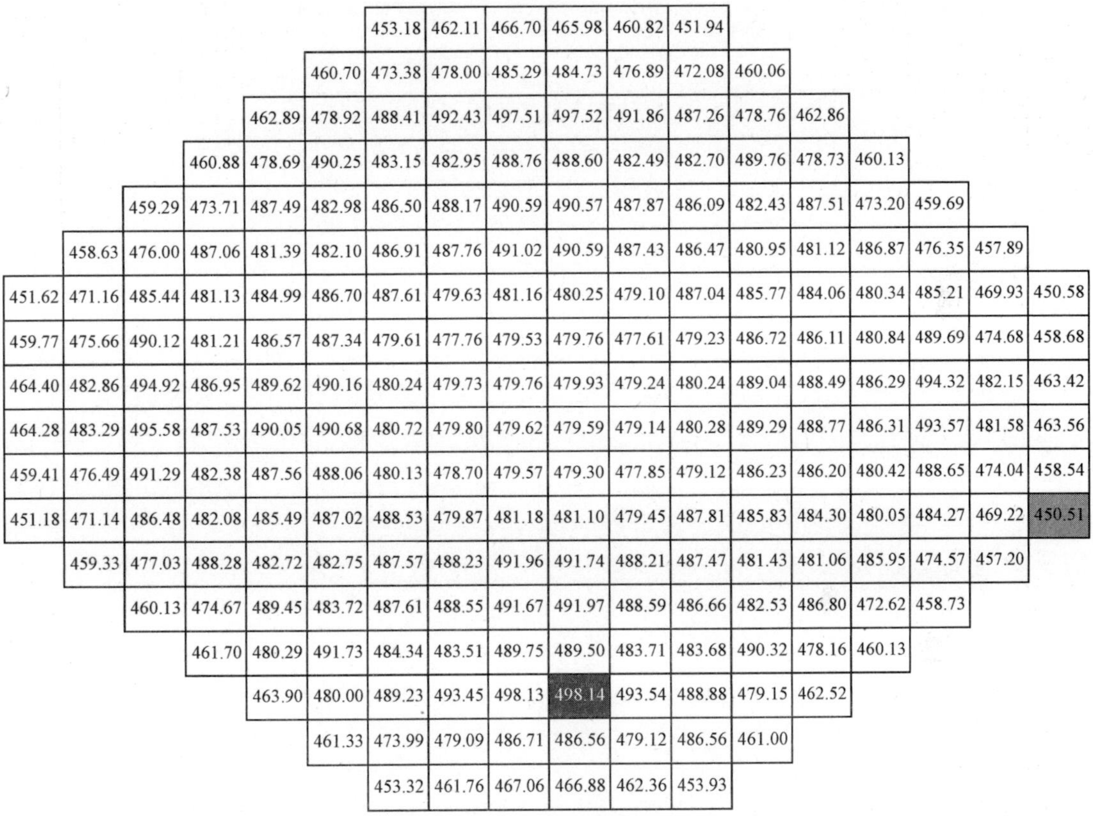

图 3-26　SNCLFR-100 堆芯各组件冷却剂出口温度分布图

表 3-6　堆芯各燃料区、控制组件的热通道燃料棒温度分布情况

热通道	燃料芯块中心最高温度/℃	包壳最高温度/℃
内部燃料区	675.342	492.305
中部燃料区	747.012	504.083
外部燃料区	791.652	511.329
控制组件	716.783	500.28

为进一步的分析堆芯的流量分配特性，现沿堆芯对角线选取一组具有代表性的组件进行分析，所选取组件的归一化功率、归一化流量和冷却剂出口温度参数如表 3-7 所示。

表 3-7 堆芯各燃料区、控制组件的热通道燃料棒温度分布情况

序号	组件编号	所属区域	归一化功率	归一化流量	出口温度/℃
1	205	外部燃料区	0.674	0.878	461.703
2	193	外部燃料区	1.212	1.091	489.452
3	179	控制组件	0.953	0.927	482.754
4	163	中部燃料区	1.192	1.084	488.530
5	146	控制组件	0.881	0.900	478.699
6	129	内部燃料区	1.009	1.020	479.619
7	112	内部燃料区	1.015	1.022	479.934
8	95	控制组件	0.861	0.893	477.613
9	78	中部燃料区	1.161	1.074	487.035
10	62	控制组件	0.921	0.915	480.952
11	48	外部燃料区	1.171	1.077	487.513
12	36	外部燃料区	0.647	0.864	460.133

图 3-27 给出了 SNCLFR－100 堆芯沿对角线组件冷却剂出口温度分布情况，图 3-27 再一次的证实了堆芯各组件的冷却剂出口温度具有良好的对称性，同时堆芯内部区域温度分布较为均匀；堆芯中部区温度最高，但与内部地区的温差不大，在 10 ℃左右；堆芯外部区域温度较低，和中部区域的温差达到了近 30 ℃。虽然堆芯各组件的冷却剂出口温度式各组件功率和流量比的一个体现，径向的温度波动在所难免，但各组件的出口温度不均将导致堆芯出口冷却剂混合时出现较大幅度的温度波动，这不利于堆芯出口的温度测量，同时也会对测量仪器带来热疲劳危害。而对堆芯进行流量分配优化设计，可进一步展平堆芯各组件的出口温度，还可进一步提高 SNCLFR－100 的经济性。

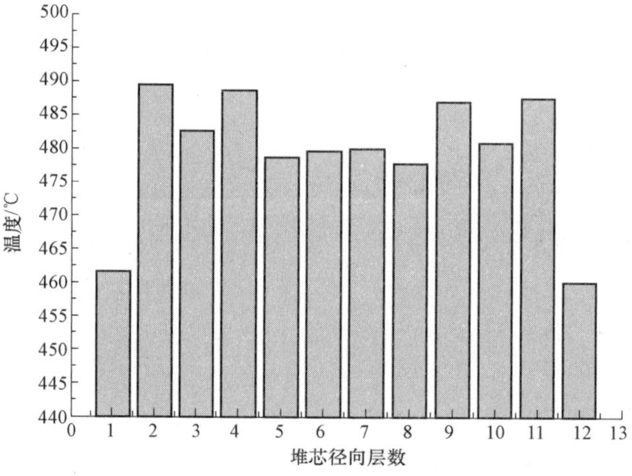

图 3-27 SNCLFR－100 堆芯沿对角线组件冷却剂出口温度分布

图 3-28 给出了 SNCLFR-100 堆芯沿对角线组件归一化功率和归一化流量对比情况。由图 3-28 可知，在堆芯的内部区域，组件的归一化功率和归一化流量变化情况吻合良好，组件的功率份额基本与组件的流量份额相匹配；在堆芯的中部区域，普遍出现了组件的归一化功率大于组件的归一化流量的情况；而在堆芯的外部区域，则发生了组件的归一化流量显著大于组件的归一化流量的情况。上述结果显示，堆芯的内部区域冷却性能良好，而在堆芯的中部区域出现了冷却不足现象，而在堆芯的外部区域则出现了冷却能力过剩的情况。而对于 SNCLFR-100 来说，目前的堆物理设计中，中部区域的功率密度最大，分析结果显示的中部区域冷却能力不足对反应堆的稳态运行不会造成明显影响，但是一旦反应堆进入瞬态和事故工况，这将回直接导致反应堆的安全裕量过低。由此，需要对 SNCLFR-100 的流量分配进行优化设计，从而更进一步提高反应堆的热工安全性能。

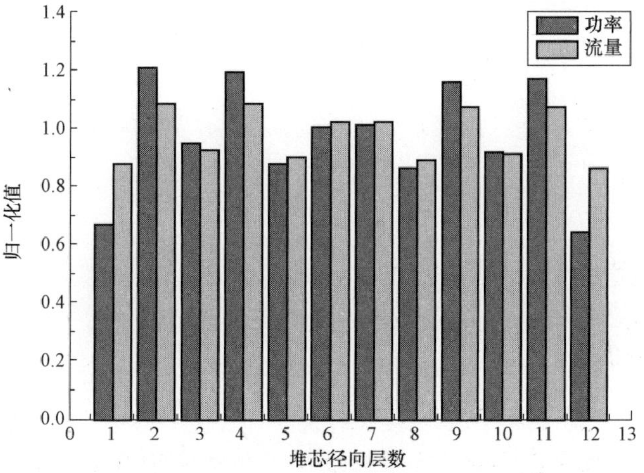

图 3-28 SNCLFR-100 堆芯沿对角线组件归一化功率和归一化流量对比

3.3.4 全堆芯自然循环流量分配优化设计

现有的研究表明，优化堆芯流量分配最有效的措施是增加堆芯底部的流动阻力[5]。因此，反应堆热工分析中常用的一种流量分配措施是：在堆芯不同组件的入口处设置节流孔板之类的阻力件，通过增设不同形状、不同尺寸的阻力件调节堆芯各组件的入口阻力系数，进而调节堆芯各组件的流量。即采用这种方式来优化 SNCLFR-100 堆芯各通道的流量分布。

由此，对于全自然循环铅基快堆，对堆芯入口进行流量分配优化设计的目标是：合理设计堆芯各类燃料组件和控制组件的入口阻力系数，确保各类组件的流量分配与其功率份额相匹配，实现堆芯出口温度均匀化，从而提高反应堆的运行效率和热工安全裕量。

清华大学的王岩课题组针对压水堆开展了自然循环流量分配优化初步研究，编写了相应的堆芯流量分配优化程序，验证了所开发的程序针对压水堆典型工况的优化能力和优化效果[44-45]。在充分借鉴王岩课题组相关研究成果的基础上，结合自然循环铅基快堆的特点，基于CFD方法开展SNCLFR－100全堆芯自然循环流量分配的优化分析，将下腔室冷却剂的流动情况对堆芯入口流量分配的影响充分糅和在分析结果中，对全自然循环铅基快堆的流量分配优化开展探索性研究。

最优化的流量分配设计应能使堆芯各组件的流量份额与其功率份额相匹配，各组件的出口温度基本相同。将堆芯进口和出口视为等压面，认为堆芯各通道的压降近似相等，建立入口阻力系数求解模型，以求解堆芯各组件的入口阻力系数的初值，使得堆芯各组件在该祖初值下，使堆芯流量分配接近理想目标，为后期开展进一步的实验研究，以优化各组件入口阻力系数奠定基础。

在理想流量分配模式中：堆芯各通道的流量份额和其功率份额相匹配，从而可得到：

$$\frac{Q_i}{W_i}=\frac{Q_j}{W_j}=\cdots=\frac{Q_n}{W_n}=\text{constant} \tag{3-21}$$

式中：Q为每个组件的功率；W为每个组件的流量。从而每个组件的质量流量：

$$W_i=\frac{Q_i}{\text{constant}},i=1,2,\cdots n \tag{3-22}$$

由此，每个组件的冷却剂平均流速V_i为：

$$V_i=\frac{W_i}{\rho_i A_i}=\frac{Q_i}{\rho_i A_i\bullet\text{constant}} \tag{3-23}$$

式中：ρ_i为每个组件的冷却剂平均密度（kg/s），A_i为每个组件的冷却剂流通面积（m^2）。

对于SNCLFR－100堆芯的每个组件来说，需要考虑节流件压降、入口压降、摩擦压降、定位格架压降、提升压降、加速压降和出口压降，如式（3-24）所示：

$$\Delta p_{\text{assembly}}=\Delta p_{\text{throttle}}+\Delta p_{\text{inlet}}+\Delta p_{\text{friction}}+\Delta p_{\text{spacers}}+\Delta p_{\text{grav}}+\Delta p_{\text{acc}}+\Delta p_{\text{outlet}} \tag{3-24}$$

式中：$\Delta p_{\text{assembly}}$为单个组件的总压降（Pa）；$\Delta p_{\text{throttle}}$为节流件压降（Pa）；$\Delta p_{\text{inlet}}$为入口压降（Pa）；$\Delta p_{\text{friction}}$为摩擦压降（Pa）；$\Delta p_{\text{spacers}}$为定位格架压降（Pa）；$\Delta p_{\text{grav}}$为提升压降（Pa）；$\Delta p_{\text{acc}}$为加速压降（Pa）；$\Delta p_{\text{outlet}}$为出口压降（Pa）。

1）节流件压降：

$$\Delta p_{\text{throttle}}=K_{\text{throttle}}\bullet\frac{1}{2}\rho V^2 \tag{3-25}$$

式中：K_{throttle}为节流件阻力系数，为无量纲量，是中需要求解和优化的变量。ρ为组件内冷却剂的平均密度（kg/s）；V为组件内冷却剂的平均流速（m/s）。

2）入口压降：

$$\Delta p_{\text{inlet}}=K_{\text{inlet}}\bullet\frac{1}{2}\rho V^2 \tag{3-26}$$

式中：K_{inlet} 为入口形阻系数，为无量纲量，采用第 2 章 STAC 程序中所使用的相关关系式求解。

3）摩擦压降：

$$\Delta p_{\mathrm{friction}} = f\frac{L}{D_{\mathrm{e}}} \cdot \frac{1}{2}\rho V^2 \tag{3-27}$$

式中：f 为摩擦阻力系数，直接与每个组件通道内的冷却剂雷诺数相关，采用第二章 STAC 程序所使用的相关关系式求解；L 为组件通道内棒束段长度（m）；D_{e} 为组件的水力学直径，为无量纲量；V 为组件内冷却剂的平均流速（m/s），直接根据式（3-23）求解得出。

4）定位格架压降：

$$\Delta p_{\mathrm{spacers}} = N_{\mathrm{spacers}} \cdot K_{\mathrm{spacers}} \cdot \frac{1}{2}\rho V^2 \tag{3-28}$$

式中：N_{spacers} 为组件内定位格架的个数；K_{spacers} 为定位格架的形阻系数，为无量纲量，采用第 2 章 STAC 程序所使用的相关关系式求解。

5）提升压降：

$$\Delta p_{\mathrm{grav}} = \int_{z1}^{z2} \rho(z) g \mathrm{d}z \approx \rho g \Delta H \tag{3-29}$$

式中：g 为重力加速度（m/s²）；ΔH 为组件的长度（m）。在理想流量分配情况下，各通道入口温度基本相等，出口温度分布均匀的情况下，各组件内的冷却剂的密度等热物性可视为相同，由此堆芯各组件的提升压降可视为近似相等。

6）加速压降

$$\Delta p_{\mathrm{acc}} = \int_{V_1}^{V_2} \rho(z) \mathrm{d}V = W(V_2 - V_1) = W^2\left(\frac{1}{\rho_2} - \frac{1}{\rho_1}\right) \tag{3-30}$$

式中：V_1 为组件入口冷却剂流速（m/s）；V_2 为组件出口冷却剂流速（m/s）；ρ_1 为组件入口冷却剂平均密度（kg/m³）；ρ_2 为组件出口冷却剂平均密度（kg/m³）。由于液态铅的密度较大，现有的研究结果表明，SNCLFR－100 堆芯组件进出口的加速压降非常小，几乎可以忽略不计[23]。因此，在中，暂将堆芯各通道的加速压降视为 0 Pa。

7）出口压降：

$$\Delta p_{\mathrm{outlet}} = K_{\mathrm{outlet}} \cdot \frac{1}{2}\rho V^2 \tag{3-31}$$

式中：K_{outlet} 为出口形阻系数，为无量纲量。采用第 2 章 STAC 程序所使用的相关关系式求解。

综合比较上述七类组件压降组成成分可知，理想流量分配情况下，可将各通道的提升压降视为相等，故式（3-24）右侧可将提升压降略去。同样，正如上述分析中提到的，堆芯各组件通道的加速压降可视为 0 Pa，由此将式（3-24）中的加速压降略去。因此，式（3-24）可简化为：

$$\Delta p_{\text{assembly}} = \Delta p_{\text{throttle}} + \Delta p_{\text{inlet}} + \Delta p_{\text{friction}} + \Delta p_{\text{spacers}} + \Delta p_{\text{outlet}} \tag{3-32}$$

$$\Delta p_{\text{assembly}} = \left(K_{\text{throttle}} + K_{\text{inlet}} + f_{\text{friction}} \cdot \frac{L}{D_{\text{e}}} + N_{\text{spacers}} K_{\text{spacers}} + K_{\text{outlet}}\right) \frac{1}{2} \rho V^2 \tag{3-33}$$

$$\Delta p_{\text{assembly}} = \left(K_{\text{throttle}} + \sum K + f_{\text{friction}} \cdot \frac{L}{D_{\text{e}}}\right) \frac{1}{2} \rho V^2 \tag{3-34}$$

式中：将入口形阻系数、定位格架形阻系数和出口阻力系数归并到总阻力系数 $\sum K$ 中。对于堆芯各通道，有：

$$\Delta p_{\text{assembly},i} = \Delta p_{\text{assembly},j} \tag{3-35}$$

$$\left(K_{\text{throttle},i} + \sum K_i + f_{\text{friction},i} \frac{L}{D_{\text{e},i}}\right) \frac{1}{2} \rho V_i^2 = \left(K_{\text{throttle},j} + \sum K_j + f_{\text{friction},j} \frac{L}{D_{\text{e},j}}\right) \frac{1}{2} \rho V_j^2 \tag{3-36}$$

$$\frac{K_{\text{throttle},i} + \sum K_i + f_{\text{friction},i} \dfrac{L}{D_{\text{e},i}}}{K_{\text{throttle},j} + \sum K_j + f_{\text{friction},j} \dfrac{L}{D_{\text{e},j}}} = \frac{V_j^2}{V_i^2} \tag{3-37}$$

式中：$\sum K_i$ 和 $f_{\text{friction}} \cdot \dfrac{L}{D_{\text{e}}}$ 都可在确定组件内冷却剂的平均流速和冷却剂的平均物性参数后直接求出，则由此可根据其中一个通道的节流件形阻系数，即可求解出另外一个组件的节流件形阻系数，以此可推广到全堆，从而求出全堆入口处节流件的阻力系数。

在理想流量分配中，通常堆芯内功率最大的组件应匹配最大的冷却剂流量，由此入口节流件的阻力也相应地应该最小。因此，在中，考虑 SNCLFR−100 堆芯内功率最大组件处不设置节流件，即 $K_{\text{throttle,hottest}}=0$，而堆内其他组件均设置相应的节流件。由此便可根据式（3-37）求出堆内其他组件的入口节流件阻力系数。

根据上述建立的入口节流件阻力系数初值求解模型，即可获得全堆的入口节流件阻力系数分布情况。图 3-29 给出了 SNCLFR−100 入口节流件的阻力系数分布情况，由图 3-29 可知，堆内入口节流件阻力系数最大的通道为堆内最冷通道，即第 174 号燃料组件，其入口节流件阻力系数达到了 65.605；堆内入口节流系数最小的通道为堆内最热通道，即第 222 号燃料组件，其入口节流阻力系数为 0。为进一步分析堆芯各组件入口的节流件阻力系数分布情况，现沿堆芯对角线选取一组具有代表性的组件进行分析，所选取组件的入口节流件阻力系数如表 3-8 所示。

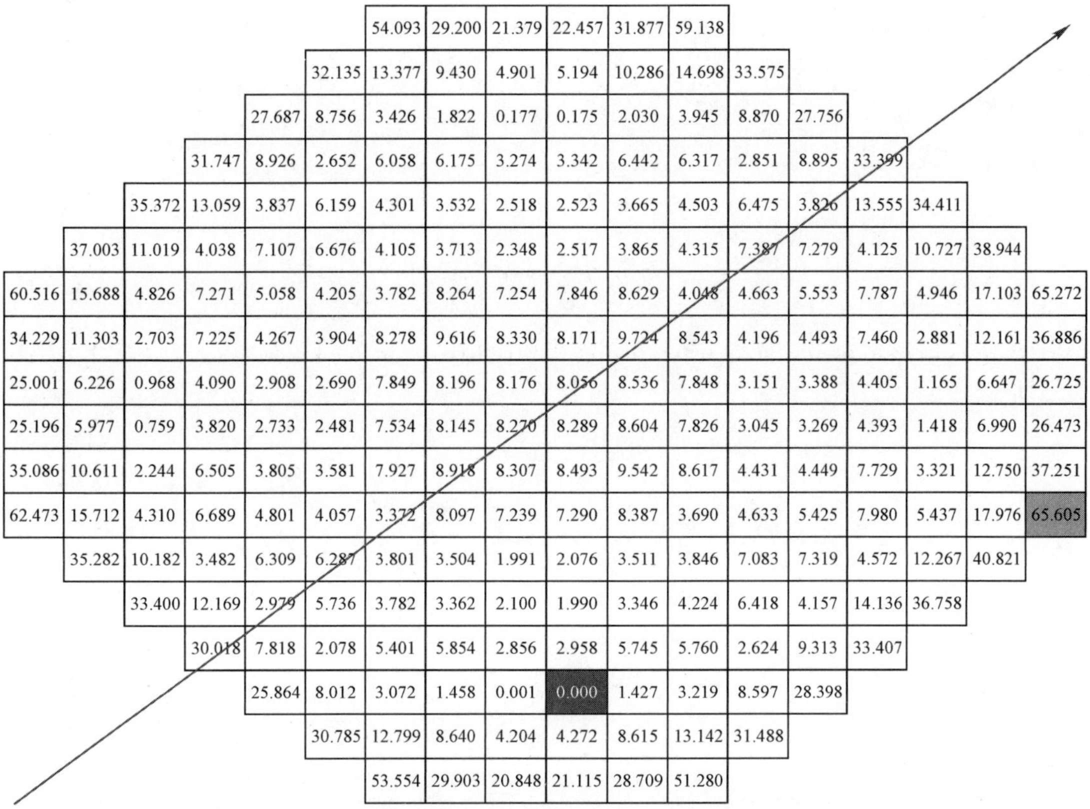

图 3-29　SNCLFR－100 堆芯各组件入节流件阻力系数分布图

表 3-8　堆芯各燃料区、控制组件的热通道燃料棒温度分布情况

序号	组件编号	区域	入口节流件阻力系数
1	205	外部燃料区	30.018
2	193	外部燃料区	2.979
3	179	控制组件	6.287
4	163	中部燃料区	3.372
5	146	控制组件	8.918
6	129	内部燃料区	8.270
7	112	内部燃料区	8.056
8	95	控制组件	9.724
9	78	中部燃料区	4.048
10	62	控制组件	7.387
11	48	外部燃料区	3.826
12	36	外部燃料区	33.399

图 3-30 给出了 SNCLFR－100 堆芯沿对角线组件入口节流件阻力系数分布情况。由图 3-30 可知，堆芯外部组件入口节流件的阻力系数显著大于堆芯其他区域，堆芯内部区域组件入口节流件阻力系数次之，而堆芯中部区域组件入口节流件阻力系数最小。对角

线组件入口节流件阻力系数的分布情况，恰与没有进行流量分配优化设计前堆芯沿对角线上组件的质量流量分布情况相反。堆芯对角线上组件入口节流件阻力系数的分布恰能进一步的限值通过堆芯外部区域的流量，进而进一步增大通过堆芯中部区域的流量。

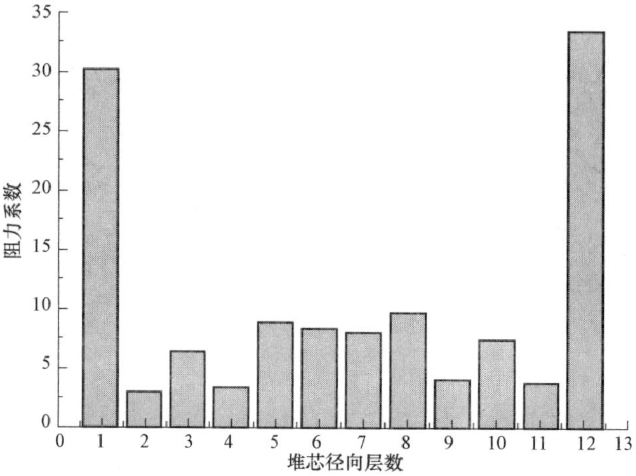

图 3-30　SNCLFR－100 堆芯沿对角线组件入口节流件阻力系数分布图

图 3-31 给出了 SNCLFR－100 经优化设计后的堆芯归一化流量分布情况。由图 3-31

						0.531	0.681	0.763	0.750	0.659	0.512						
					0.656	0.887	0.868	1.124	1.113	0.849	0.862	0.645					
				0.695	0.995	1.189	1.275	1.387	1.387	1.263	1.165	0.992	0.694				
			0.660	0.990	1.229	1.080	0.957	1.197	1.193	0.948	1.071	1.218	0.991	0.647			
		0.632	0.794	1.170	1.077	1.149	1.184	1.236	1.236	1.178	1.141	1.066	1.171	0.785	0.639		
	0.621	0.937	1.161	1.045	0.941	1.158	1.045	1.245	1.236	1.039	1.149	0.921	1.039	1.157	0.944	0.609	
0.507	0.845	1.127	1.039	1.118	1.154	1.173	1.009	1.040	1.021	0.999	1.161	1.134	1.099	1.023	1.123	0.822	0.490
0.641	0.828	1.226	0.925	1.151	1.037	1.009	0.864	1.007	1.012	0.861	1.001	1.026	1.141	0.919	1.217	0.811	0.622
0.721	1.074	1.330	1.159	1.215	1.227	1.021	1.011	1.012	1.015	1.001	1.021	1.203	1.191	1.145	1.317	1.060	0.704
0.719	1.083	1.344	1.171	1.224	1.238	1.031	1.013	1.009	1.008	0.999	1.022	1.208	1.197	1.146	1.300	1.048	0.706
0.634	0.842	1.251	0.946	1.172	1.051	1.019	0.881	1.008	1.002	0.866	0.999	1.017	1.143	0.911	1.195	0.800	0.620
0.500	0.845	1.149	1.058	1.128	1.160	1.192	1.014	1.040	1.039	1.006	1.177	1.135	1.104	1.017	1.103	0.809	0.484
	0.633	0.958	1.187	1.071	0.953	1.172	1.054	1.265	1.260	1.054	1.170	0.929	1.038	1.138	0.910	0.597	
		0.647	0.811	1.212	1.092	1.173	1.193	1.259	1.265	1.193	1.153	1.068	1.156	0.776	0.623		
			0.674	1.022	1.260	1.105	0.967	1.218	1.213	0.970	1.091	1.230	0.980	0.647			
				0.712	1.016	1.207	1.298	1.401	1.405	1.300	1.200	1.000	0.688				
					0.667	0.899	0.887	1.154	1.151	0.888	0.892	0.662					
						0.534	0.675	0.769	0.766	0.685	0.544						

图 3-31　SNCLFR－100 经优化设计后的堆芯流量归一化图

可知，进流量分配优化设计后，堆芯入口流量分配特性得到了较大改变。堆芯最冷通道的归一化流量从 0.778 降低到 0.484，而该通道的归一化功率为 0.489；堆芯最热通道的归一化流量从 1.151 增加到 1.405，而该通道的归一化功率为 1.401。由此可看出，经过流量分配优化设计后，SNCLFR－100 堆芯各组件的归一化流量已基本匹其归一化功率，初步的流量分配优化设计取得了成功。

图 3-32 给出了 SNCLFR－100 堆芯流量分配优化前和优化后，沿堆芯对角线组件出口冷却剂的温度分布对比情况。由图 3-32 可知，优化前堆芯各组件出口冷却剂的温度差异较大，而通过设置阻力系数合理的入口节流件后，堆芯各通道的出口冷却剂温差明显降低，堆芯的出口冷却剂温度分布较均匀。上述的分析结果再次的确认了流量分配优化设计的成功，实现了均衡堆芯出口温度分布的目标。

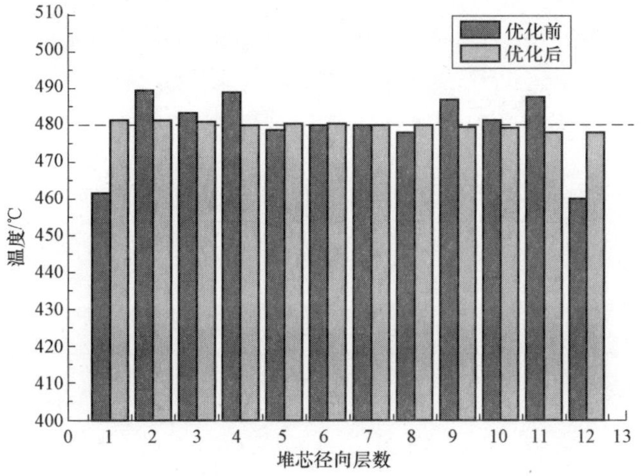

图 3-32　堆芯流量分配优化前后沿堆芯对角线组件出口冷却剂温度分布对比图

表 3-9　流量分配优化前后堆芯各燃料区、控制组件的热通道燃料棒温度分布情况

热通道	燃料中心最高温度		包壳最高温度	
	优化前	优化后	优化前	优化后
内部燃料区	675.342	674.851	492.305	491.592
中部燃料区	747.012	738.563	504.083	492.366
外部燃料区	791.652	778.436	511.329	493.290
控制组件区	716.783	712.134	500.280	492.379

虽然经过流量分配优化设计后，SNCLFR－100 堆芯各通道的出口冷却剂温度均维持在 480 ℃，堆内已经不存在严格意义上的热通道和冷通道之分。但是对于每个区域的功率最大组件，其相对于该区域其他组件来说，燃料中心温度和包壳温度依然是该区域最高的，由此可以视为宽泛意义上的热通道。表 3-9 给出了流量分配优化前后堆芯各区域热通道的燃料中心最高温度和包壳最高温度对比情况。由表 3-9 可看出，经流量分配优化后，堆芯的燃料中心最高温度和包壳最高温度依然处在堆芯外部区域的第 222 号组件，

燃料中心最高温度和包壳最高温度均有一定程度的下降，其中燃料中心最高温度下降了约 13.2 ℃，而包壳最高温度下降了约 18 ℃。同时注意到，经流量分配优化后，由于堆芯各组件的进出口温度接近一直，堆芯各组件的包壳温度分布也变得更加均匀。

综合上述分析结果，可得出，经过堆芯流量分配优化设计后，SNCLFR－100 的热工安全裕量得到了进一步的提升，堆芯出口温度的均匀化使反应堆的运行效率将得到进一步提升。

最后，正如本小节开篇所提到的，优化堆芯入口流量分配最有效的办法就是增加堆芯底部的流动阻力，虽然对 SNCLFR－100 开展全堆芯的流量分配优化设计，对反应堆的热工安全性能和运行效率都是一个有效的提高，但由于堆芯阻力的增加，也给全自然循环的铅基快堆一回路主冷却系统的阻力设计提出了更高的要求。表 3-10 对比了流量分配优化前后 SNCLFR－100 堆芯的平均压降，可发现，经流量分配优化后，堆芯的压降相对于优化前增大了 33.77%。这将进一步要求自然循环铅基快堆的设计者对一回路主冷却系统的阻力特性进行比较细致的研究，从而确保具备足够自然循环能力的前提下进行堆芯的流量分配优化设计，其中一项重要的措施就是设计低阻力特性的主热交换器。

表 3-10　堆芯各燃料区、控制组件的热通道燃料棒温度分布情况

项目	堆芯压降		变化率
	优化前	优化后	
数值	2 832.29	3 788.72	33.77%

3.4　小　结

本章对 SNCFR－100 一回路主冷却系统在额定工况下的三维稳态热工水力特性开展了分析，分别分析了额定工况下的整体三维热工水力特性和额定工况下的全堆芯自然循环流量分配特性，最后开展了全堆芯流量分配方案的优化设计分析。本章的主要研究内容和结论总结如下：

1）基于合理的简化，建立了一回路主冷却系统整体 CFD 分析模型和全堆芯 CFD 模型，针对自然循环铅基快堆数值模拟分析的需要，开发了稳态燃料棒传热模型和稳态主热交换器模型；同时开展数值模拟方案研究，重点分析湍流模型选取，多孔介质模型使用和参数设置以及堆芯释热方式选取等对 CFD 数值模拟结果具有重要影响的因素。相关模型和分析为确保数值模拟的顺利开展和计算结果的可靠性奠定基础。

2）整体三维热工水力特性的温度场分析结果显示，堆芯径向和轴向能见到较为明显的热分层现象，中部燃料通道和中部控制组件通道的温度明显高于堆芯其他通道；上腔室冷却剂搅混效果较为理想，冷却剂从堆芯出口向主热交换器流动流动的各横截面上冷却剂温差较小；下腔室的温度分布较为均匀，没有明显的热分层现象。

3）整体三维热工水力特性的流场分析结果显示，上腔室内存在一个较大的漩涡，利于冷却剂的充分搅混；主热交换器出口区域冷却剂呈“八”字形流动，绝大部分流体冲刷主容器内壁面和热隔板外壁面后通过下腔室下降段直接流向下腔室下部的椭圆形区域；冷却剂在下腔室的下部形成一个较大的漩涡，导致堆芯入口处的压力从堆芯轴向径向向外逐渐降低，同时绝大部分流体流经堆芯的各燃料组件和控制组件通道；在下腔室的最底端区域，冷却剂的流动较弱，可能会导致腐蚀产物的沉积和冷却剂的局部冷凝现象发生。需要重点关注主热交换器出口区域的冷却剂冲刷腐蚀和下腔室的优化设计。

4）全堆芯自然循环流量分配结果显示，SNCLFR−100 的堆芯具备一定的流量自动分配鞥努力，但是存在一定局限性，堆内组件的归一化流量和归一化功率存在不匹配现象。堆芯内最热通道为外部燃料区的第 222 号组件，其归一化流量为 1.151，小于其归一化功率 1.401；堆芯内最冷通道为外部燃料区的第 174 号组件，其归一化流量为 0.778，大于其归一化功率 0.489；堆芯存在中部区域冷却能力不足，而外部区域缺过冷的现象，需要进行流量分配的优化设计。

5）全堆芯自然循环流量分配优化设计结果显示，通过在堆芯入口添加阻力系数适当的节流件，可有效改善 SNCLFR−100 堆芯组件归一化流量和归一化流量不匹配现象，实现了堆芯出口温度的均匀化。通过流量分配的优化设计，使堆芯的燃料芯块最高温度下降了约 13.2 ℃，而包壳最高温度下降了约 18 ℃，反应堆的热工安全裕量和运行经济性得到了进一步提升。分析结果同时也显示，优化堆芯流量分配后导致堆芯的平均压降增大了约 33.77%，需要采取进一步的措施优化 SNCLFR−100 主冷却系统的阻力特性。

参考文献

［1］Chen H，Chen Z，Chen C，et al. Conceptual design of a small modular natural circulation lead cooled fast reactor SNCLFR-100［J］. international journal of hydrogen energy，2016，41（17）：7158-7168.

［2］赵鹏程. 小型自然循环铅冷快堆 SNCLFR-100 一回路主冷却系统热工安全分析［D］. 中国科学技术大学，2017.

［3］Zhao P，Shi K，Li S，et al. CFD analysis of the primary cooling system for the small modular natural circulation lead cooled fast reactor SNRLFR-100［J］. Science and Technology of Nuclear Installations，2016，2016.

［4］Zhao P，Li S，Chen Z，et al. Natural circulation characteristics analysis of a small modular natural circulation lead-bismuth eutectic cooled fast reactor［J］. Progress in Nuclear Energy，2015，83：220-228.

［5］Vanderhaegen M，Vierendeels J，Arien B. CFD analysis of the MYRRHA primary cooling system［J］. Nuclear Engineering and Design，2011，241（3）：775-784.

［6］Moreau V，Profir M，Keijers S，et al. An improved CFD model for a MYRRHA based primary coolant loop［J］. Nuclear Engineering and Design，2019，353：110221.

［7］Pacio J，Wetzel T，Doolaard H，et al. Thermal-hydraulic study of the LBE-cooled fuel

assembly in the MYRRHA reactor: Experiments and simulations [J]. Nuclear Engineering and Design, 2017, 312: 327-337.
[8] Van Tichelen K, Kennedy G, Mirelli F, et al. Advanced Liquid-Metal Thermal-Hydraulic Research for MYRRHA [J]. Nuclear Technology, 2019: 1-14.
[9] 俞冀阳，贾宝山. 反应堆热工水力学 [M]. 北京：清华大学出版社，2003.
[10] 杨洪建. 压水堆下腔室水力特性数值研究 [D]. 哈尔滨工程大学，2013.
[11] 郭超，魏超，田欣鹭，万霞，李铁萍. 压水反应堆下腔室流动特性数值模拟分析 [J]. 核科学与工程，2018，38（03）：353-358.
[12] Jeong J H, Han B S. Coolant flow field in a real geometry of PWR downcomer and lower plenum [J]. Annals of Nuclear Energy, 2008, 35 (4): 610-619.
[13] Bae Y, Kim Y I, Park C T. CFD analysis of flow distribution at the core inlet of SMART [J]. Nuclear Engineering and Design, 2013, 258: 19-25.
[14] 马子云，骆学军. 快堆主热传输系统及辅助系统 [M]. 北京：中国原子能出版社，2011.
[15] 薛秀丽，杨红义，杨福昌. 中国实验快堆堆芯出口区域温度监测点布置计算验证 [J]. 原子能科学技术，2008，42（5）：428-433.
[16] 吕晶. 中国实验快堆堆芯出口冷却剂温度波动的数值模拟 [D]. 华北电力大学，2012.
[17] Ohno S, Ohki H, Sugahara A, et al. Validation of a computational simulation method for evaluating thermal stratification in the reactor vessel upper plenum of fast reactors [J]. Journal of nuclear science and technology, 2011, 48 (2): 205-214.
[18] Choi S K, Lee T H, Kim Y I, et al. Numerical analysis of thermal stratification in the upper plenum of the monju fast reactor [J]. Nuclear Engineering and Technology, 2013, 45 (2): 191-202.
[19] Roelofs F, Gopala V R, Jayaraju S, et al. Review of fuel assembly and pool thermal hydraulics for fast reactors[J]. Nuclear Engineering and Design, 2013, 265: 1205-1222.
[20] 曾和义，郭赟. 湍流模型在堆芯热工水力性能分析中的应用[J]. 原子能科学技术，2011，45（1）：20-24.
[21] 陈钊. 小型自然循环铅冷快堆 SNCLFR-100 热工水力设计与安全分析研究[D]. 中国科学技术大学，2015.
[22] Chen Z, Chen X N, Rineiski A, et al. Coupling a CFD code with neutron kinetics and pin thermal models for nuclear reactor safety analyses [J]. Annals of Nuclear Energy, 2015, 83: 41-49.
[23] Carbajo J J, Yoder G L, Popov S G, et al. A review of the thermophysical properties of MO and UO_2 fuels [J]. Journal of Nuclear Materials, 2001, 299 (3): 181-198.
[24] Sobolev V, Malambu E, Abderrahim H A. Design of a fuel element for a lead-cooled fast reactor [J]. Journal of Nuclear Materials, 2009, 385 (2): 392-399.

［25］ Weisenburger A，Heinzel A，Müller G，et al. T91 cladding tubes with and without modified FeCrAlY coatings exposed in LBE at different flow，stress and temperature conditions［J］. Journal of Nuclear Materials，2008，376（3）：274-281.

［26］ Papukchiev A，Roelofs F，Shams A，et al. Development and application of computational fluid dynamics approaches within the European project THINS for the simulation of next generation nuclear power systems［J］. Nuclear Engineering and Design，2015，290：13-26.

［27］ 葛志浩. 液态金属湍流换热的直接数值模拟研究［D］. 中国科学技术大学，2018.

［28］ Fricano J W，Baglietto E. A quantitative CFD benchmark for Sodium Fast Reactor fuel assembly modeling［J］. Annals of Nuclear Energy，2014，64：32-42.

［29］ Manservisi S，Menghini F. A CFD four parameter heat transfer turbulence model for engineering applications in heavy liquid metals［J］. International Journal of Heat & Mass Transfer，2014，69（2）：312-326.

［30］ Cerroni D，Vià R D，Manservisi S，et al. Numerical validation of a κ-ω-κθ-ωθ heat transfer turbulence model for heavy liquid metals［J］. 2015，655（1）：012046.

［31］ Cheng X，Tak N. Investigation on turbulent heat transfer to lead-bismuth eutectic flows in circular tubes for nuclear applications［J］. Nuclear Engineering and Design，2006，236（4）：385-393.

［32］ Lorenzin N，Abanades A. A review on the application of liquid metals as heat transfer fluid in Concentrated Solar Power technologies［J］. International journal of hydrogen energy，2016，41（17）：6990-6995.

［33］ Duponcheel M，Bricteux L，Manconi M，et al. Assessment of RANS and improved near-wall modeling for forced convection at low Prandtl numbers based on LES up to Re τ = 2000［J］. International Journal of Heat and Mass Transfer，2014，75：470-482.

［34］ Manservisi S，Menghini F. Triangular rod bundle simulations of a CFD κ-ϵ-κθ-ϵθ heat transfer turbulence model for heavy liquid metals［J］. Nuclear Engineering and Design，2014，273：251-270.

［35］ Roelofs F，Shams A，Otic I，et al. Status and perspective of turbulence heat transfer modelling for the industrial application of liquid metal flows［J］. Nuclear Engineering and Design，2015，290：99-106.

［36］ Buckingham S，Planquart P，Eboli M，et al. Simulation of fuel dispersion in the MYRRHA-FASTEF primary coolant with CFD and SIMMER-IV［J］. Nuclear Engineering and Design，2015，295：74-83.

［37］ Koloszar L，Buckingham S，Planquart P，et al. MyrrhaFoam：A CFD model for the study of the thermal hydraulic behavior of MYRRHA［J］. Nuclear Engineering and Design，2017，312：256-265.

［38］ Houngbo D，Popescu L，Schuurmans P，et al. CFD analysis and optimization of a liquid lead-bismuth loop target for ISOL facilities [J]. Nuclear Instruments and Methods in Physics Research Section A: Accelerators, Spectrometers, Detectors and Associated Equipment, 2015, 777: 202-210.

[39] Zhang X, Tseng P, Saeed M, et al. A CFD-based simulation of fluid flow and heat transfer in the Intermediate Heat Exchanger of sodium-cooled fast reactor [J]. Annals of Nuclear Energy, 2017, 109: 529-537.

[40] Yu Y, Merzari E, Obabko A, et al. A porous medium model for predicting the duct wall temperature of sodium fast reactor fuel assembly[J]. Nuclear Engineering and Design, 2015, 295: 48-58.

[41] Roelofs F, Gopala V R, Chandra L, et al. Simulating fuel assemblies with low resolution CFD approaches[J]. Nuclear Engineering and Design, 2012, 250: 548-559.

[42] Johnson F T, Tinoco E N, Yu N J. Thirty years of development and application of CFD at Boeing Commercial Airplanes, Seattle [J]. Computers & Fluids, 2005, 34 (10): 1115-1151.

[43] Lomonaco G, Borreani W, Bruzzone M, et al. Initial thermal-hydraulic assessment by OpenFOAM and FLUENT of a subcritical irradiation facility [J]. Thermal Science and Engineering Progress, 2018, 6: 447-456.

[44] 葛枫. 自然循环流量分配优化初步研究 [A]. 中国核学会核能动力分会反应堆热工流体专业委员会. 第十四届全国反应堆热工流体学术会议暨中核核反应堆热工水力技术重点实验室 2015 年度学术年会论文集 [C]. 中国核学会核能动力分会反应堆热工流体专业委员会：清华大学先进反应堆工程与安全教育部重点实验室，2015：6.

[45] 葛枫. 堆芯流量分配对反应堆热工影响的初步研究 [A] //中国核学会. 中国核科学技术进展报告（第五卷）——中国核学会 2017 年学术年会论文集第 10 册（核测试与分析分卷、核安全分卷）[C]. 中国核学会：中国核学会，2017：6.

第 4 章

一回路主冷却系统瞬态热工安全特性分析

本章将基于系统安全分析程序 ATHLET 对 SNCLFR－100 一回路主冷却系统开展瞬态热工安全特性分析，重点研究可能对 SNCLFR－100 安全运行带来极大挑战的 4 种典型无保护事故，即：无保护超功率事故（UTOP）、无保护失热阱事故（ULOHS）、无保护超功率叠加失热阱事故（UTOP+ULOHS）和无保护最热组件局部堵流事故（Partial Flow Blockage in the Hottest Fuel Assembly），详细研究在各事故下 SNCLFR－100 一回路主冷却系统各主要热工水力参数的变化规律，评估自然循环铅基快堆的固有安全性能。

4.1　热工水力安全判定准则

铅基快堆是一种革新性的反应堆，国际上尚未提出较为成熟的热工水力安全判定准则，同时由于各国的冷却剂氧控技术和包壳表面处理技术发展水平不一，因此其所提出来的各类铅基快堆设计方案中所采用的热工水力安全判定准则也不尽相同[1-3]。SNCLFR－100 在充分参考国际上各主要铅基快堆所制定的热工水力安全判定准则的基础上，同时结合自身设计特点，提出了如下的热工水力安全判定准则：

1）一回路主冷却系统的最低运行温度为 350 ℃，冷却剂的流速限值为 2 m/s；

2）SNCLFR－100 采用富集度为 30%左右的 MOX 燃料，燃料最高温度限值取为 2 300 ℃；

3）SNCLFR－100 采用 T91 钢作为包壳，选定 550 ℃为包壳的稳态运行限值温度，650 ℃为包壳瞬态时的安全限值温度，同时在发生严重事故时选定 800 ℃作为安全温度，并认为包壳温度短时间内超过这一限值是可以接受的。包壳材料的熔点选为 1 400 ℃。

4.2　ATHLET 程序介绍

ATHLET（Analysis of THermal-hydraulics of LEaks and Transients）程序是由德国 GRS 开发的适用于水堆设计基准事故和超设计基准事故分析的最佳估算系统安全分析程序[4-5]。ATHLET 程序主要由流体动力学模块、热传导模块、中子动力学模块和通用控制模块组成，同时还包具备与其他独立模块或程序耦合的耦合接口，图 4-1 给出了该程序的模块组成示意图。ATHLET 程序的主要特点包括先进的热工水力模型、高度模块化的程序结构、分离独立的物理模型和数值求解方法等。该程序采用模块化网格结构来描述热工水力系统，通过连接基本的流体动力学单元（如 Pipe、Branch 和 Cross-connection 等）实现系统建模。ATHLET 程序经过 GRS 多年的发展、改进和提高，并经多方面的验证，已经成为目前国际上公认的用于核电厂热工水力模拟和安全评价的可靠分析工具之一，同时该程序获得德国核欧洲许多国家核安全权威机构认可，可作为核设施执照申请安全分析程序[6-7]。ATHLET 程序可适用的反应堆堆型非常广泛，包括美国和欧洲设计的压水堆和沸水堆、俄罗斯开发的压水堆（VVER）和石墨水冷堆、加拿大研发的重水堆(CANDU)等。同时 GRS 以 ATHLET 程序为基础开发了核电站分析平台 ATLAS(ATHLET analysis simulator)，可作为核电站瞬态和事故研究的实时仿真分析平台。

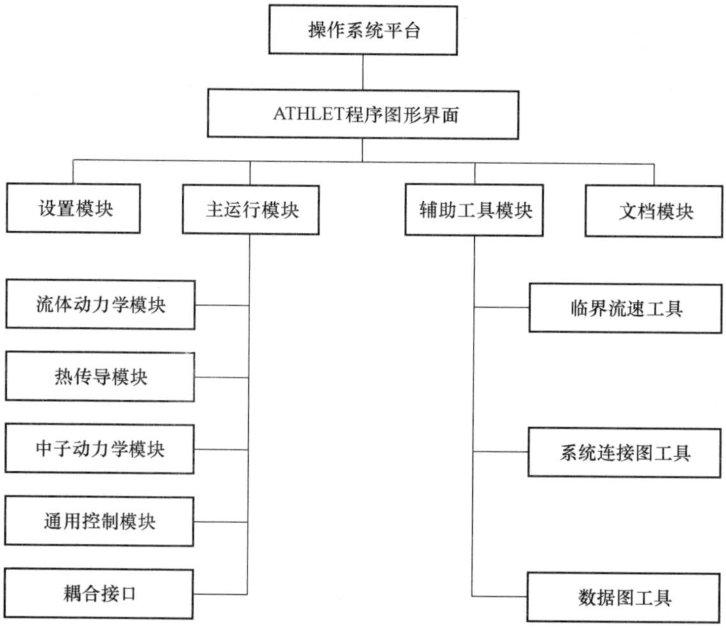

图 4-1　ATHLET 程序模块组成示意图

为了满足第四代先进核能系统的发展需求，GRS 联合德国 KIT 和中国上海交通大学对 ATHLET 程序进行了二次开发[8-10]，分别添加液态金属钠、铅、铅铋、超临界水和氦气的物性，并开发相应的流动换热、壁面摩擦等模型，极大地丰富了 ATHLET 程序的功能，扩展了程序的适用范围。该程序的最新发布版本为 2016 年 GRS 发布的 Mod 3.1 Cycle A，该版本的 ATHLET 可适用于钠冷快堆、铅基快堆和超临界水冷堆的系统安全特性分析。同时 GRS 利用 KTH 的铅冷实验台架 TALL 回路，CEA 的钠冷快堆 PHENIX 和欧盟超临界水冷堆燃料性能验证实验回路 SCWR－FQT 等实验装置对 ATHLET Mod 3.1A 模拟第四代核能系统的适用性和准确性开展较为广泛而充分的实验验证[11-13]，目前相关实验验证工作仍在不断推进中。已获得的实验验证结果表明：ATHLET Mod 3.1A 能够用于钠冷快堆、铅基快堆和超临界水冷堆的热工水力模拟和安全特性分析。

4.3　计算分析模型

ATHLET 程序是一维系统程序，在对热工流体系统进行 ATHLET 建模时，通常用到最多的基本流体动力学单元是管道（pipe）和连接（branch）。管道主要用于模拟流体的一维流动，而连接所模拟的是不存在主流方向、在控制体内仅发生质量和能量混合的零维流动。此外，针对铅基快堆、钠冷快堆等第四代核能系统的上、下腔室通常都为三维的池式结构设计，其内存在大量三维流动现象；以及采用开式燃料组件的堆芯各堆芯通道需要考虑流体的横向流动等特殊需求，ATHLET 程序提供了一种特殊的流体动力学单元，即横向连接（Cross connection），主要用于对一维平行通道的横向连接，从而实现模拟上、下腔室和堆芯的多维流动现象[9]。

考虑到 ATHLET 程序中横向连接这一流体动力学单元尚处在发展中，相关的模型还不够完善，所开展的实验验证还较少，同时现有使用 ATHLET 程序开展铅基快堆和钠冷快堆系统安全分析的文献中，也鲜有学者用到横向连接这一流体力学单元。因此，在中暂不采用横向连接来模拟 SNCLFR－100 的上、下腔室，而采用最基本的管道和连接。

图 4-2 为 SNCLFR－100 一回路主冷却系统的一维 ATHLET 模型示意图。由图 4-2 可知，模型中包含了一回路主冷却系统的主要设备和部件，同时考虑到二回路运行状态直接影响一回路主冷却系统的自然循环建立，建立了二回路的简化模型，仅考虑了主热交换器的二次侧换热部分，同时设置合理的进口和出口边界条件。图中堆芯出口区域（Coreout）、上腔室（HP）、上部氩气覆盖腔室（Argon）、下腔室底部区域（CP_bottom）和二回路出口（TDV1、TDV2、TDV3、TDV4）定义为 branch，其他部分均定义为 pipe。根据 SNCLFR－100 堆芯结构的分区，堆芯的冷却剂通道相应的分为 8 个通道，分别为：内部燃料区平均通道（FI_Ave）、内部燃料区热通道（FI_Hot）、中部燃料区平均通道（FM_Ave）、中部燃料区热通道（FM_Hot）、外部燃料区平均通道（FO_Ave）、外部燃料区热通道（FO_Hot）、控制组件平均通道（CR_Ave）和控制组件热通道（CR_Hot），同时各热通道内均考虑平均棒和最热棒。根据 SNCLFR－100 的物理设计方案，各燃料区和控制组件活性区的轴向功率分布略有差异，功率峰值也各不相同，图 4-3 给出了 BOC 时各燃料区和控制组件的活性区轴向功率分布情况。同时表 4-1 给出了 BOC 时各燃料区和控制组件的功率分布、最热组件功率以及堆内功率峰因子的分布情况。

表 4-1　BOC 时堆芯功率分布和功率峰因子分布情况

区域	组件数目	功率/MW	轴向功率峰因子	径向功率峰因子	最热组件径向功率峰因子
内部燃料区	28	11.815（总值） 0.433 0（最热）	1.226	1.026	1.060
中部燃料区	68	32.664（总值） 0.526 7（最热）	1.258	1.096	1.060

续表

区域	组件数目	功率/MW	轴向功率峰因子	径向功率峰因子	最热组件径向功率峰因子
外部燃料区	108	41.667（总值） 0.583 1（最热）	1.269	1.511	1.075
控制组件	36	13.743（总值） 0.437 0（最热）	1.250	1.149	1.060

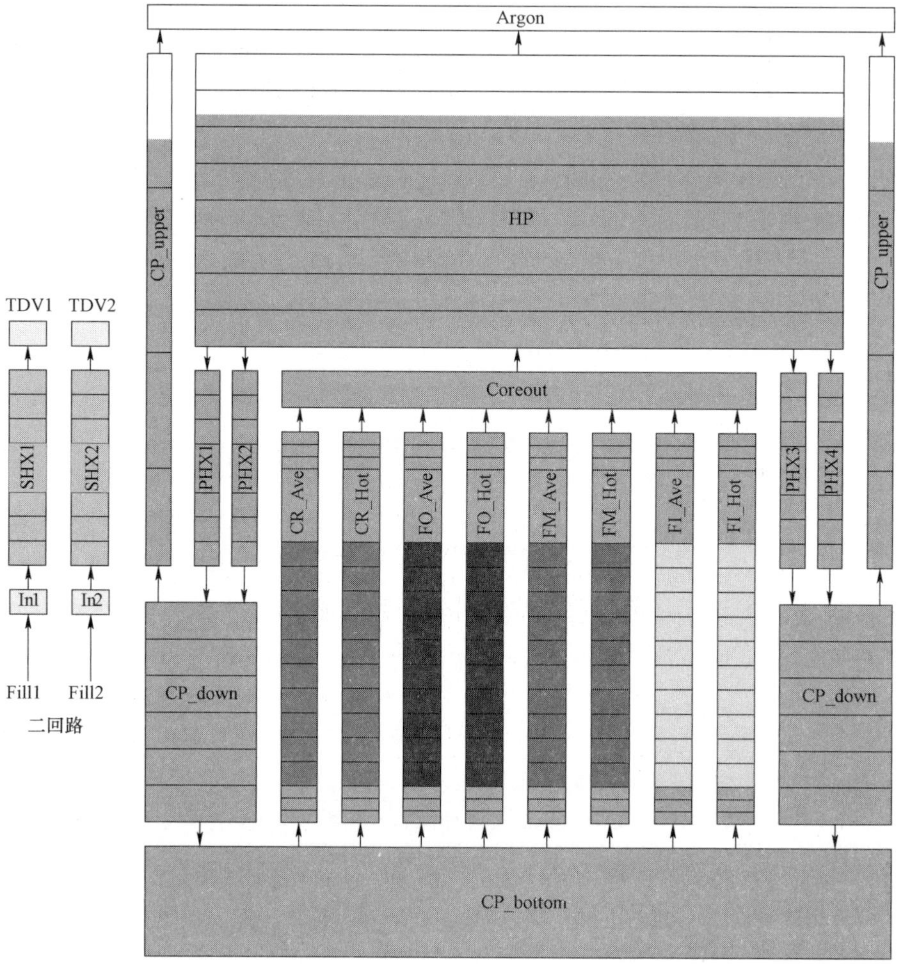

图 4-2　SNCLFR-100 的 ATHLET 计算模型

冷却剂从下腔室底部区域（CP_bottom）进入堆芯，分别流入堆芯的 8 个冷却剂通道，在吸收堆芯的热量后汇入堆芯出口区域（Coreout），冷却剂在该区域充分混合后流入上腔室（HP），在于上腔室（HP）内的冷却剂混合后，进上腔室（HP）上部区域分别进入 4 个主热交换器（PHX1、PHX2、PHX3、PHX4），将热量传递给主热交换器二次侧（SHX1、SHX2、SHX3、SHX4）的水后离开主热交换器，汇入下腔室的下降段

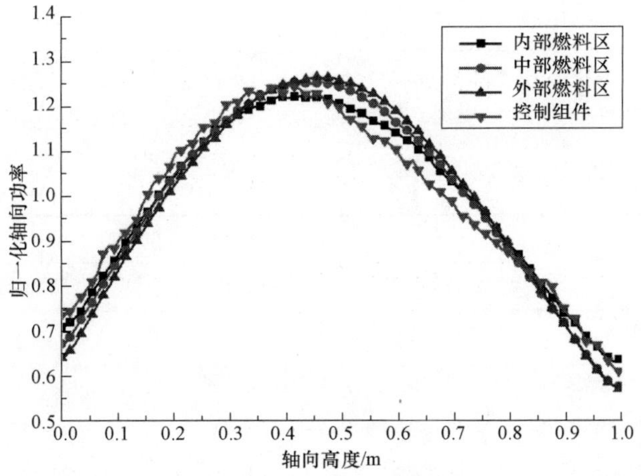

图 4-3　各燃料区、控制组件的活性区轴向功率分布（BOC）

（CP_down），最终流回下腔室底部区域（CP_bottom）。中考虑了上腔室和下腔室内的冷却剂自由液面，自由液面上方为覆盖气体 Ar，上、下腔室的 Ar 气覆盖腔上部相互连通。

4.4　稳态热工特性分析

为了给后续的瞬态热工特性分析奠定基础，首先基于 ATHLET 开展 SNCLFR-100 一回路主冷却系统的稳态模拟。表 4-2 给出了 ATHLET 计算得到的 SNCLFR-100 一回路主冷却系统的相关稳态热工水力参数。由表 4-2 可知，ATHLET 的稳态计算结果与 SNCLFR-100 的设计参数基本相同，计算参数与设计值的最大相对误差在 0.6%以下，这说明 ATHLET 稳态计算结果是可靠的，可以用来做后续的 SNCLFR-100 瞬态热工安全特性分析。

表 4-2　ATHLET 稳态模拟的主要计算结果

位置	温度/℃		相对误差/%
	ATHLET 计算值	SNCLFR-100 设计值	
堆芯入口	400.009 3	400.00	0.002 3
堆芯出口	480.019 4	480.00	0.004 0
主热交换器一次侧进口	480.019	480.00	0.039 6
主热交换器一次侧出口	400.008 9	400.00	0.002 2
主热交换器二次侧进口	344.989 0	345.00	0.003 2
主热交换器二次侧出口	457.642 2	455.00	0.581 0

表 4-3 给出了 BOC 时堆芯活性区燃料芯块、包壳和冷却剂的轴向温度分布情况。由 4-3 表可知，堆芯内燃料芯块中心最高温度和包壳外表面最高温度均出现在外部燃料区热通道的最热棒上。燃料芯块的最高温度为 799.465 ℃，远低于 SNCLFR-100 的燃料

设计限值温度 2 300 ℃；包壳外表面最高温度为 518.835 ℃，低于 SNCLFR－100 额定运行工况时的包壳最高温度限值 550 ℃。因此，可以认为 SNCLFR－100 的稳态热工水力设计方案是可行的，额定工况下反应堆的运行是安全的。

表 4-3　额定工况下 SNCLFR-100 堆芯温度分布（BOC）

最高温度/℃		EOC			
		内部燃料区	中部燃料区	外部燃料区	控制棒组件
平均通道	芯块中心	655.716	700.261	641.292	653.007
	芯块外表面	533.931	550.704	525.490	527.340
	包壳外表面	494.240	500.924	485.933	488.477
	冷却剂	481.378	487.679	475.157	476.596
热通道	芯块中心	665.270 8	733.389	774.374	691.673
	芯块外表面	539.748	565.788	581.706	541.508
	包壳外表面	499.794	511.079	517.739	494.641
	冷却剂	486.525	496.598	502.025	481.243
最热通道	芯块中心	681.780	755.139	799.465	711.448
	芯块外表面	545.362	572.726	589.543	547.480
	包壳外表面	500.719	512.090	518.835	495.576
	冷却剂	486.525	496.598	502.025	481.243

图 4-4 所示为 ATHLET 和 STAC 计算得到的 SNCLFR－100 堆内最热棒的轴向温度分布对比情况。由图 4-4 可知，ATHLET 的计算值和 STAC 的计算值分布趋势吻合良好，

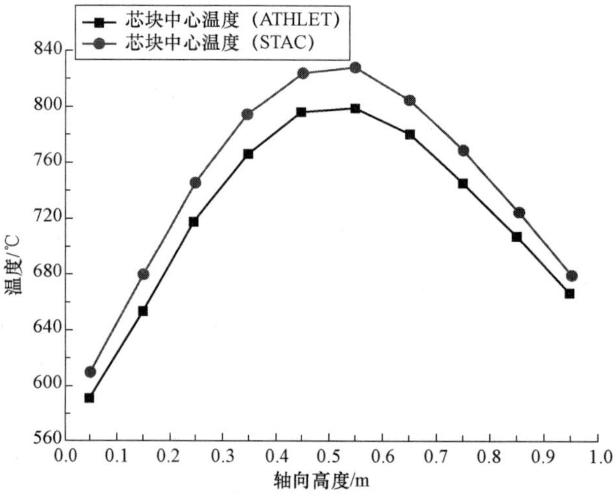

(a) 芯块中心轴向温度分布对比图

图 4-4　堆内最热棒轴向温度分布的 ATHLET 和 STAC 计算结果对比图（BOC）

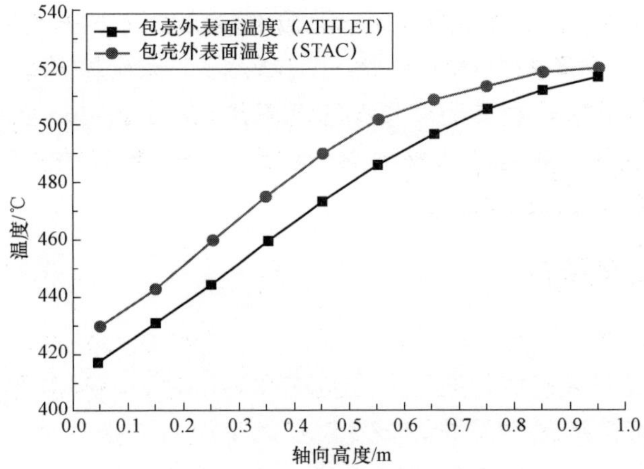

(b) 包壳外表面轴向温度分布对比图

图 4-4　堆内最热棒轴向温度分布的 ATHLET 和 STAC 计算结果对比图（BOC）（续）

STAC 的计算值相对 ATHLET 偏大，计算结果更为保守。其中，ATHLET 计算得到的燃料芯块中心最高温度与 STAC 计算值均出现在活性区的 0.55 m 附近，两者的相对误差约为 3.44%；ATHLET 计算得到的燃料棒包壳温度最高值和 STAC 计算值均出现在堆芯出口区域，两者的相对误差为 0.32%。这些分析结果均再次表明 STAC 计算结果是合理可信的。

4.5　瞬态热工特性分析

根据 SNCLFR−100 一回路主冷却系统设计的特点可以发现其可能发生的典型事故有：

1）由于控制棒不可控抽出、弹棒等引起的反应性引入事故；

2）由于二回路冷却剂泵卡轴、停转等引起的失热阱事故；

3）最热组件入口堵塞、燃料棒弯曲变形、腐蚀产物沉积等造成的堵流事故；

4）二回路冷却剂泵转速误提升而引起的一回路主冷却系统冷段过冷事故；

5）二回路给水系统故障导致主热交换器二次侧冷却剂温度上升，从而引起的一回路主冷却剂系统冷段过热事故；

6）反应性引入事故和失热阱事故两者的叠加事故。

同时注意到，由于 SNCLFR−100 采用一体化池式结构布置，一回路主冷却系统的主容器和安全容器壁面上没有任何贯穿性接管，且主容器、安全容器同时发生破损的概率微乎其微，所以 SNCLFR−100 不用考虑容器破口导致的一回路主冷却系统冷却剂丧失事故。此外，SNCLFR−100 一回路主冷却系统采用全自然循环驱动，无需考虑由于机械泵故障导致的堆芯失流事故。

当反应堆事故发生时，通常会在堆保护系统的作用下实现紧急停堆，但在特定情况下，可能会出现反应堆保护系统失效而无法实现紧急停堆，即无保护事故。将重点研究 SNCLFR−100 的无保护事故工况，对上述的 6 类事故中可能对 SNCLFR−100 一回路主冷却系统的安全运行带来极大挑战的4种无保护严重事故开展详细分析，即：无保护超功率事故（UTOP）、无保护失热阱事故（ULOHS）、无保护超功率叠加失热阱事故（UTOP+ULOHS）和无保护最热组件局部堵流事故（Partial Flow Blockage in the Hottest Fuel Assembly），重点研究在各严重事故下一回路主冷却系统的安全响应特性，揭示自然循环铅基快堆的固有安全性能。

4.5.1 无保护超功率事故

超功率事故（TOP）是指向堆内突然引入一个意外的反应性，导致反应堆功率急剧上升而引发的事故。该事故如果发生在反应堆启动时，将可能导致堆芯出现瞬发临界，从而使反应堆有失控的风险；如果发生在功率运行工况下时，将导致堆芯过热，从而导致燃料元件出现大范围或局部破损[14]。导致反应性引入的原因很多，在铅基快堆中主要有：控制棒失控抽出、主热交换器换热管破口导致蒸汽通过堆芯和堆芯裂变材料的密集等。在这些可能引入意外反应性的因素中，以控制棒的失控抽出最为典型，因此将重点研究自然循环铅基快堆功率运行时控制棒失控抽出引发的无保护超功率事故。

（1）瞬态条件

初始工况：反应堆100%额定功率运行，100%流量，堆芯入口温度约400 ℃，出口温度约480 ℃，平衡态初期（BOC）。

假设：在500 s时，一组在BOC时拥有最大价值的控制棒不可控抽出，控制棒的行程为450 mm，以最大移动速度30 mm/s提升，从而在15 s内向堆芯引入0.7$（264.6 pcm）的反应性。在此过程中，反应堆保护系统失效，反应堆不采取任何停堆保护措施。

（2）计算结果

图4-5给出了SNCLFR－100发生UTOP事故后堆芯功率随时间的变化规律，图4-6所示为SNCLFR－100发生UTOP事故后堆芯总反应性随时间的变化情况。由图4-5和图4-6可知，当UTOP事故发生后，SNCLFR－100的堆芯功率迅速上升，反应堆的功率出现了两个峰值：第一个峰值出现在控制棒完全抽出的时刻，即515 s，此时堆芯总反应性也达到峰值，堆芯的功率约为额定功率的3.85倍；第二个峰值出现在552 s，此时堆芯功率约为额定功率的3.45倍。UTOP事故发生后，SNCLFR－100的堆芯功率出现两个峰值的原因是：在UTOP事故刚发生的时候，瞬发中子迅速变化，而缓发中子变化速率相对较慢，当控制棒完全抽出后，堆芯总反应性达到峰值，瞬发中子也达到了最大值，此时堆芯功率出现了第一个峰值；随后在堆芯各种负反馈的影响下，堆芯的总反应性开始下降，瞬发中子也随之减小，堆芯功率逐渐下降，但是由于堆芯裂变产生大量的缓发中子先驱核，导致缓发中子逐渐累积增加，在552 s时缓发中子达到了峰值，由此堆芯出现了第二个功率峰值。UTOP 事故发生 1 000 s 后，堆芯功率开始逐渐稳定下来，到1 200 s后，堆芯功率基本保持不变，为额定功率的1.33倍左右，此时反应堆功率达到了一个新的平衡，反应堆维持在一个相对较高的功率状态下运行。

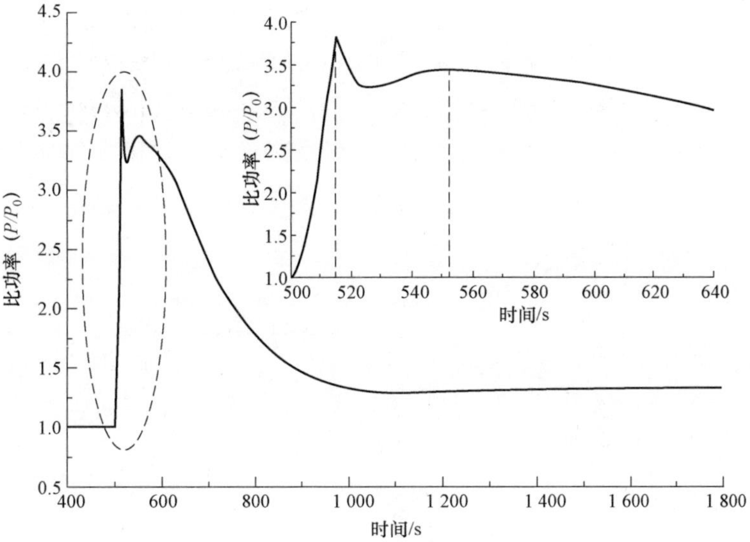

图 4-5 UTOP 事故时堆芯功率随时间变化曲线（0.7$）

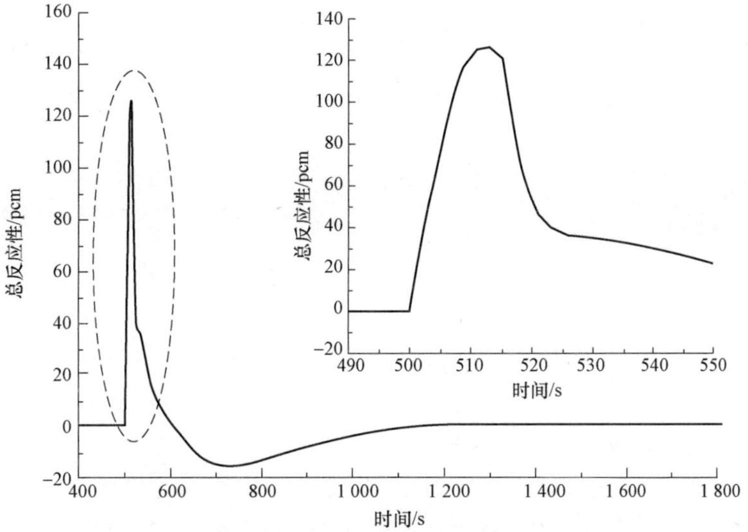

图 4-6 UTOP 事故时堆芯总反应性随时间变化曲线（0.7$）

图 4-7 给出了 SNCLFR−100 发生 UTOP 事故后堆芯各反应性随时间的变化规律。由图 4-7 可看出，当 UTOP 事故发生后，堆芯内所有的反馈反应性均为负值，其中多普勒反馈起到了主导作用，所引入的负反应性绝对值最大，其是铅基快堆中重要的反馈因子，对铅基快堆的 UTOP 事故安全起到至关重要的作用。UTOP 事故发生时，堆芯在 15 s 内引入了 0.7$的反应性，但是由于堆芯内各负反馈的瞬间作用，堆芯的总反应性并没有达到 0.7$，最大值约为 0.334$。

图 4-8 给出了 SNCLFR−100 发生 UTOP 事故后堆芯总流量随时间的变化规律。由图 4-8 可知，当 UTOP 事故发生后，随着堆芯功率的迅速上升，SNCLFR−100 的自然

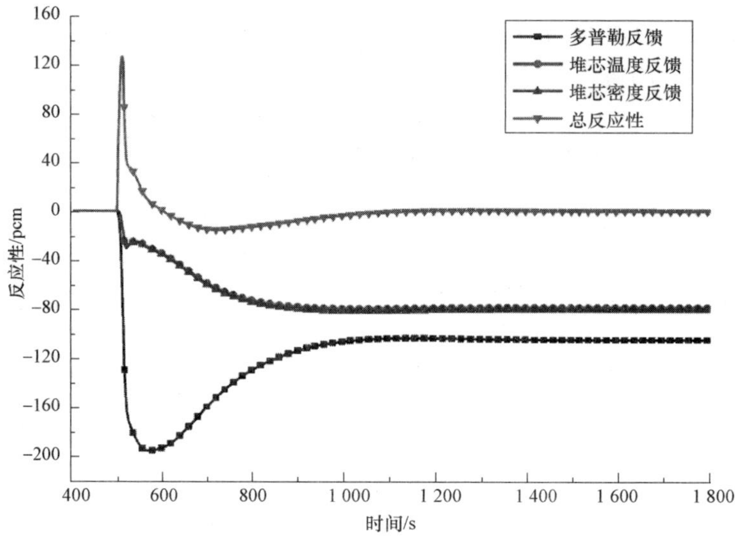

图 4-7　UTOP 事故时堆芯各个反应性随时间变化曲线（0.7$）

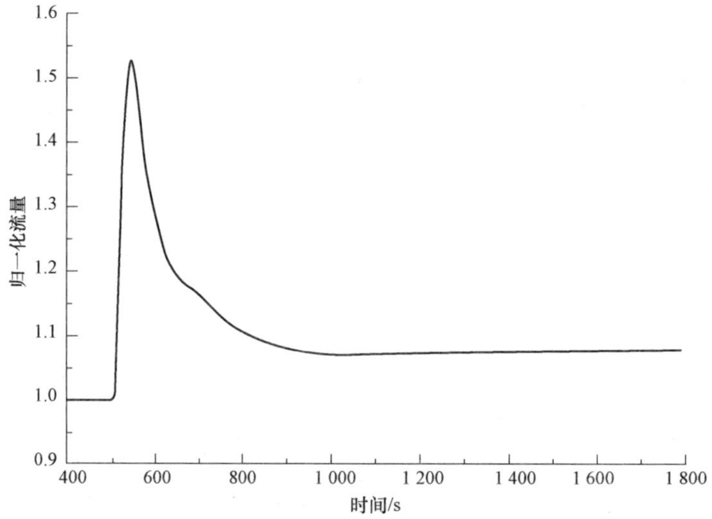

图 4-8　UTOP 事故时堆芯总流量随时间变化曲线（0.7$）

循环能力迅速增大，导致堆芯总流量也随之迅速升高，并在 548 s 左右达到峰值，堆芯峰值流量约为额定流量的 1.53 倍左右。随后随着堆芯功率不断衰减并最终趋于稳定，堆芯的流量也逐渐稳定下来，并在 1 200 s 时基本保持不变，稳定后的流量为额定流量的 1.07 倍左右。对比图 4-5 的功率变化曲线可发现，UTOP 事故发生后，堆芯功率和堆芯流量都迅速增大，但是两者的变化幅度并不相同，事故后堆芯功率的变化幅度远大于堆芯流量的变化幅度，同时当堆芯功率和堆芯流量趋于稳定后，稳定的堆芯功率因子也大于堆芯流量因子。同时注意到，与强迫循环反应堆发生 UTOP 事故后堆芯功率基本保持不变所不同的是，自然循环反应堆发生 UTOP 事故后，堆芯的功率会随着功率的增大而升高，堆芯的输热能力因此得到了增强，这实质上对 UTOP 事故起到了一定程度的缓解作用，可有效遏制 UTOP 事故后果。这种现象属于自然循环反应堆所特有的，体现了自然循环反应堆的良好固有安全特性。

图 4-9 给出了 SNCLFR－100 发生 UTOP 事故后堆芯和热交换器进出口温度随时间变化规律。由图 4-9 可知，在 UTOP 事故发生后，二回路冷却水的流量和进口温度保持不变，由此在堆芯功率增加后，SNCLFR－100 的整体冷却能力不足，这导致事故发生后堆芯出口的温度迅速升高，并在 533 s 时达到第一个峰值，约为 584 ℃；随后在堆芯功率从第一较大峰值向第二个较低峰值过渡期间，堆芯出口温度出现了小幅度下降，但在堆芯功率增大幅度远大于堆芯流量升高幅度这一现象的作用下，堆芯出口温度随即继续上升；在 1 000 s 时堆芯出口温度逐渐趋于稳定，并在 1 200 s 左右基本保持不变，为 650.3 ℃。由于事故发生后堆芯整体冷却能力的不足，热交换器出口温度在事故后 100 s 内迅速上升了 99 ℃，随后上升速度减缓，并最终于 1 200 s 时稳定在 549.8 ℃左右。主热交换器出口温度的上升导致堆芯进口的温度也随之不断增大，堆芯入口的温度在事故后的 1 200 s 时达到稳定，和主热交换器出口温度基本相等。对比事故后堆芯进出口的温升，发现堆芯出口温升幅度较大，为 170.3 ℃左右，而堆芯进口温升幅度相对较小，为 149.8 ℃左右，这同样主要是由 UTOP 事故后流量上升幅度远低于功率增大幅度这一现象所导致的。

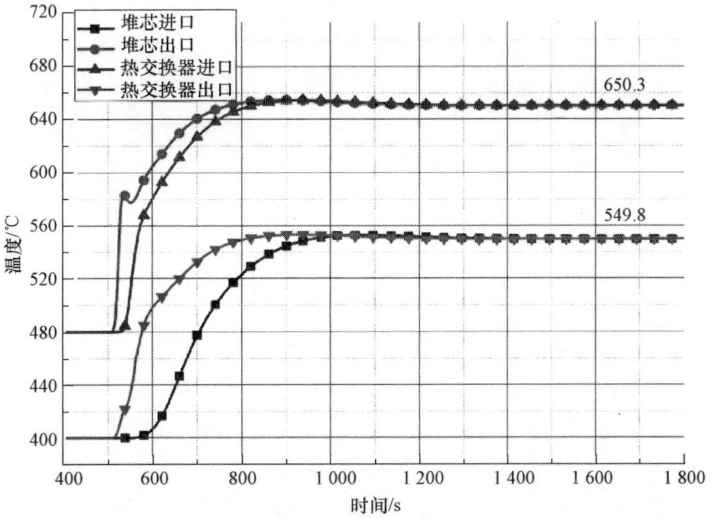

图 4-9　UTOP 事故时堆芯和主热交换器进出口随时间变化曲线（0.7$）

对比图 4-9 中堆芯出口、主热交换器进口、主热交换器出口和堆芯入口的温度值，发现堆芯出口温度在事故发生后的 4 s 左右开始迅速上升，而主热交换器进口、主热交换器出口和堆芯入口温度迅速上升分别发生在事故后的 14 s、15 s 和 28 s 左右。同时注意到堆芯出口温度上升速率明显高于主热交换器进口温度上升速率，主热交换器出口温度上升速率也明显大于堆芯进口温度升高速率。出现这些现象的主要原因是 SNCLFR－100 的上下腔室均为较大的冷却剂池，事故后堆芯出口和主热交换器出口相对较热的冷却剂需分别于上、下腔室中相对较冷的冷却剂充分混合后，再分别进入主热交换器进口和堆芯进口，上、下腔室内存在的大量冷却剂对反应堆整个一回路冷却系统温度的上升起到了一定的缓冲作用。由此可看出上、下腔室的池式结构设计使SNCLFR－100具有良好的热惰性，这对UTOP事故后果能起到一定的遏制作用。

图4-10给出了SNCLFR－100发生UTOP事故后堆芯各通道燃料芯块中心最高温度、包壳最高温度和冷却剂出口温度随时间的变化规律。由图 4-10（a）可看出，当 UTOP事故发生后，堆芯各平均通道、各最热通道最热棒的燃料芯块中心最高温度均迅速上升，且最高温度的峰值均出现在第二个功率峰值附近。各平均通道的燃料芯块中心最高温度约为 1 613.22 ℃，出现在中部燃料区；各热通道最热棒的燃料芯块中心最高温度约为2 063.15 ℃，出现在外部燃料区。随后随着堆芯功率的下降，各通道燃料芯块中心最高温度也相应衰减，在 1 000 s 左右逐渐进入稳态，并于 1 200 s 左右开始基本不再发生变化，此时堆芯各平均通道芯块中心最高温度约为986.91 ℃，各热通道最热棒芯块中心最高温度约为1 137.00 ℃。

由图 4-10（b）可以看出，各通道的包壳最高温度与堆芯功率变化相对应，第一个温度峰值出现在第一个功率峰值附近，第二个温度峰值出现在第二个功率峰值附近，且第二个温度峰值大于第一个温度峰值。整个UTOP事故过程中，堆芯各平均通道的包壳最高温度约为 675.79 ℃，出现在中部燃料区；各热通道最热棒的包壳最高温度约为719.02 ℃，出现在外部燃料区。随后随着堆芯功率的下降，各通道包壳最高温度也相应降低，在 1 000 s 左右逐渐进入稳态，并在 1 200 s 左右开始基本保持不变，此时堆芯各平均通道包壳最高温度约为667.67 ℃，各热通道最热棒包壳最高温度约为697.73 ℃。

由图 4-10（c）可以看出，各通道冷却剂出口温度与堆芯功率变化相对应，第一个温度峰值出现在第一个功率峰值附近，第二个温度峰值出现在第二个功率峰值附近，且第二个温度峰值大于第一个温度峰值。在整个UTOP事故过程中，堆芯各平均通道冷却剂出口最高温度约为 656.3 ℃，出现在中部燃料区；各热通道冷却剂出口最高温度约为686 ℃，出现在外部燃料区。随后随着堆芯功率的下降，各通道冷却剂出口温度也相应降低，在 1 000 s 左右逐渐进入稳态，并在 1 200 s 左右开始基本保持不变，此时堆芯各平均通道冷却剂出口温度约为652.08 ℃，各热通道冷却剂出口温度约为677.38 ℃。

由上可见，在SNCLFR－100发生UTOP事故后，堆芯燃料芯块最高温度低于最高温度限值 2 300 ℃，堆芯燃料不会发生熔化；包壳最高温度峰值和稳定值长期保持在800 ℃以下，也是安全的；堆芯各冷却剂通道和堆芯出口冷却剂温度远低于液态铅的沸点 1 750 ℃，堆内冷却剂不会出现沸腾现象。

（3）事故小结

根据上述分析结果，SNCLFR－100整个UTOP事故的发展过程总结如下：当堆内拥有最大价值的一组控制棒失控抽出后，由于外部反应性的引入，堆芯功率急剧上升，随后燃料芯块、包壳和堆芯各通道冷却剂的温度依次迅速增大；堆芯功率的上升导致堆自然循环能力增强，通过堆芯的冷却剂流量也得以快速升高；由于事故中假定不采取任何保护措施，二回路给水的流量和温度保持不变，由此主热交换器二次侧缩带走的热量低

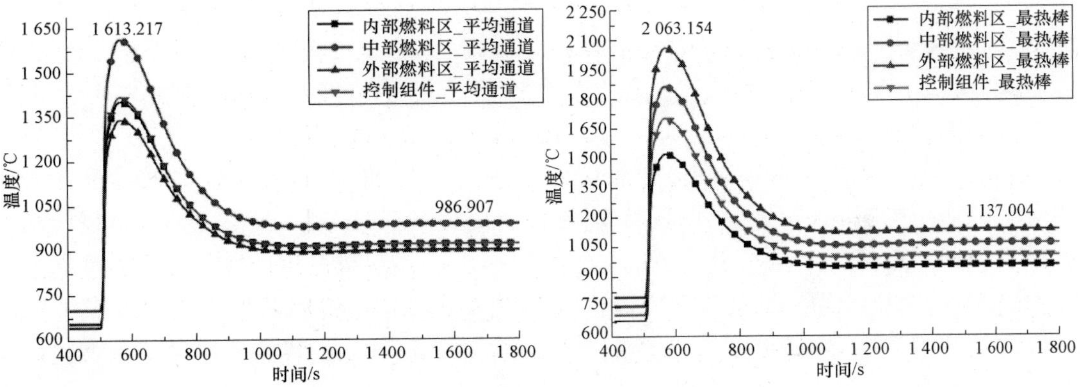

(a) 堆芯各平均通道、热通道最热棒的燃料芯块中心最高温度随时间变化曲线

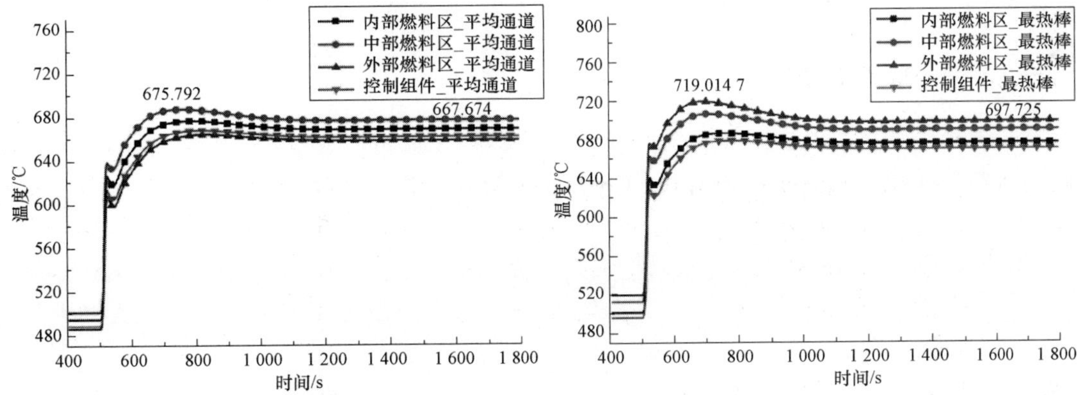

(b) 堆芯各平均通道、热通道最热棒的包壳最高温度随时间变化曲线

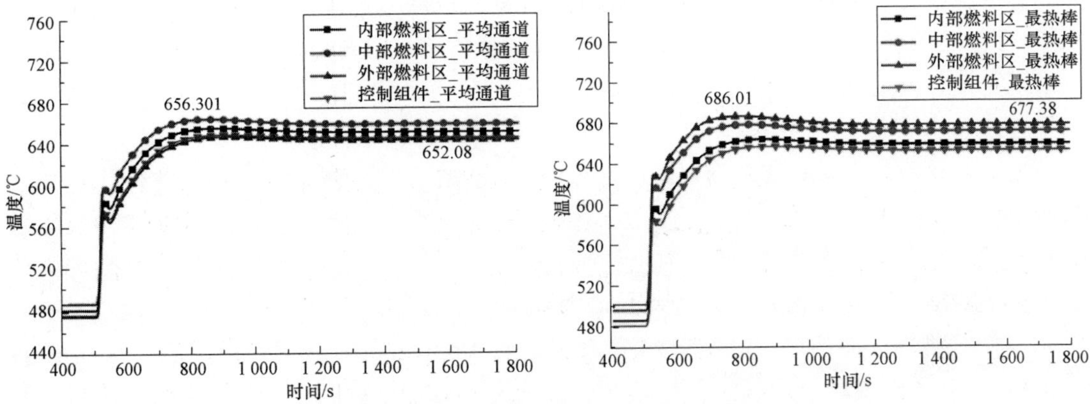

(c) 堆芯各平均通道、热通道冷却剂出口温度随时间变化曲线

图 4-10 UTOP 事故时堆芯各通道温度随时间变化曲线（0.7$）

于一回路主冷却系统所产生的热量，整个反应堆的冷却能力不足导致堆芯进口温度上升，进而进一步加剧了堆芯出口温度的提升；堆内燃料芯块、包壳和冷却剂温度变化的同时，也引发了堆芯的各类负反馈的作用，使反应堆堆芯功率逐渐稳定下来，最终使反应堆最终在一个功率水平更高的平衡状态下运行。在整个 UTOP 事故过程中，堆芯燃料芯块的最高温度峰值约为 2 063 ℃，低于燃料的安全温度限值 2 300 ℃，堆内不会发生燃料熔化现象；包壳的最高温度峰值约为 719 ℃，低于 800 ℃，并最后均稳定在 700 ℃以下，此后包壳将长期运行在较高温度下，运行条件比较苛刻，虽然能够保持反应堆的安全性，但反应堆的安全裕量较小；包壳不会出现破损现象；堆内冷却剂的温度峰值约为 686 ℃，远低于液态铅的沸点 2 300 ℃，堆内不会出现冷却剂沸腾。

上述结果表明 SNCLFR－100 在发生 UTOP 事故后，反应堆堆内不会出现燃料熔化和冷却剂沸腾现象，但是包壳将长期处于较高温度下运行，反应堆安全裕量较小，需要采取相应的干预措施降低反应堆一回路主冷却系统的运行温度，防止包壳破损现象发生。

4.5.2 无保护失热阱事故

失热阱事故（LOHS）是指反应堆热传输系统发生故障，堆内热量无法及时排出导致反应堆一回路主冷却剂系统整体温度持续升高的事故[14]。二回路给水泵卡轴、主给水管断裂、主蒸汽管断裂和全厂断电等因素都有可能导致失热阱事故的发生。由于 SNCLFR－100 一回路主冷却系统采用全自然循环，因此二回路失热阱事故的发生将会直接导致反应堆自然循环能力下降，间接引发反应堆一回路主冷却系统的失流事故。

（1）瞬态条件

初始工况：反应堆 100%额定功率运行，100%流量，堆芯入口温度约 400 ℃，出口温度约 480 ℃，平衡态初期（BOC）。

假设：在 500 s 时，所有二回路给水泵出现故障，导致二回路给水流量迅速减小，505 s 时衰减为额定流量的一半，546 s 时给水流量将降为 0 kg/s。在此过程中，反应堆保护系统失效，反应堆不采取任何停堆保护措施。

（2）计算结果

图 4-11 给出了 SNCLFR－100 发生 ULOHS 事故后堆芯总流量随时间的变化规律。ULOHS 事故发生后，由于二回路给水流量的迅速降低，主热交换器的冷却能力也随之快速下降，通过主热交换器一次侧的液态铅温度相应迅速升高，密度也相应减小，由此破坏了反应堆一回路主冷却系统原有的自然循环状态。由图 4-11 可知，当 ULOHS 事故发生后，一回路主冷却系统的流量迅速降低，至 1 600 s 左右时达到最低值；在 1 600 s 至 2 800 s 的区间内，出现了流量缓慢上升现象，至 2 800 s 左右达到稳定值，此时一回路主冷却系统的流量约为额定流量的 16.2%。由此可看出，与强迫循环反应堆在 ULOHS 事故发生后堆芯流量保持不变所不同的是，自然循环反应堆 ULOHS 事故的发生间接引发了堆芯的冷却剂失流，这将导致通过堆芯的冷却剂温度上升，从而引起包壳温度的升高，这对于自然循环反应堆 ULOHS 事故的处理是不利的。

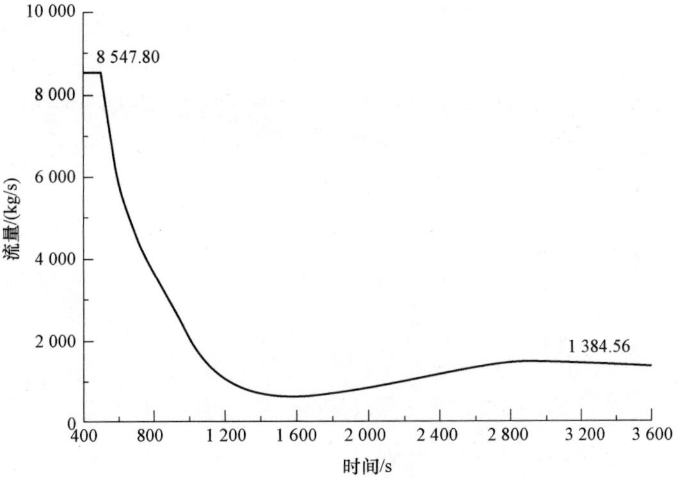

图 4-11 ULOHS 事故时堆芯总流量随时间变化曲线

图 4-12 给出了 SNCLFR－100 发生 ULOHS 事故后堆芯功率随时间的变化规律。由图 4-12 知，ULOHS 事故发生后，堆芯功率衰变很快，事故发生后的 400 s 内，堆芯功率下降至 18 MW 左右，即反应堆在堆芯各中负反馈的作用下实现了自动停堆；在事故后 1 800 s 左右，反应堆的裂变功率几乎将为 0 MW，此时反应堆的总功率几乎全部来自衰变余热。

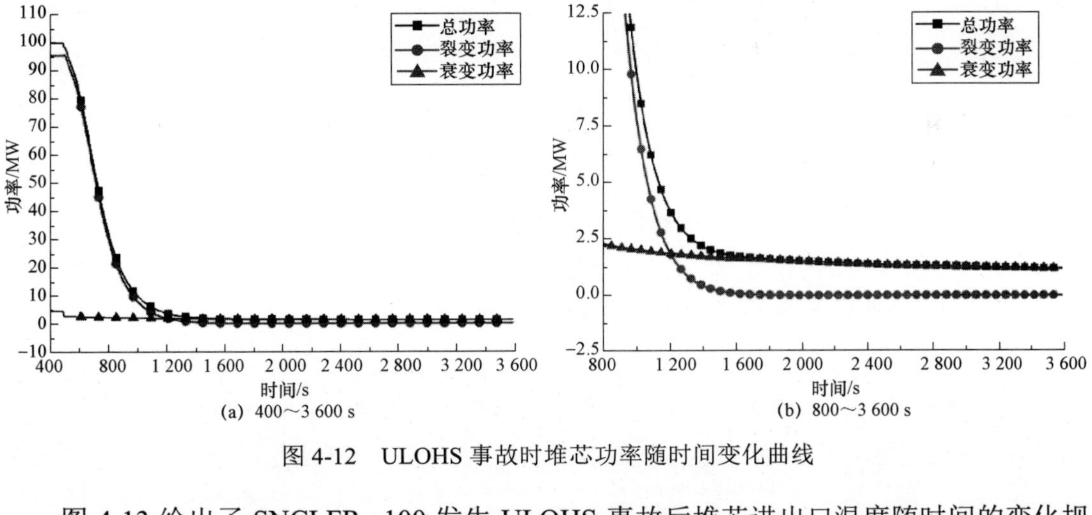

图 4-12 ULOHS 事故时堆芯功率随时间变化曲线

图 4-13 给出了 SNCLFR－100 发生 ULOHS 事故后堆芯进出口温度随时间的变化规律，图 4-14 给出了 SNCLFR－100 发生 ULOHS 事故后堆芯归一化功率和流量随时间的变化情况。由图 4-13 和图 4-14 可知，当 ULOHS 事故发生后，堆芯流量的降低速度明显大于堆芯功率的衰减速度，这导致堆芯出口温度迅速升高；随后虽然堆芯流量的降低速率开始小于堆芯功率的衰减速率，但随着二回路流量的降低，堆芯入口冷却剂的温度也随即大幅度升高，这使堆芯出口的温度依然维持持续上升势头，并在 800 s 时开始逐渐稳定下来，同时保持较小的温升速率。

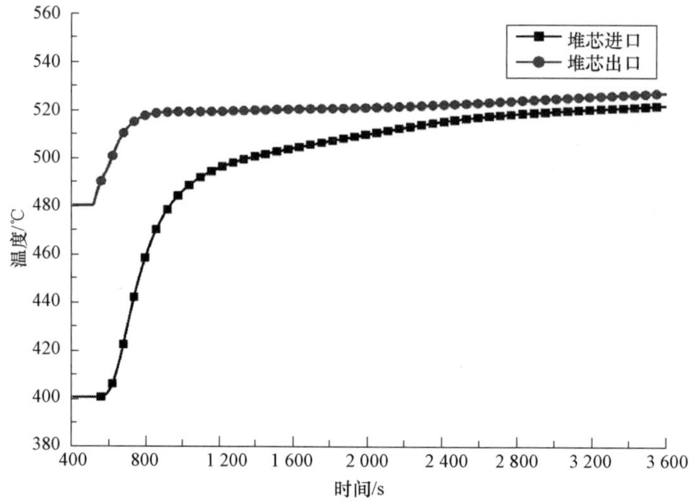

图 4-13 ULOHS 事故时堆芯进出口温度随时间变化曲线

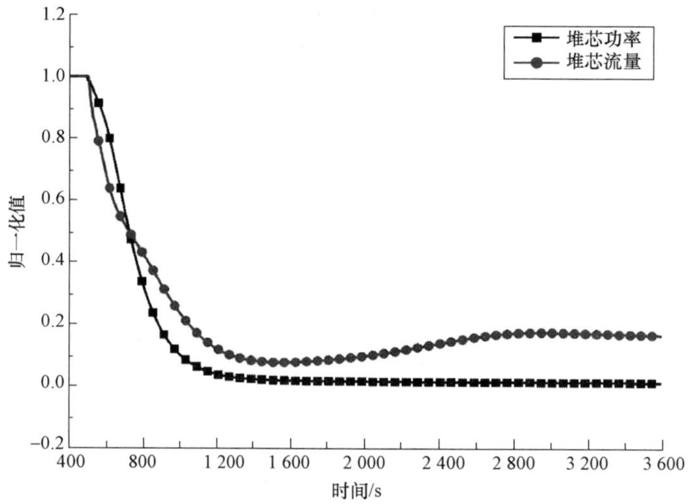

图 4-14 ULOHS 事故时堆芯归一化功率和流量随时间变化曲线

图 4-15 给出了 SNCLFR−100 发生 ULOHS 事故后堆芯归一化功率和堆芯进出口温差随时间的变化规律。由图 4-15 可知，当 ULOHS 事故发生后，由于堆芯流量的降低速率明显大于堆芯功率的衰减速率，导致堆芯进出口温差先迅速增大；由于堆芯功率的不断降低和堆芯进口温度随后的急剧升高，堆芯进出口温差从峰值开始不断下降。值得注意的是在 1 600 s 到 2 800 s 这一区间内，堆芯的总功率的变化微乎其微，而此时堆芯进出口温差却下降了近 10 ℃，同时由于堆芯的整体温度在不断上升，由此堆芯的定压比热容也随之不断减小，这就导致堆芯在这一时间区间内出现了如图 4-11 所示的冷却剂总流量上升现象。

图 4-16 给出了 SNCLFR−100 发生 ULOHS 事故后堆芯各通道的燃料芯块中心最高温度、包壳最高温度和出口冷却剂温度随时间变化规律。由图 4-16 可知，ULOHS 事故

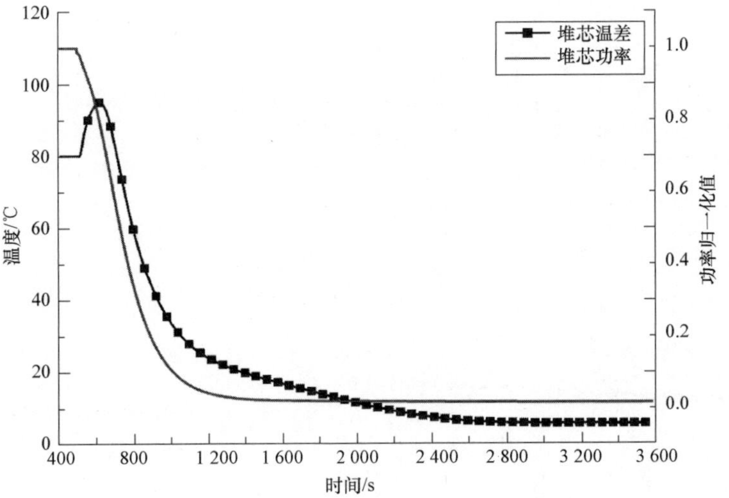

图 4-15　ULOHS 事故时堆芯归一化功率和堆芯进出口温差随时间变化曲线

发生后，堆芯各通道的燃料芯块中心最高温度迅速降低，并于 1 200 s 左右开始逐渐进入稳态。各通道包壳外表面的最高温度均首先出现一个峰值，其中各平均通道包壳最高温度的最大峰值约为 527.31 ℃，各热通道最热棒包壳最高温度的最大峰值约为 538.48 ℃，这主要是由事故初期堆芯流量下降速率大于堆芯功率衰减速率所导致的；随后各通道包壳最高温度降低并逐渐进入稳态，且保持小幅度上升势头。各通道冷却剂出口温度和包壳最高温度具有相似的变化趋势，仅第一个峰值处，各通道冷却剂出口温度差异相对各通道包壳最高温度差异要小。

对比各通道燃料芯块中心最高温度、包壳最高温度和冷却剂出口温度可发现，随着 ULOHS 事故的发展，堆芯内燃料、包壳和冷却剂之间的温差越来越小，燃料、包壳和冷却剂的温度分布越来越均匀，这主要是由于堆芯功率持续降低，同时反应堆一回路主冷却系统重新达到一个相对稳定的自然循环状态所引起的。同时注意到，在整个 ULOHS 事故中，燃料芯块的温度远低于设计限值 2 300 ℃，各通道的冷却剂温度也远低于液态铅的沸点，同时包壳最高温度一直在 600 ℃以下，反应堆具有较为充足的安全裕量。

图 4-17 给出了 SNCLFR－100 发生 ULOHS 事故后堆芯各反应性随时间的变化规律。由图 4-17 可知，当 ULOHS 事故发生后，反应堆的总反应性迅速下降，其中堆芯各通道冷却剂温度的持续上升，使冷却剂温度和密度反馈为负值；堆芯燃料温度随堆芯功率的衰减而不断下降，使多普勒反馈为正值。同时注意到，冷却剂温度和密度反馈的绝对值大于多普勒反馈的相应值，这说明在 ULOHS 事故中冷却剂温度和密度反馈起主导作用。

（3）事故小结

根据上述分析结果，SNCLFR－100 整个 ULOHS 事故的发展过程总结如下：当 ULOHS 事故发生后，由于二回路给水迅速降低，反应堆一回路主冷却系统整体冷却能力不足，主热交换器一次侧的冷却剂温度迅速升高，导致一回路主冷却系统的自然循环

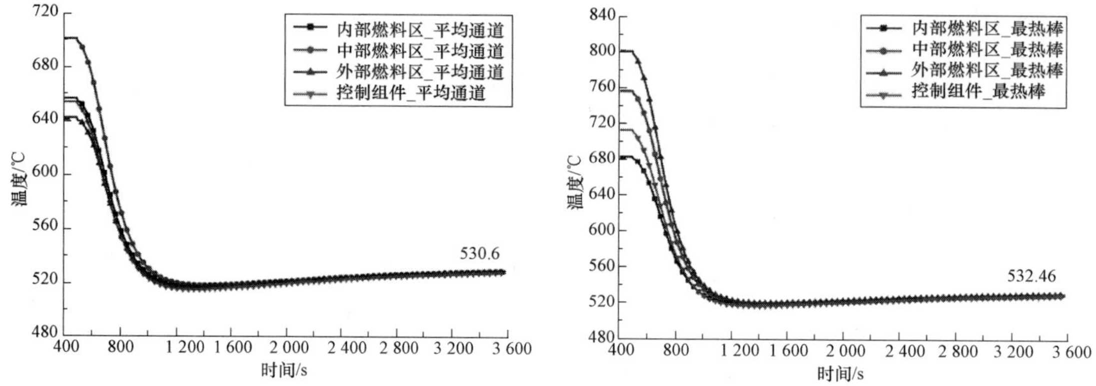

(a) 堆芯各平均通道、热通道最热棒的燃料芯块中心最高温度随时间变化曲线

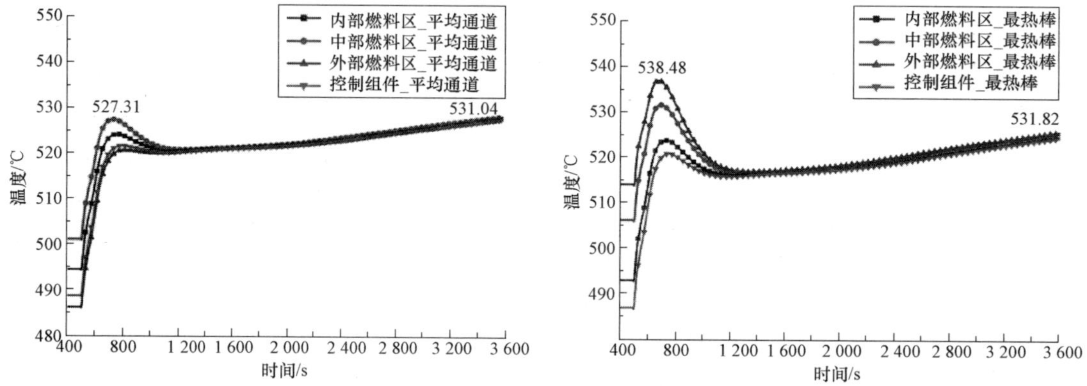

(b) 堆芯各平均通道、热通道最热棒的包壳最高温度随时间变化曲线

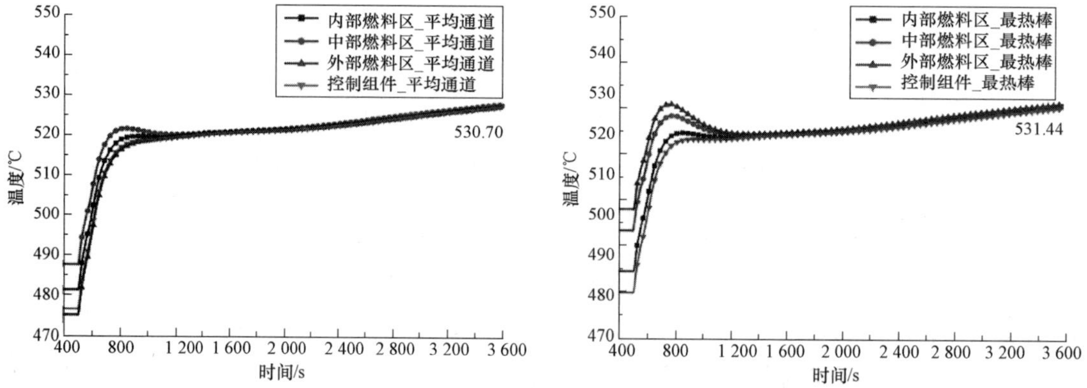

(c) 堆芯各平均通道、热通道冷却剂出口温度随时间变化曲线

图 4-16 ULOHS 事故时堆芯各通道温度随时间变化曲线

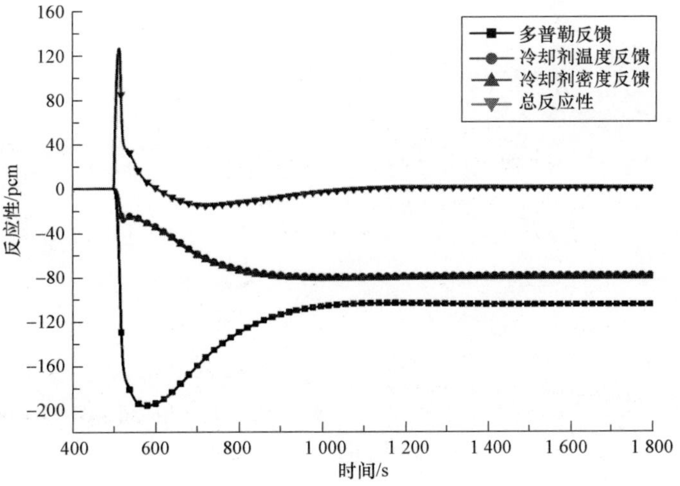

图 4-17　ULOHS 事故时堆芯各反应性随时间变化曲线

能力迅速下降，系统的冷却流量持续减小；与此同时，堆芯入口冷却剂温度迅速升高，导致堆芯内冷却剂、包壳等材料温度持续上升，在堆芯内各负反馈的作用下，堆芯的功率开始快速下降，实现了自动停堆，同时堆芯各通道燃料芯块的温度也随功率的衰减而迅速降低。由于事故初期堆芯流量的下降速率大于堆芯功率的衰减速率，堆芯出口的冷却剂温度快速升高；经过一段时间后，随着堆芯功率的减低，堆芯各通道的包壳最高温度和冷却剂出口温度开始降低，随后在堆芯余热的作用下，堆芯各材料的温度逐渐进入稳态并缓慢升高，堆芯内燃料、包壳和冷却剂之间的温差越来越小，燃料、包壳和冷却剂的温度分布越来越均匀。在整个 ULOHS 事故过程中，燃料芯块最高温度远低于设计限值，堆内冷却剂最高温度远低于液态铅沸点，同时包壳最高温度始终维持在 600 ℃以下，燃料和包壳都能保持完整性，反应堆具有较大的安全裕量。与此同时，我们也注意到，在 ULOHS 事故进入稳态后，堆芯各材料的温度在堆芯余热的作用下缓慢上升；如果整个事故过程中始终不采取任何措施，堆芯各材料的温度将会持续上升，尤其是包壳温度可能在数小时内超过安全运行限值，这将给堆芯的安全性带来挑战。例如上述 ULOHS 事故中，3 600 s 附近的包壳温升速率大约是 0.23 ℃/min，假定其他因素保持不变，堆芯包壳最高温度将会在 8.6 h 后达到 650 ℃，在 19.5 h 后超过 800 ℃，并在 63 h 左右达到包壳熔点温度 1 400 ℃。

上述结果表明 SNCLFR−100 在发生 ULOHS 事故后，反应堆具有较大的安全裕量，具备数小时的安全响应时间，表现出了良好的固有安全性能，可给反应堆操纵员留有较为充足的事故处理时间。

4.5.3　无保护超功率叠加失热阱事故

作为 SNCLFR−100 可以设想的最为严重的事故，无保护超功率和无保护失热阱的叠加事故（UTOP+ULOHS）是一项需要着重考虑的工况[14]，该工况主要用于研究自然循环铅基快堆在同时发生多种事故的情况下所表现出来的安全特性。

（1）瞬态条件

初始工况：反应堆 100%额定功率运行，100%流量，堆芯入口温度约 400 ℃，出口温度约 480 ℃，平衡态初期（BOC）。

假设：在 500 s 时，一组在 BOC 时拥有最大价值的控制棒不可控抽出，控制棒的行程为 450 mm，以最大移动速度 30 mm/s 提升，从而在 15 s 内向堆芯引入 0.7$（264.6 pcm）的反应性。同时所有二回路给水泵出现故障，导致二回路给水流量迅速减小，505 s 时衰减为额定流量的一半，546 s 时给水流量将降为 0 kg/s。在此过程中，反应堆保护系统失效，反应堆不采取任何停堆保护措施。

（2）计算结果

图 4-18 给出了 SNCLFR－100 在发生 UTOP 和 ULOHS 叠加事故后堆芯功率随时间的变化规律。由图 4-18 可知，SNCLFR－100 发生叠加事故后，堆芯的功率在初始的数百秒内与 UTOP 事故的功率变化相似，事故发生后堆芯功率迅速增大，在控制棒完全抽出时即 515 s 达到第一个峰值，堆芯功率约为额定功率的 3.75 倍，低于 UTOP 事故时的第一个功率峰值；第二个峰值出现在同样出现在 552 s 左右，约为额定功率的 3.37 倍，同样低于 UOTP 事故时的第二个功率峰值。此后叠加事故的功率变化与 ULOHS 事故中堆芯功率变化相似，堆芯功率迅速下降，最终在堆芯各负反馈的作用下实现了自动停堆，由图 4-18（b）可看出叠加事故自动停堆时间比 ULOHS 事故稍晚数百秒。

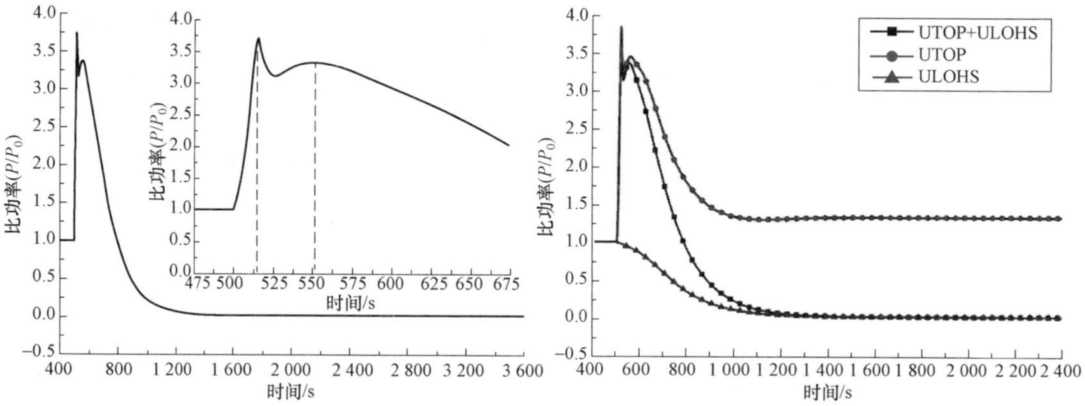

(a) 叠加事故工况下堆芯功率变化情况　　(b) 叠加事故/UTOP/ULOHS堆芯功率对比图

图 4-18　UTOP、ULOHS 及两者叠加事故下堆芯功率随时间变化曲线

图 4-19 给出了 SNCLFR－100 在发生 UTOP 和 ULOHS 叠加事故后堆芯流量随时间的变化规律，同时给出了与独立事故的对比情况。由图 4-19 可知，当叠加事故发生后，堆芯的流量在初始近百秒内与 UTOP 事故的流量变化相似，由于堆芯功率上升，反应堆自然循环能力增大，通过堆芯的流量迅速增大，并在 548 s 左右达到峰值，其为额定功率的 1.44 倍左右，低于 UTOP 事故时的堆芯流量峰值。此后叠加事故的流量变化与 ULOHS 事故中堆芯流量变化相似，堆芯流量迅速下降，但叠加事故的流量衰减速率更大，最终其和 ULOHS 事故一样稳定在额定流量的 16.2%左右，由图 4-19 还可看出叠加

事故的流量最终稳定时间要比 ULOHS 事故晚 400 s 左右。

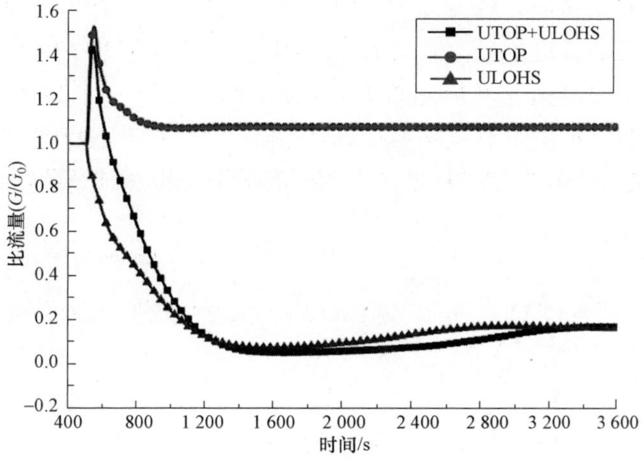

图 4-19　UTOP、ULOHS 及两者叠加事故下堆芯流量随时间变化曲线

图 4-20 给出了 SNCLFR−100 在发生 UTOP 和 ULOHS 叠加事故后堆芯进出口温度随时间的变化规律，同时给出了与独立事故的对比情况。由图 4-20 可看出，当叠加事故发生后，堆芯进出口温度在初始阶段与 UTOP 事故的堆芯进出口温度变化相似，随着堆芯功率的增大堆芯进出口温度迅速上升。此后叠加事故的堆芯进出口温度变化与 ULOHS 事故中堆芯进出口温度变化相似，随着堆芯功率的衰减，堆芯进出口温度逐渐稳定并缓慢上升。同时注意到叠加事故初期堆芯进出口温度增长速率最大，且进入稳态后的温度也比 UTOP 事故和 ULOHS 事故下堆芯进出口温度要高。

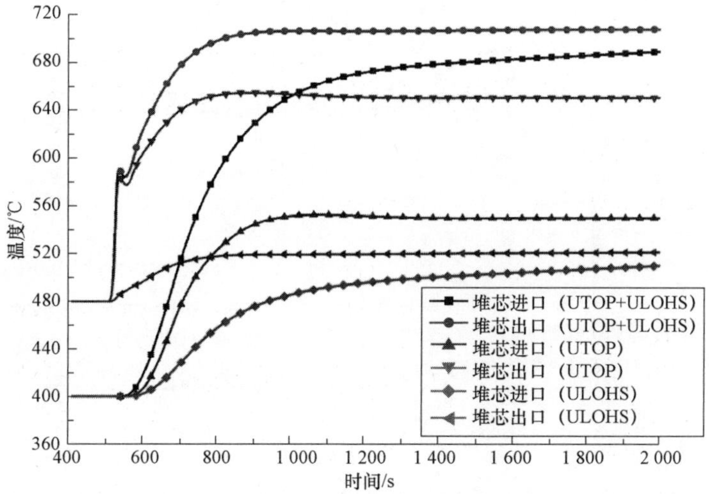

图 4-20　叠加事故与 UTOP、ULOHS 事故堆芯进出口温度变化对比图

图 4-21～图 4-23 分别给出了 SNCLFR－100 发生 UTOP 和 ULOHS 叠加事故后堆芯最热通道最热燃料芯块中心、包壳最高温度和冷却剂最高温度的变化规律，同时分别给出了与独立事故的对比情况。由图 4-21 可知，在叠加事故的初期，由于堆芯功率的迅速升高，芯块中心的最高温度也随之迅速增大，峰值温度约为 2 022.44 ℃，低于 UTOP 事故下芯块中心最高温度峰值。此后随着堆芯功率的降低，和 UTOP 事故和 ULOHS 事故一样，叠加事故下燃料芯块中心最高温度在 1 200 s 后逐渐进入稳态，在 2 000 s 左右时，达到 705.24 ℃左右，远低于 UTOP 事故下最热棒燃料芯块中心最高温度的对应值。

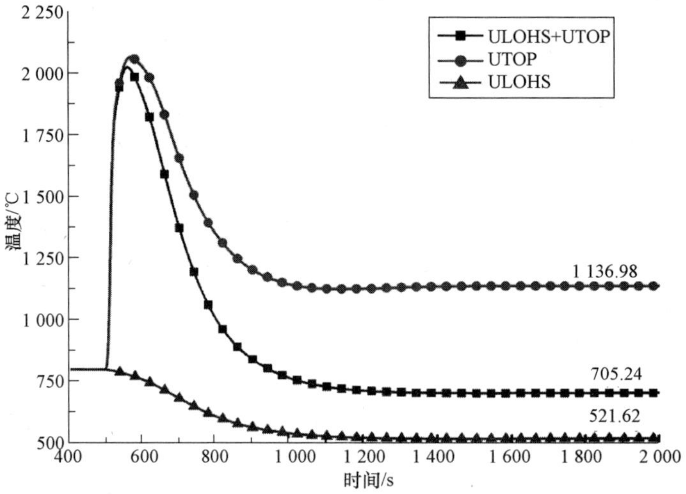

图 4-21　叠加事故与 UTOP、ULOHS 事故下最热通道最热棒燃料芯块中心最高温度对比图

由图 4-22 可知，在叠加事故初期，由于堆芯功率的迅速增大和堆芯入口温度的快速升高，最热棒的包壳最高温度迅速上升，并于 704 s 左右达到峰值温度 740.1 ℃，高于

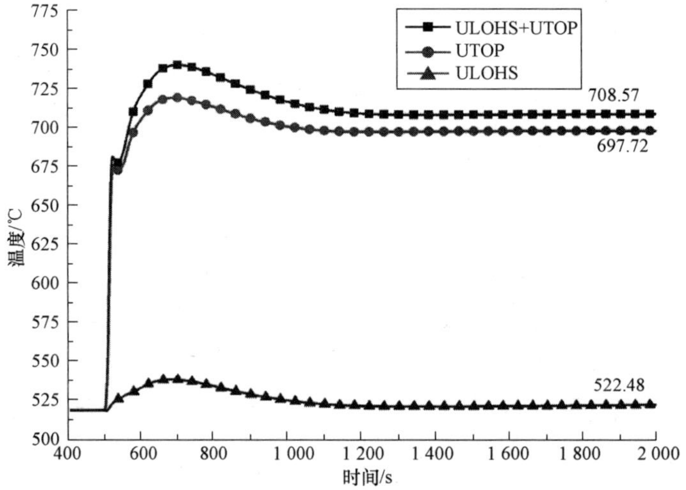

图 4-22　叠加事故与 UTOP、ULOHS 事故下最热通道最热棒燃料包壳最高温度对比图

UTOP 的事故下最热棒的包壳最高温度峰值。此后随着堆芯功率的衰减，最热棒的包壳最高温度也逐渐稳定下来，且最终稳定值大于 UTOP 事故下最热棒的包壳最高温度稳定值。

由图 4-23 可知，在叠加事故初期，由于堆芯功率的迅速增大，最热通道冷却剂出口温度和堆芯出口温度具有相似的变化趋势，在事故后的 1 500 s 内，最热通道冷却剂出口温度达到一个峰值，随后逐渐稳定下来，且峰值温度和最终的稳定温度均在 720 ℃以下。与 UTOP 事故和 ULOHS 事故下最热通道冷却剂出口温度相比，叠加事故中最热通道冷却剂出口温度最高，但依然远低于液态铅的沸点。

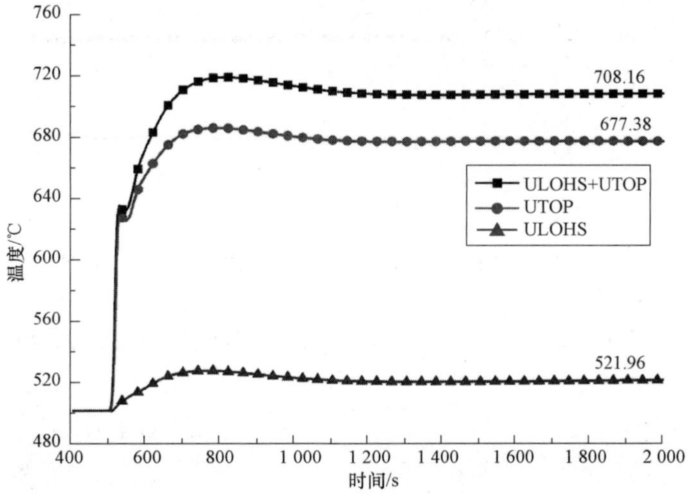

图 4-23 叠加事故与 UTOP、ULOHS 事故下最热通道冷却剂出口温度对比图

对比图 4-21～图 4-23 中最热通道最热棒燃料芯块中心最高温度、包壳最高温度和最热通道冷却剂出口温度可发现，和 ULOHS 事故相似，随着叠加事故的发展，堆芯中燃料芯块、包壳和冷却剂的温差越来越小，堆芯各材料的温度分布将更加均匀。

图 4-24 给出了 SNCLFR－100 在 UTOP 和 ULOHS 叠加事故、UTOP 事故和 ULOHS 事故工况下堆芯冷却剂平均温度的对比情况。图 4-25 给出了 SNCLFR－100 在发生 UTOP 和 ULOHS 叠加事故后堆芯最热通道最热棒温度分布随时间的变化规律（2 000～4 000 s）。虽然上述分析结果表明，叠加事故发生后，堆芯最热棒燃料芯块中心最高温度低于设计限值 2 300 ℃，堆芯不会出现燃料熔化现象，同时包壳的最高温度始终处于 800 ℃以下，但由图 4-24 可知，各事故逐渐进入稳态后，叠加事故下堆芯冷却剂的平均温度要远高于 UTOP 事故和 ULOHS 下的对应温度，同时图 4-25 显示，叠加事故进入稳态后，包壳最高温度依然呈小幅度上升趋势。因此，与 UTOP 事故和 ULOHS 事故相比，随着叠加事故的发展，堆芯内更容易发生大面积的包壳失效现象。叠加时候发生后的 4 000 s 附近，包壳最高温度的温升速率约为 0.24 ℃/min，在假定其他因素保持不变的情

况下，包壳最高温度将在 5.9 h 左右达到 800 ℃，同时将于 47.5 h 左右超过包壳熔点 1 400 ℃。由此可见，相较于 ULOHS 事故，叠加事故下反应堆的安全响应时间要大为缩短。

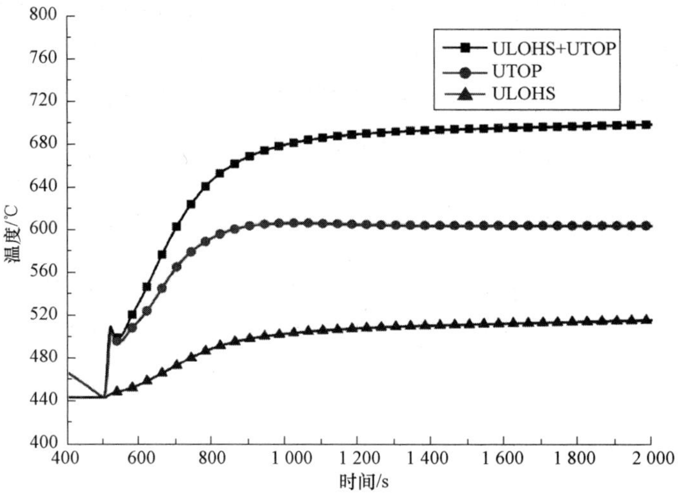

图 4-24　叠加事故与 UTOP、ULOHS 事故下堆芯冷却剂平均温度对比图

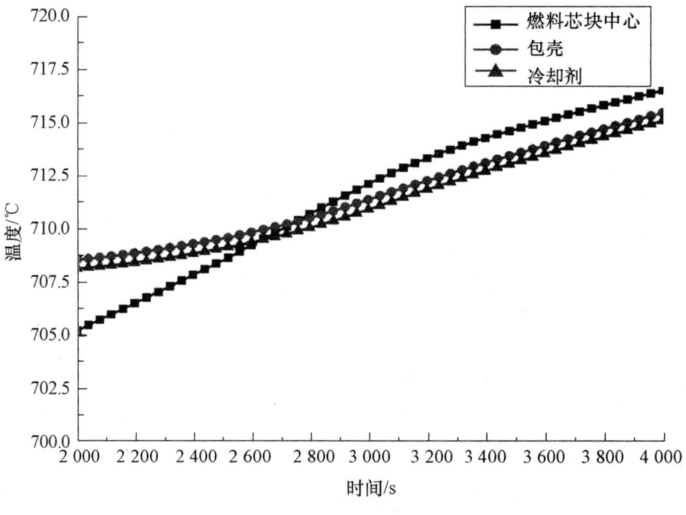

图 4-25　叠加事故下堆芯最热通道最热棒温度分布随时间变化曲线（2 000～4 000 s）

图 4-26 给出了 SNCLFR−100 发生 UTOP 和 ULOHS 叠加事故后堆芯各反应性随时间的变化规律。由图 4-26 可看出，叠加事故过程中，堆芯所有的反馈反应性均为负值。在叠加事故初期，多普勒反馈为反应堆提供了最主要的负反应性；随后随着堆芯功率的下降，多普勒反馈提供的负反应性逐渐回落，此时由堆芯冷却剂温度反馈和冷却剂密度反馈提供最主要的负反应性，其确保了叠加事故发展过程中反应堆实现自动停堆。

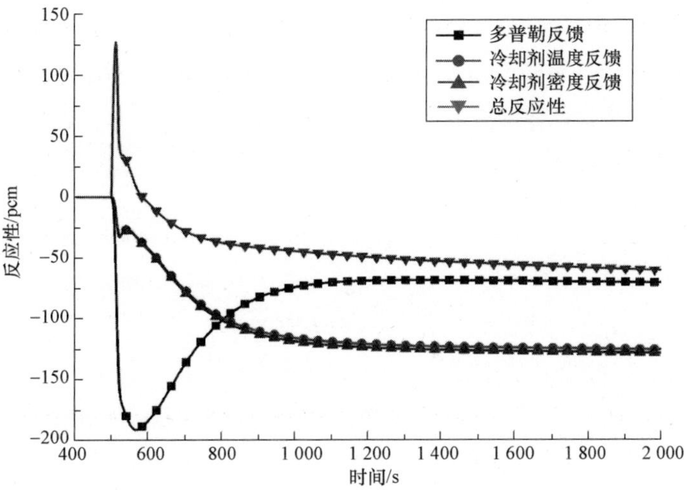

图 4-26　叠加事故下堆芯各反应性随时间变化曲线

（3）事故小结

根据上述分析结果，SNCLFR−100 整个无保护超功率叠加无保护失热阱事故（UTOP+ULOHS）的发展过程总结如下：当叠加事故发生后，由于外部反应性的引入，反应堆堆芯功率迅速上升，一回路主冷却系统的自然循环能力随即增大，通过堆芯的流量也随时快速增大，同时堆芯燃料芯块、包壳和冷却剂的温度也急剧升高；由于二回路给水流量的迅速降低，整个一回路主冷却系统的冷却能力不足，主热交换器一次侧冷却剂的温度在 UTOP 的基础上进一步快速上升，导致整个一回路主冷却系统的自然循环能力快速下降，通过系统的冷却剂流量迅速衰减；同时堆芯入口温度在 UTOP 的基础上进一步快速升高，导致堆芯各材料的温度进一步提升，堆芯各种负反馈开始作用，使堆芯的功率从峰值开始持续下降，燃料芯块温度也随之开始下降，但由于整个一回路主冷却系统冷却能力的缺乏，整个系统内冷却剂的温度依然持续缓慢升高，从而导致堆芯包壳的温度依然维持上升势头；经过一段时间后，在堆芯各种负反馈的作用下反应堆实现了自动停堆，随后燃料芯块、包壳和冷却剂在堆芯余热的作用下逐渐进入稳态，且芯块、包壳和冷却剂的温差逐渐变小，堆芯的温度分布变得越发均匀。

在整个叠加事故中，燃料芯块中心温度没有超过设计限值，堆内冷却剂最高温度没有超过液态铅沸点，同时包壳温度始终维持在 800 ℃下，低于安全限值；但是整个堆芯的安全裕量较小，包壳最高温度很快将超过安全限值，反应堆安全响应时间也低于 ULOHS 事故。以上分析结果说明 SNCLFR−100 在发生叠加事故后，如不及时采取任何有效措施，将无法确保反应堆的安全性。

4.5.4　无保护最热组件局部堵流事故

堵流问题是世界各国铅基快堆设计中都务必考虑的一个重要问题，在快堆发展历史上，曾发生过由于堵流造成堆芯熔毁的事故，事故原因是由于燃料组件下方的一块镍板由于变形上拱，堵塞了燃料组件下方唯一的冷却剂入口孔。虽然现行的铅基快堆设计技术中已经改进了燃料组件的结构设计，采用多个拥有多个冷却剂入口孔的组件设计方案，但是依然无法完全排除燃料组件堵流事故发生的可能性。燃料棒的弯曲变形、冷却剂与结构材料的腐蚀产物的沉积和燃料棒定位绕丝的脱落等，都有可能造成燃料组件的堵流[15]。由于堵流事故的发生会使燃料组件内燃料棒过热，导致包壳材料发生破损，事故后果较为严重，因此对该问题的开展分析研究十分必要。基于此，对 SNCLFR－100 堆芯最热组件的局部堵流事故进行了计算和分析。

（1）瞬态条件

初始工况：反应堆 100%额定功率运行，100%流量，堆芯入口温度约 400 ℃，出口温度约 480 ℃，平衡态初期（BOC）。

假设：在 500 s 时，堆芯的腐蚀产物在 1 s 内堵塞了最热组件的冷却剂进口，导致通过该组件的冷却剂流量下降，组件内冷却剂温度上升。在此过程中，反应堆保护系统失效，不采取任何停堆保护措施。同时在中，我们定义了一个参量—阻塞率 β，即：

$$\beta = \frac{A_{\text{Blockage}}}{A_{\text{inlet}}} \tag{4-1}$$

式中：A_{Blockage} 为最热组件入口堵流面积（m^2）；A_{inlet} 为最热组件入口 100%开放面积（m^2）。

（2）计算结果

最热组件冷却剂入口阻塞率将直接影响堵流事故后果的严重程度，因此模拟了 9 个不同阻塞率下的最热组件堵流工况，以分析阻塞率的升高对堵流事故发展的所带来的影响。图 4-27 给出了不同阻塞率下，SNCLFR－100 堆芯总功率随时间的变化情况。由图 4－27 可看出，最热组件堵流事故的发生对堆芯总功率的影响不大，堆芯功率在堆内负反馈的作用下迅速小幅度下降后即逐步上升，并最终稳定在一个略低于额定功率的状态下。随着堆芯入口阻塞率的增大，堆芯功率下降的幅度也越大，最终达到的稳态功率也越小。

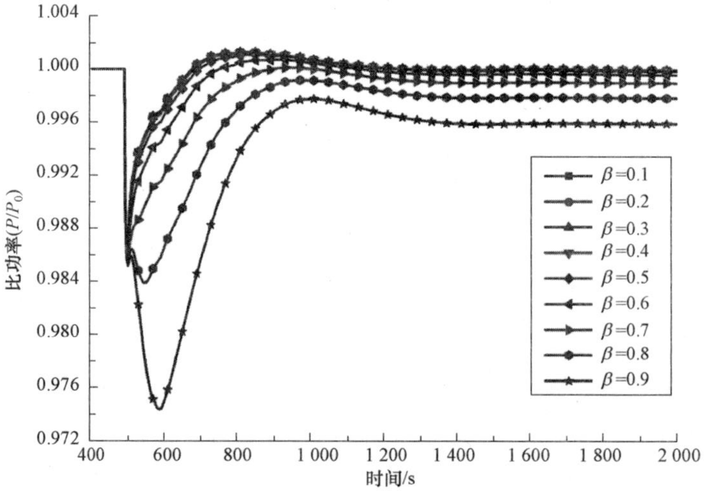

图 4-27　不同阻塞率对堆芯总功率的影响随时间变化曲线

图 4-28 给出了 SNCLFR-100 发生无保护最热组件局部堵流事故后不同阻塞率对最热组件流量的影响规律。由图 4-28 可知，当局部堵流事故发生后，最热组件的流量和堆芯总功率变化趋势一致，均是先迅速下降到一个最低值，随后随着逐渐回升，并最终于 600 s 左右逐渐稳定下来。当堆芯入口阻塞率小于 0.3 时，堵流事故的发生对最热组件的流量影响不大，当阻塞率大于 0.3 后，最热组件流量随阻塞率的增大而不断衰减，当阻塞率达到 0.6 左右时，其流量将为额定流量的 50%左右；当阻塞率达到 0.9 时，其流量约为额定流量的 12.6%左右。

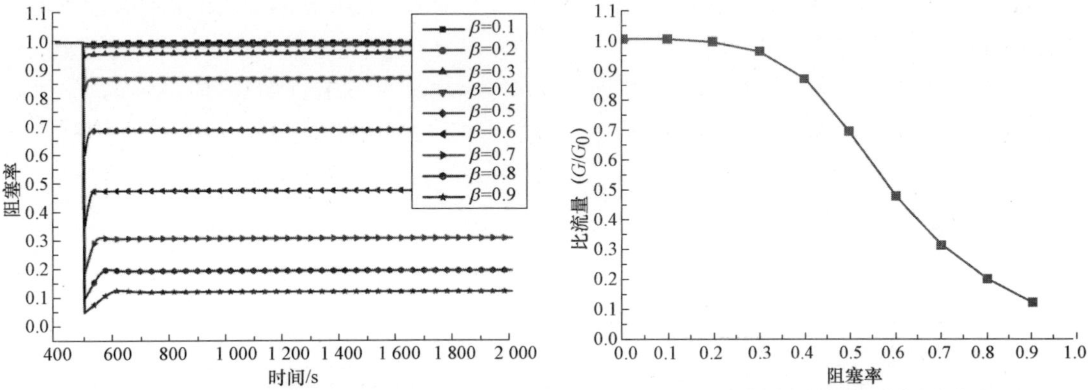

(a) 最热组件流量随时间变化关系　　(b) 最热组件稳定流量与阻塞率变化关系

图 4-28　不同阻塞率对最热组件流量影响曲线

图 4-29 给出了 SNCLFR-100 发生无保护最热组件局部堵流事故后不同阻塞率下最热组件功率和流量随时间的变化对比情况。由图 4-29 可知，当阻塞率较小时，最热组件功率下降幅度和下降速率均大于其流量对应值；而当阻塞率较大时，堆芯流量下降幅度和速率要远大于其功率对应值。同时注意到，当最热组件功率和流量达到稳定后，其功率最终能恢复到额定值左右，而其流量在阻塞率较小时将略低于额定值，在阻塞率较大时将远低于额定值。

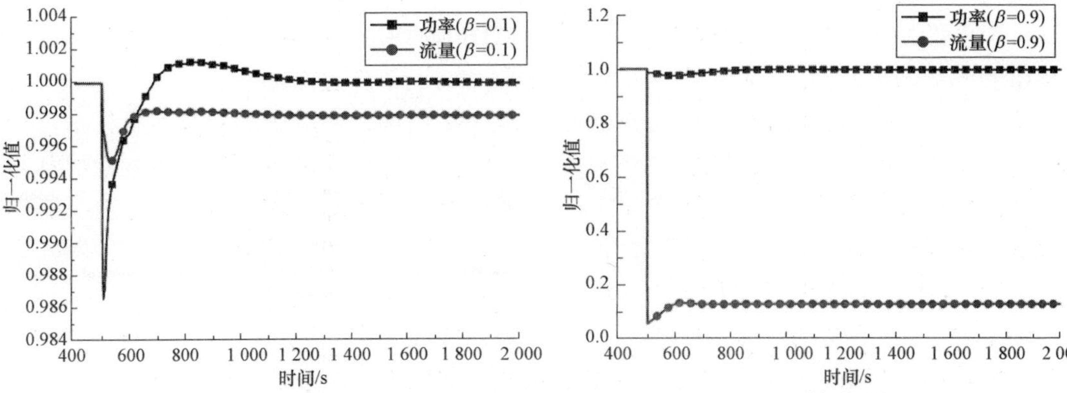

(a) $\beta=0.1$　　(b) $\beta=0.9$

图 4-29　不同阻塞率下最热组件功率和流量随时间变化对比曲线

图 4-30 给出了 SNCLFR–100 发生无保护最热组件局部堵流事故后最热组件最热棒燃料芯块中心最高温度随时间的变化曲线。由图 4-30 可看出，当局部堵流事故发生后，在不同阻塞率下，最热组件最热棒燃料芯块中心温度均先随着最热组件功率下降而下降。随后由于最热组件功率回升和流量相对额定流量下滑导致通道冷却能力不足，燃料芯块中心最高温度转为上升并达到峰值。最后随着最热组件功率和流量的逐渐稳定，燃料芯块中心最高温度开始下降并逐步稳定下来。阻塞率越大，最热组件最热棒燃料中心温度下降的幅度越小，持续的时间越短，且最终达到的温度峰值越大；当阻塞率达到 0.9 时，燃料芯块中心最高温度达到了 1 456.06 ℃左右，低于燃料芯块的温度安全限值 2 300 ℃。

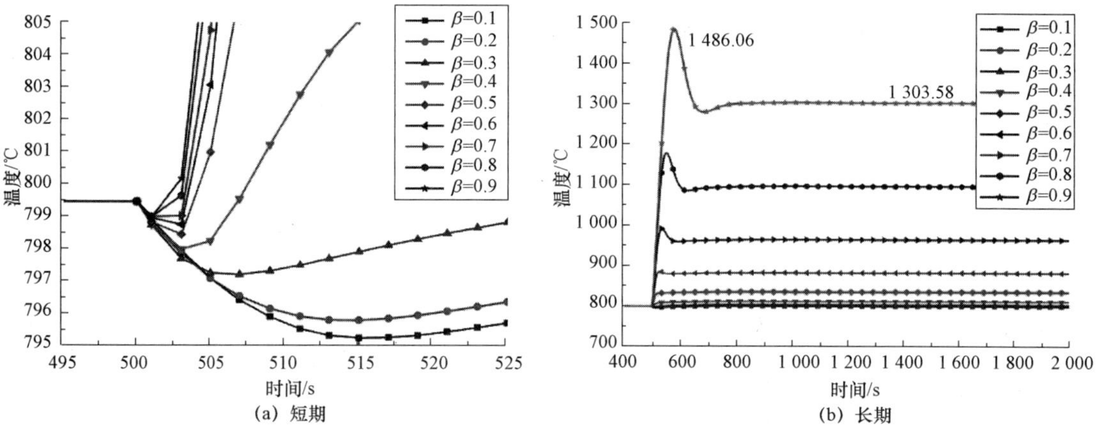

图 4-30 不同阻塞率下最热组件最热棒燃料芯块中心温度随时间变化曲线

图 4-31 给出了 SNCLFR–100 发生无保护最热组件局部堵流事故后最热组件冷却剂出库温度随时间的变化规律，由 4-31 可看出，当局部堵流事故发生后，最热组件冷却剂出口温度均先随着堆芯功率的下降而下降；随后由于组件冷却能力的不足，最热组件出口转为上升并达到峰值；最后随着最热组件功率和流量的逐渐稳定，组件出口冷却剂的温度转为下降并逐步稳定下来。随着阻塞率的增大，组件出口冷却剂的温度下降幅度、持续时间逐渐减小，最终达到的冷却剂温度峰值逐渐变大。当阻塞率达到 0.9 时，冷却剂峰值温度约为 1 286 ℃，低于液态铅沸点温度。

图 4-32 给出了 SNCLFR–100 发生无保护最热组件局部堵流事故后最热组件最热棒包壳最高温度随时间的变化规律，由图 4-32 可看出，最热组件最热棒包壳最高温度和最热组件出口冷却剂温度有相似的变化趋势。随着阻塞率的不断增大，最热棒包壳最高温度也随之迅速攀升，当阻塞率达到 0.9 时，包壳最高温度达到 1 407.02 ℃左右，超过了包壳熔点 1 400 ℃，此时最热组件内会出现包壳熔毁现象。

图 4-33 给出了 SNCLFR–100 发生无保护最热组件局部堵流事故后，不同阻塞率下最热棒燃料芯块中心、包壳最高温度和最热组件冷却剂出口温度的对比情况。由图 4-33 可知，当阻塞率大于 0.6 时，包壳最高温度将大于 650 ℃；当阻塞率达到 0.7 左右时；

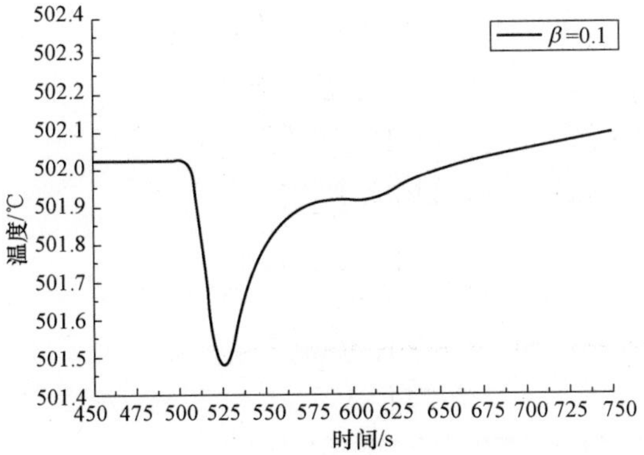

(a) $\beta=0.1$

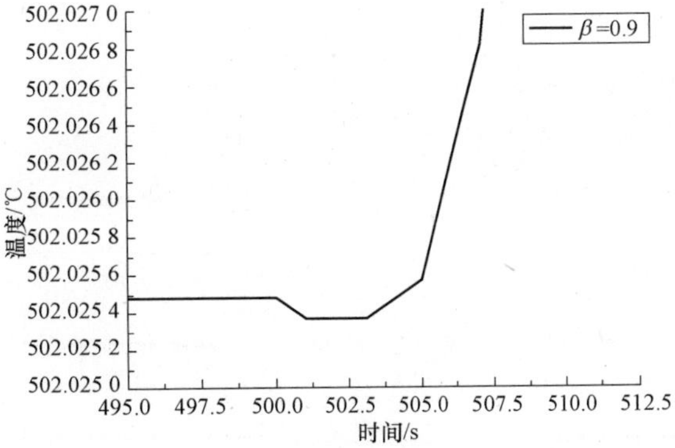

(b) $\beta=0.9$

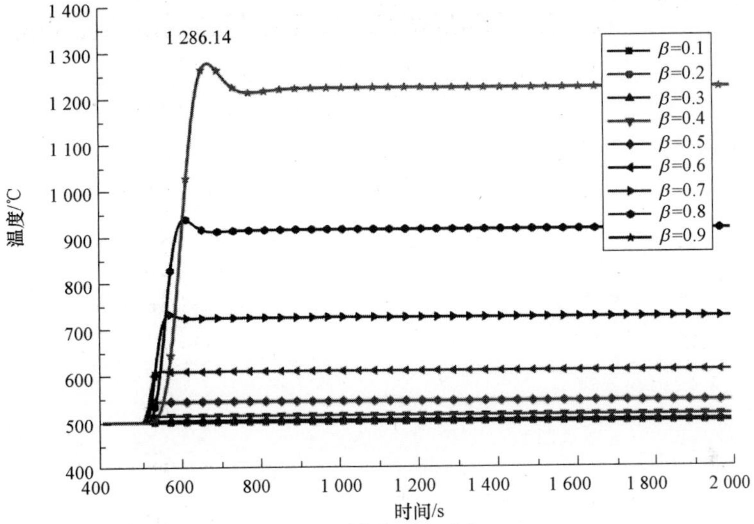

(c) $\beta=0.1\sim0.9$

图 4-31 不同阻塞率下最热组件冷却剂出口温度随时间变化曲线

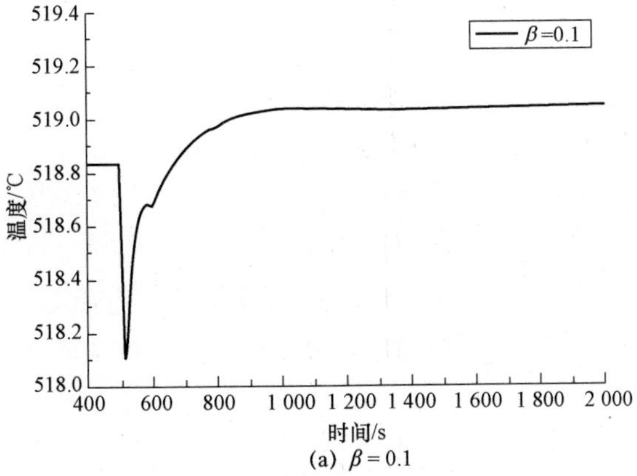

(a) $\beta=0.1$

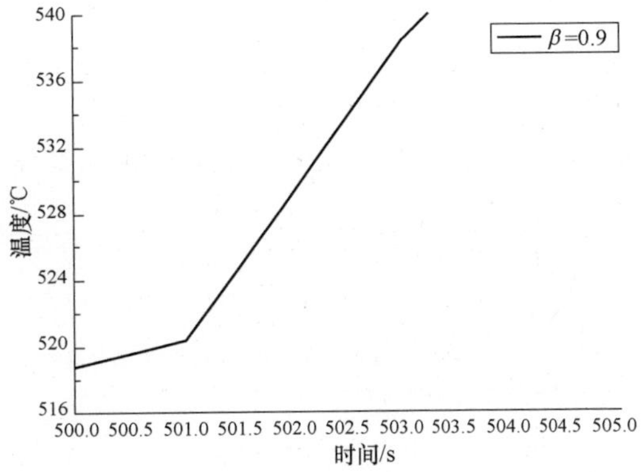

(b) $\beta=0.9$

图 4-32 不同阻塞率下最热组件最热棒的包壳最高温度随时间变化曲线

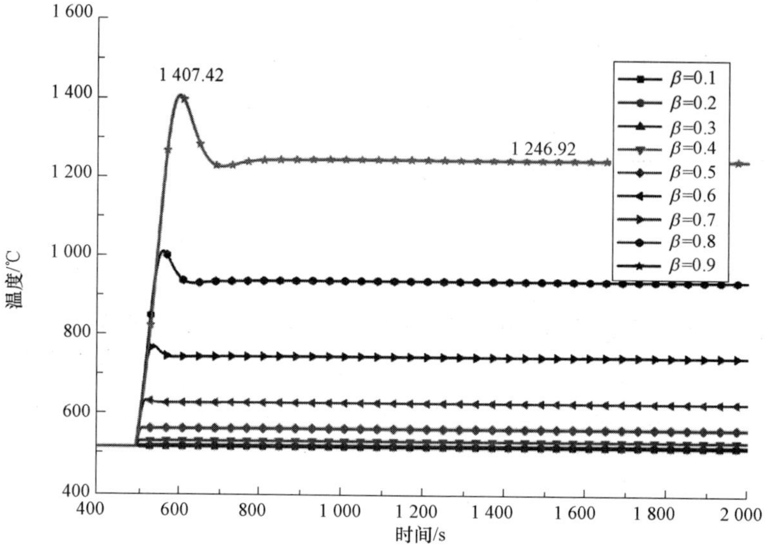

(c) $\beta=0.1\sim0.9$

图 4-32　不同阻塞率下最热组件最热棒的包壳最高温度随时间变化曲线（续）

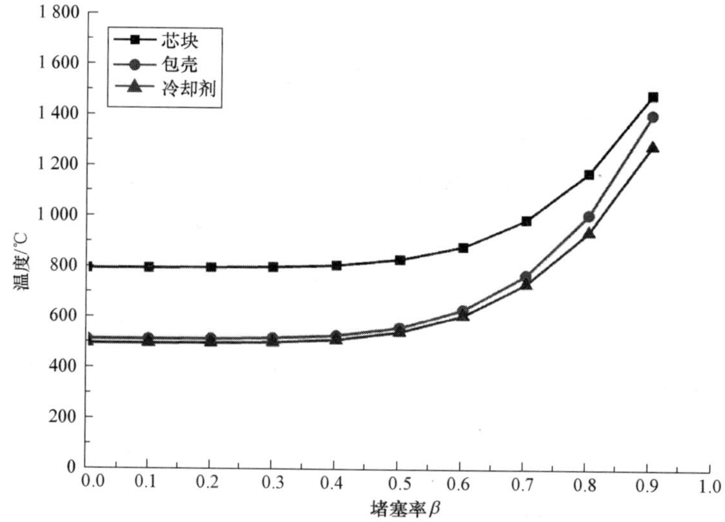

图 4-33　不同阻塞率下的最热棒燃料芯块中心、包壳最高温度和最热组件冷却剂出口温度

包壳最高温度将达到 800 ℃，而当阻塞率达到 0.9 时，包壳最高温度将超过熔点 1 400 ℃。而此时燃料芯块中心温度和冷却剂温度均低于安全限值。由此可见，在堵流事故中，对堆芯安全的最大危险来自于包壳材料高温下的失效。

（3）事故小结

根据上述分析结果，SNCLFR－100 整个无保护最热组件局部堵流事故的发展过程总结如下：当最热组件局部堵流事故发生后，在堆芯各负反馈的作用下，堆芯功率先迅速小幅度下降，随即回升并逐步稳定在额定值附近；阻塞率越大，堆芯功率下降幅度越大，且最终达到的稳定值越小；最热组件的流量也是先下降后逐渐回升到稳定值，阻塞率越大，流量下降幅度越大，最终达到的稳定值越小；当阻塞率较小时，最热组件功率下降速率和幅度大于最热组件流量的对应值，后随着阻塞率增大，最热组件流量下降速率和幅度远大于最热组件功率的对应值。最热组件最热棒燃料中心最高温度、包壳最高温度和最热组件出口冷却剂温度有相似的变化趋势，均是先随最热组件功率下降，随后随功率回升和最热通道冷却能力不足，迅速上升至峰值，最后随着最热组件功率、流量的逐渐稳定而逐步下降达到稳定值；阻塞率越大，温度下降幅度越小，且温降持续时间越短，最终达到的温度峰值也越大。当阻塞率达到 0.6 时，最热组件稳定流量将为额定值的 50%左右，最热棒包壳最高温度将大于 650 ℃；当阻塞率达到 0.7 左右时，当阻塞率达到 0.7左右时；包壳最高温度将达到 800 ℃；当阻塞率达到 0.9 时，最热组件稳定流量将降为额定值得 12.6%左右，而此时包壳最高温度将达到 1 407.02 ℃左右，超过包壳的熔点温度；而在阻塞率在 0.1 到 0.9 变化过程中，最热棒燃料芯块中心最高温度、最热组件冷却剂出口温度均低于设计限值。

4.6 小 结

本章基于德国 GRS 开发的系统安全分析程序 ATHLET 对 SNCLFR－100 开展了瞬态安全分析研究，重点研究了可能对 SNCLFR－100 堆芯安全带来重大挑战的四种无保护事故工况，即：无保护超功率事故（UTOP）、无保护失热阱事故（ULOHS）、无保护超功率叠加无保护失热阱事故（UTOP+ULOHS）和无保护最热组件局部堵流事故（Partial FA Blockage），分析了四种事故工况下反应堆一回路主冷却系统的瞬态热工安全特性。本章的主要内容和结论总结如下：

1）在无保护超功率事故（UTOP）中，外部反应性的引入导致反应堆堆芯迅速出现两个个较大的功率峰值，随后在堆内各负反馈的作用下开始下降并逐渐稳定下来，并最终在一个相对较高的功率水平下运行。堆芯各通道包壳的温度也随着堆芯功率的增大而迅速上升，并最终稳定下一个较高的温度下运行，但并未超过包壳的安全温度限值。整个事故过程中，堆芯燃料芯块最高温度、堆芯冷却剂出口最高温度均低于安全设计限值，不会出现燃料熔化和冷却剂沸腾现象，但反应堆安全裕量较小，包壳长期运行在较高温度环境下可能会发生包壳失效，需要及时采取措施降低反应堆的运行温度。

2）在无保护失热阱事故（ULOHS）中，反应堆在堆芯各类负反馈的作用下实现了自动停堆，堆芯各通道包壳温度迅速升高，但升高幅度相对较小。最终堆芯燃料芯块、包壳和冷却剂的温度分布将越发均匀，同时维持小幅度上升势头。反应堆堆芯在数十小时内能确保安全，具有较大的安全裕量。但如果长时间不采取任何有效措施，堆芯包壳温度将在数十小时内超过安全限值，无法确保反应堆的长期安全运行。

3）在无保护超功率叠加无保护失热阱事故（UTOP+ULOHS）中，事故初期，反应堆的响应和 UTOP 事故相似，事故后期反应堆的响应和 ULOHS 事故相似。堆芯峰值相对 UTOP 事故要低，堆芯包壳最高温度也相应低于 UTOP 事故；但整个一回路主冷却系统的运行温度大大高于 UTOP 事故和 ULOHS 事故，堆芯包壳温度将在几小时内超过安全限值，反应堆相应安全时间也大大降低。因此，在叠加事故工况下，应尽早采取有效的缓解措施，否则包壳将失效而无法确保反应堆的安全性。

4）在无保护最热组件局部堵流事故中（Partial Flow Blockage in the Hottest Fuel Assembly），随着最热组件入口堵塞率的不断加大，堆芯功率和最热组件功率变化幅度较小，而最热组件的流量、燃料芯块最高温度、包壳最高温度和冷却剂出口温度变化非常明显。当阻塞率达到 0.6 时，最热组件稳定流量将额定流量的 50%左右，而最热棒包壳最高温度将达到 650 ℃，而当阻塞率达到 0.9 时，最热组件稳定流量降为额定流量的 12.6%左右，包壳的最高温度将超过包壳材料熔点 1 400 ℃，此时最热通道内将出现包壳材料熔毁现象。因此，在最热组件局部堵流事故中，应采取有效措施监测事故进程，同时在堵流面积超过一定限值时触发停堆，终止堵流事故的发展。

通过对比上述四个瞬态事故的分析结果可以看出，SNCLFR－1000 在发生事故后，堆芯安全性的最大挑战来自于包壳材料无法承受过高的温度而失效。

参考文献

［1］Su’ud Z，Sekimoto H. Design and safety aspect of lead and lead-bismuth cooled long-life small safe fast reactors for various fore configurations［J］. Journal of Nuclear Science and Technology，1995，32（9）：834-845.

［2］陈钊，石康丽，张勇，等.小型自然循环铅基快堆固有安全性分析研究［J］. 核科学与工程，2019，39（03）：430-439.

［3］Cinotti L，Smith C F，Artioli C，et al. Lead-Cooled Fast Reactor （LFR） Design：Safety，Neutronics，Thermal Hydraulics，Structural Mechanics，Fuel，Core，and Plant Design［J］. Handbook of Nuclear Engineering，2010：2749-2840.

［4］Burwell M J，Lerchl G，Miro J，et al. The thermalhydraulic code ATHLET for analysis of PWR and BWR systems［C］//Fourth international topical meeting on nuclear reactor thermal-hydraulics （NURETH-4）. Proceedings. Vol. 2. 1989.

［5］Austregesilo H，Bals C，Hora A，et al. ATHLET，Mod 2.0 Cycle A，Models and Methods［J］. Gesellschaft für Anlagen und Reaktorsicherheit （GRS） mbH，GRS-P-1，2003，4.

［6］Petruzzi A，D’Auria F. Thermal-hydraulic system codes in nulcear reactor safety and qualification procedures［J］. Science and Technology of Nuclear Installations，2008，2008.

［7］刘志弢，秦本科，解衡，等. 压水堆核电站热工水力系统程序的研发现状与趋势［J］. 原子能科学技术，2009，43（11）：966-972.

［8］Chen H Y，Cheng X. The ATHLET-MF code and its application to heavy liquid metal cooled systems［M］. Forschungszentrum Karlsruhe，2005.

［9］周翀. 系统安全分析程序在超临界水冷堆和钠冷快堆上的适用性研发与应用

[D]. 上海：上海交通大学，2013.
[10] Palazzo S，Velkov K，Lerchl G，et al. Analyses of the MYRRHA spallation loop using the system code ATHLET [J]. Annals of Nuclear Energy，2013，60：274-286.
[11] Geffray C，Maciάn-Juan R. Multi-scale uncertainty and sensitivity analysis of the TALL-3D experiment [J]. Nuclear Engineering and Design，2015，290：154-163.
[12] Zhou C，Huber K，Cheng X. Validation of the modified ATHLET code with the natural convection test of the PHENIX reactor[J]. Annals of Nuclear Energy，2013，59：31-46.
[13] Liu X J，Cheng X. Sub-channel/system coupled code development and its application to SCWR-FQT loop [J]. Nuclear Engineering and Design，2015，285：39-47.
[14] Smith C F，Cinotti L. 6 - Lead-cooled fast reactor [J]. Handbook of Generation IV Nuclear Reactors，2016：119-155.
[15] 张东辉，任丽霞. 快堆安全分析 [M]. 北京：中国原子能出版社，2011.

第 5 章

多尺度耦合分析程序开发与应用

自然循环铅基快堆的实际和假设瞬态、事件和事故过程中，一回路主冷却系统内可能发生非常复杂的三维流动和传热现象，其对自然循环铅基快堆的热工安全性能具有重要影响，是铅基快堆热工水力领域的重点研究内容之一。而传统的系统安全分析程序和新兴的计算流体力学（CFD）程序在分析这类复杂三维热工水力现象时均存在不足，亟须在现有技术基础上开发多尺度耦合分析程序，以实现对自然循环铅基快堆的瞬态热工安全特性开展更精细化和真实化的分析。

本章将基于经二次开发的系统安全分析程序 RELAP5_LEAD 和商用 CFD 程序 ANSYS FLUENT，利用 ANSYS FLUENT 的用户自定义函数功能和动态链接库技术，开发多尺度耦合分析程序 RELAP5/FLUENT，同时利用耦合程序对简单铅冷开式回路和铅冷闭式回路进行初步计算，验证耦合程序开发的正确性和合理性。最后基于 RELAP5/FLUENT，重点分析 SNLFR－100 全厂断电事故下上腔室的三维热分层现象。

5.1 程序开发的背景

热工水力的多尺度模拟包括系统、部件和局部 3 个尺度[1]，其中系统尺度是利用传统的系统安全分析程序模拟整个反应堆冷却剂系统；部件尺度是采用子通道分析程序模拟堆芯和热交换器等具有多孔介质特点的部件；局部尺度是基于 CFD 程序模拟反应堆内出现复杂三维流动换热现象的区域。在系统、部件和局部 3 个尺度的模拟分析中，计算网格划分尺寸逐渐减小，网格数量依次增加，因此称其为多尺度模拟方法。而多尺度耦合程序就是采用一定手段，将 3 个尺度的程序的两者或三者有机结合起来，综合利用各程序的在相应尺度的模拟优势，即所谓的多尺度耦合[2-3]。

5.1.1 系统安全分析程序的优点和局限性

传统的系统安全分析程序如 ATHLET、RELAP5、TRACE、RETRAN 和 CATHARE 等被广泛用于核反应堆在正常运行、各类瞬态和事故工况下的系统安全响应特性分析[4-5]。这些系统安全分析程序通常假设反应堆冷却剂系统内的流体流动是一维的，采用集总参数法、大量的经验关系式和辅助模型，将反应堆冷却系统划分为若干个控制体，通过求解一维偏微分方程组对整个系统进行快速的计算，在确保反应堆整体热工水力参数在一定可接受精度范围内的同时，获得整个冷却剂系统的热工水力特性。

系统安全程序的优点是使用范围较广，热工水力模型开发较为完备，相关的使用经验较为丰富，可在有限的计算资源和有限的计算时间内，对反应堆的瞬态热工安全特性进行快速地评估，同时计算结果准确度和可信度较高，受到各核能研究单位和监管机构的广泛认可[6]。但是，这类一维系统安全分析程序无法获得铅基快堆一回路冷却剂系统中重要的三维复杂热工水力现象，相关分析结果往往保守裕量过大，无法精确分析铅基快堆在各类瞬态和事故工况下的热工安全性能，从而限制了进一步挖掘铅基快堆的经济潜力[7]，因此，传统系统安全分析程序在铅基快堆这类典型池式反应堆中的应用存在局限性。

5.1.2 计算流体力学程序的优点和局限性

随着计算机技术的快速进步和 CFD 程序的不断发展与推广，CFD 程序如 ANSYS FLUENT、ANSYS CFX、STAR－CD、STAR－CCM＋和 OpenFOAM 等在反应堆热工水力设计和分析中的应用也日益广泛和深入[8-9]。目前，CFD 程序在铅基快堆中的应用主要包括堆芯和燃料组件的流动和传热现象模拟、堆芯入口流量分配特性分析、堆芯上、下腔室的三维热工水力现象研究，同时也被用于耦合中子物理计算程序，用于开展铅基快堆的瞬态热工安全特性分析[10-12]。上述这些 CFD 程序主要通过计算机和数值模拟方法直接求解流体力学的基本控制方程，并包含有多种成熟和经充分验证的湍流模型，能够对所模拟空间进行精细的三维计算，从而获得所分析热工水力现象的三维流动场、温度场和压力场等特性。

CFD 程序的优点是适用面相对广泛，其在汽车领域和航空航天领域获得了大量应用，相关分析结果也得到了这些领域的广泛认同；同时，随着最佳实践导则的不断建立和完善，CFD 的相关计算结果也获得了核反应堆热工水力领域的不断认可[13]；对于铅基快堆来说，其一回路主冷却系统内冷却剂沸点较高，在瞬态和事故工况下通常保持单相，因此尤其适合使用 CFD 程序来对其三维热工水力现象进行准确的描述[14]。但是，CFD 分析计算往往需要对模型划分大量进精细的网格，受目前计算资源和计算机性能的限制，其仅适合用于反应堆系统中局部三维热工水力现象的分析，而暂难以开展整个堆系统级别的热工水力现象研究。而对自然循环铅基快堆来说，在各瞬态和事故条件下，冷却剂系统上、下腔室的三维热工水力现象和堆芯、主热交换器中的“准一维”热工水力现象密切相关，割裂分析上、下腔室的复杂热工水力现象往往引入的假设过多，相关的分析结果可靠性欠佳[15-16]。同时，目前的通用 CFD 程序中往往欠缺燃料棒分析模型、热交换器模型和堆控制模型等反应堆专用分析模型，有待进一步的完善[17]。因此，CFD 分析程序在在铅基快堆这类典型池式反应堆中的应用也存在局限性。

5.1.3 多尺度耦合程序开发的必要性

考虑到现有的系统安全分析程序和 CFD 分析程序在自然循环铅基快堆的瞬态热工安全特性分析中均存在局限性，而对瞬态和事故工况下自然循环铅基快堆一回路主冷却系统的热工水力现象进行详细的分析又十分必要。因此，亟须在现有的系统安全分析程序和 CFD 分析程序的基础上开发多尺度耦合分析工具[18-19]，为自然循环铅基快堆这类典型池式反应堆的瞬态热工安全特性分析奠定工具基础。

所介绍的多尺度耦合分析方法是将传统的一维反应堆热工安全分析程序和三维 CFD 程序通过一定的耦合方法有机地结合起来，既能细致的分析自然循环铅基快堆上、下腔室内的复杂三维热工水力现象，又能合理简化自然循环铅基快堆一回路主冷却系统的回路部分，将反应上、下腔室的三维 CFD 模型、一、二、三回路中的一维模型和反应堆中子动力学模型耦合起来，从而实现更加准确而详细地模拟自然循环铅基快堆的瞬态和事故过程，既可节省计算资源，又可避免使用一维系统安全分析程序而产生的误差，使自然循环铅基快堆的设计和瞬态与事故分析更加系统化、一体化，提高自然循环铅基快堆瞬态热工安全特性分析的可靠性[20]。

多尺度耦合分析程序可充分的利用传统系统安全分析程序拥有完善的反应堆物理热工分析模型，可对反应堆系统进行快速计算的优势，又可综合 CFD 程序在三维热工水力现象分析方面的强大能力，同时避免系统程序一维分析模型不足以胜任三维热工水力现象分析需求，以及 CFD 程序难以开展系统级热工水力特性分析，相关反应堆分析模型缺乏等不足之处，因而拥有广阔的发展前景[21-23]。多尺度耦合程序的发展受到国际铅冷热工水力分析领域的广泛重视，欧盟和美国在多尺度耦合程序开发、验证和应用方面做出了做多卓有成效的工作。欧盟在 NURESIM 项目[24]、NURISP 项目[25]、NURESAFE[26] 项目 THINS 项目[27]等项目的资助下，先后开发了一系列著名的多尺度耦合程序，如 CATHARE/TRIO_U[28-29]、ATHLET/CFX[30-31]、ATHLET/OpenFOAM[32-33] 和 RELAP5/STAR－CCM+[34-35]等。美国也先后推出了一系列具有重要影响力的多尺度耦合分析程序，如 RELAP5－3D/FLUENT[36-38]，SAS4A/SASSYS－1/STAR－CD[39-42]等。同时欧盟和美国分别基于瑞典 KTH 的铅冷回路 TALL－3D[43]，意大利的铅冷回路 NACIE[44]和法国的钠冷快堆 PHENIX[32]以及美国的钠冷快堆 EBR－II[45]开展了多尺度耦合程序验证和液态金属冷却快堆应用的适用性分析。

本章拟采用基于系统安全分析程序 RELAP5 二次开发得到的 RELAP5－LEAD 程序，商用 CFD 程序 ANSYS FLUENT 开展耦合程序的开发、验证和自然循环铅基快堆应用研究，对多尺度耦合方法、多尺度耦合程序的验证和三维复杂热工水力现象的多尺度耦合计算进行初步的探索和分析，从而解决目前现有分析手段无法对自然循环铅基快堆开展多维高精度瞬态热工安全特性分析的问题，满足自然循环铅基快堆瞬态热工安全特性分析的需要。

5.2　多尺度耦合方法研究

从数值求解的角度来说，多尺度耦合方法可以分为内耦合和外耦合[46-47]。所谓的内耦合就是将各尺度程序的基本控制方程联立求解，也被称为基于解的耦合。所谓的外耦合就是在每一个尺度上都使用单独的程序进行模拟，通过边界处的数据交换实现不同尺度程序之间的耦合，也被称为基于数据的耦合。内耦合通常数值模拟过程较为稳定，收敛性更佳，但是其需要联立求解一组非常复杂的非线性方程，想要获得确定的数值解通常非常困难。相对于内耦合来说，基于外耦合的多尺度耦合方法可充分利用现有的各尺度程序，实现耦合程序的开发相对容易。但是，外耦合也可能会遇到数值求解稳定性和收敛性的问题。目前，国内外学者对多尺度耦合方法的研究绝大部分都集中在外耦合上[18]，本书也拟采用基于外耦合的多尺度耦合方法，以下的分析均是针对外耦合进行。

基于外耦合的多尺度耦合基本原理是在耦合边界处实现不同尺度程序间的数据交换。目前，实现这类耦合主要有两种方法，分别是：

1）将各尺度的程序源代码整体编译，从而生成一个新的耦合程序，如美国西北太平洋实验室和美国 NRC 基于子通道分析程序 COBRA–TF 和系统安全分析程序 TRAC–PD2 联合开发了多尺度耦合分析程序 COBRA/TRAC[48]；韩国原子能研究院基于系统安全分析程序 RELAP5 MOD3.2 和子通道分析程序 COBRA–TF 开发了多尺度耦合分析 MARS[49]；

2）保持各尺度程序的独立编译并分别编写耦合接口，通过耦合接口实现程序间的数据交换[50-51]。如上述的欧盟和美国开发的各耦合程序，均是采用这类方法[36-42]。

以上两种方法中，第一种方法计算效率较高，计算过程中的稳定性和收敛性较好，但是该方法需要获得待耦合程序的源代码，同时需要对各源代码进行大量的修改。第二种方法可保持现有程序的框架和功能，对于待耦合程序的修改较少，同时非常便于将来的维护和升级。目前，第二种方法是国内外相关学者的研究重点，同时考虑到的待耦合 CFD 程序 ANSYS FLUENT 属商业 CFD 程序，无法获得该程序的源代码，因此，本书所开展的多尺度耦合分析程序开发工作计划采用第二种耦合方法。

在多尺度耦合程序 RELAP5/FLUENT 的开发中，需要解决的关键技术问题有：RELAP5 和 FLUENT 程序功能的扩展；多尺度计算区域划分方法的选取；多尺度计算时间迭代方法的选取和程序间数据传递的实现，现对各关键技术问题一一介绍。

5.2.1　RELAP5 和 FLUENT 程序功能的扩展

RELAP5 程序是由美国爱达荷国家工程实验室（INEL）为美国 NRC 开发的轻水堆系统安全分析程序，可模拟压水堆失流事故、失水事故、全厂断电和汽轮机脱扣等压水堆瞬态和事故过程，几乎覆盖核电厂所有的热工水力瞬态和事故工况。RELAP5 程序自

1966 年问世以来，被各国核能研究单位和监管机构广泛用于反应堆事故分析和安全评审中，是世界上应用范围最广的热工水力程序[52]。

近年来，为了满足铅基快堆等第四代先进核能系统的发展需求，各国学者都在着力拓展 RELAP5 程序的计算分析能力和提高计算精度，其中对现有的 RELAP5 程序进行二次开发，添加液态铅、铅铋和钠的物性，增加相应的液态金属流动和换热模型，使 RELAP5 能满足液态金属冷却反应堆瞬态热工安全分析的需要，是 RELAP5 程序的重要发展方向之一[53-54]。作者所在课题组基于现有的 RELAP5 MOD3.2 程序进行二次开发了，获得适用于铅基快堆热工安全特性分析的 RELAP5－LEAD 程序，由于该部分内容不是本节的主要工作，在此将不详细阐述 RELAP5－LEAD 程序的开发和验证细节，仅列举该程序开发中对 RELAP5 所增加的液态铅物性及对流换热关系式。

（1）REALP5 程序功能扩展

REALP5－LEAD 采用国际能源署于 2007 年发布的液态铅和铅铋合金手册中所推荐的液态铅相关物性关系式[55]，表 5-1 给出了 RELAP5－LEAD 所用到的液态铅相关物性关系式。考虑到业态铅的沸点较高，在目前开发的 RELAP5－LEAD 中将液态铅视为过冷和次临界的单相流体，暂不考虑液态铅的饱和和沸腾情况。同时规定液态铅的相应温度计算区间限定在熔点以上，沸点以下 10 ℃；液态铅的工作压力可在 10 Pa 在到 10 MPa 之间变化。

表 5-1　RELAP5-LEAD 中用到的液态铅相关物性

项目	数值或关系式	单位
熔点	$T_{melt} = 600.6$	K
熔化潜热	$Q_{melt} = 23.07$	$kJ \cdot kg^{-1}$
沸点	$T_{boil} = 2021$	K
沸腾潜热	$Q_{boil} = 858.6$	$kJ \cdot kg^{-1}$
饱和蒸汽压力	$P_s = 5.76\times10^9 \cdot (-22131/T)$	Pa
表面张力	$\sigma = (525.9 - 0.113 \cdot T)\times10^{-3}$	$N \cdot m^{-1}$
密度	$\rho = 11441 - 1.2795 \cdot T$	$kg \cdot m^{-3}$
音速	$u_{sound} = 1953 - 0.246 \cdot T$	$m \cdot s^{-1}$
体积弹性模量	$B_s = (45.15 - 1.652\times10^{-2} \cdot T + 3.273\times10^{-6} \cdot T^2)\times10^9$	Pa
定压比热容	$c_p = 176.2 - 4.923\times10^{-2} \cdot T + 1.544\times10^{-5} \cdot T^2 - 1.524\times10^6 \cdot T^2$	$J \cdot kg^{-1} \cdot K^{-1}$
动力粘度	$\eta = 4.456\times10^{-4} \cdot (780/T)$	$Pa \cdot s$
热导率	$\lambda = 9.2 + 0.011 \cdot T$	$W \cdot m^{-1} \cdot K^{-1}$
热膨胀率	$\alpha_{Pb} = 1/(8942 - T)$	K^{-1}

德国 KIT 的 Xu Cheng 教授对前人已发表的圆管内液态金重金属换热关系式进行了

总结和对比分析，同时结合数值模拟手段，提出一组较新的流动换热关系式[56]，被业界广泛用于各类现有系统安全分析程序的二次开发和热工水力计算中，该关系式如下式所示：

$$Nu = A + 0.018Pe^{0.8} \tag{5-1}$$

$$A = \begin{cases} 4.5 & Pe \leqslant 1\,000 \\ 5.4 - 9\times10^{-4}Pe & 1\,000 \leqslant Pe \leqslant 2\,000 \\ 3.6 & Pe \geqslant 2\,000 \end{cases} \tag{5-2}$$

对于燃料棒束与液态重金属的对流换热，德国 KIT 的 Pfang 和 Struwe 对比了现有液态金属的棒束对流换热关系[57]，推荐采用瑞士学者 Mitkityuk 提出的棒束换热关系式[58]，该关系式还被最新发布的 ATHLET 程序所采用，该关系式如下所示：

$$\begin{aligned} &Nu = 0.047(1 - \mathrm{e}^{-3.8(P/d-1)})(Pe^{0.77} + 250) \\ &30 < Pe < 5000 \qquad 1.1 < P/d < 1.95 \end{aligned} \tag{5-3}$$

式中：P 代表燃料棒棒间距（m）；d 代表水力学直径（m）。

对于燃料棒束与液态铅这类的重金属的对流换热关系式一直处于不断地发展之中，根据实验和数值模拟分析结果，世界各国学者提出了诸多的关系式，其中常用的也达到了数十种之多。各关系式在计算不同的燃料棒布局，不同的工况时均有相应的适应范围，计算精度也不一。因此 RELAP5-LEAD 程序将根据各国学者的最新研究成果，及时更新相应的棒束传热换热关系式。

（2）FLUENT 程序功能扩展

ANSYS FLUENT 用户自定义函数（UDF）是用户使用 C 与语言编写的函数，其允许用户对 FLUENT 进行重新设置边界条件、定义新材料物性、加强 FLUENT 中现有物理模型的功能、进行解的初始化和加强 FLUENT 程序的后处理能力等操作。UDF 可被 FLUENT 求解器动态加载，可大大增强 FLUENT 程序的现有功能。根据表 5-1 节中的汇总的液态铅先关物性值和关系式，基于 FLUENT UDF 编写相应的液态铅物性模块，以供 ANSYS FLUENT 动态调用。同时在 FLUENT 中，将液态铅视为不可压缩流体，其焓值只与流体的温度相关，忽略压力对流体焓值的影响。

5.2.2 多尺度计算区域划分方法的选取

在多尺度程序耦合过程中，对待模拟对象的空间划分方法主要有两种，即区域分割法和区域重叠法，如图 5-1 所示。这两种区域划分方法在目前的多尺度耦合程序开发中均有应用，可根据待分析问题的具体需要进行选择。

（1）区域分割法

区域分割法是指 CFD 程序模拟待耦合部分，系统安全分析程序模拟除了耦合部分的其他区域，两部分间通过耦合接口进行连接和数据传递。在每个耦合解耦处，各耦合热工参数从上游程序传递给下游程序，同时下游程序将相应的反馈热工参数传递给上游程序。图 5-2 给出了一个典型的区域分割法框架结构。图中区域 A 和区域 C 使用系统安

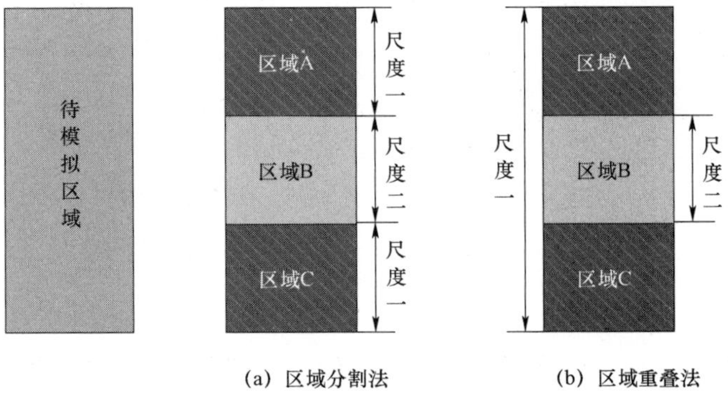

图 5-1　多尺度耦合分析中的区域划分方法

全分析程序模拟，区域 B 使用 CFD 程序模拟，在耦合交界面处，上、下游程序互相传递耦合参数。区域分割法起步较早，德国 GRS 开发的 ATHLET/CFX、德国 KIT 开发的 ATHLET/OpenFOAM 和美国开发的 SAS4A/STAR－CD 等多尺度耦合分析程序均是采用区域分割法。

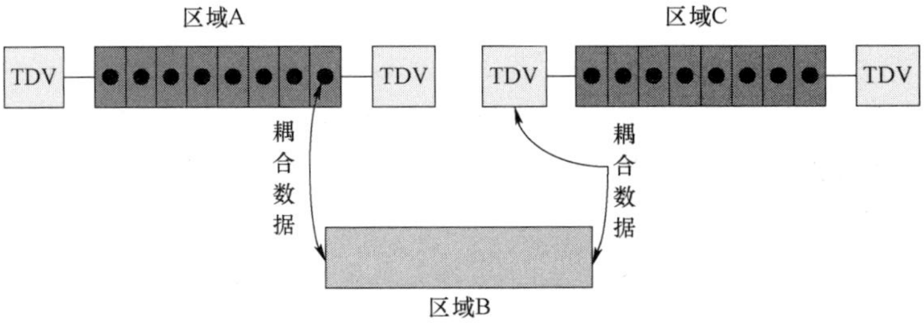

图 5-2　区域分割法框架图

（2）区域重叠法

区域重叠法是指系统安全分析程序模拟整个区域，而 CFD 程序紧模拟待耦合部分，在耦合计算中，使用系统安全分析程序中除去待耦合参数之外的关键热工水力参数作为 CFD 程序的边界条件。在耦合边界处，同样是系统安全分析程序和 CFD 程序互相传递参数。图 5-3 给出了一个典型的区域重叠法框架结构。图中区域 A、区域 B 和区域 C 均使用系统安全分析程序模拟，区域 B 使用 CFD 程序进行模拟，在耦合界面处，上、下游程序互相传递耦合参数。区域重叠法起步相对较晚，但是其在耦合计算收敛性和稳定性方面的独特优势，吸引了国内外学者的广泛注意，瑞典 KTH 开发的 RELAP5/STAR－CCM＋和法国 CEA 开发的 CATHARE/TRIO_U 等多尺度耦合程序均是使用区域重叠法。

（3）区域分割法和区域重叠法对比

区域分离法中，系统安全分析程序和 CFD 程序互相提供边界条件，该方法中系统程序提供的一维参数和 CFD 程序提供的三维参数在数据交换过程中，难免会带来一定误差，而这些误差可能会导致耦合界面处出现压力的不合理振荡，进而影响耦合计算的稳定性和最终收敛性。

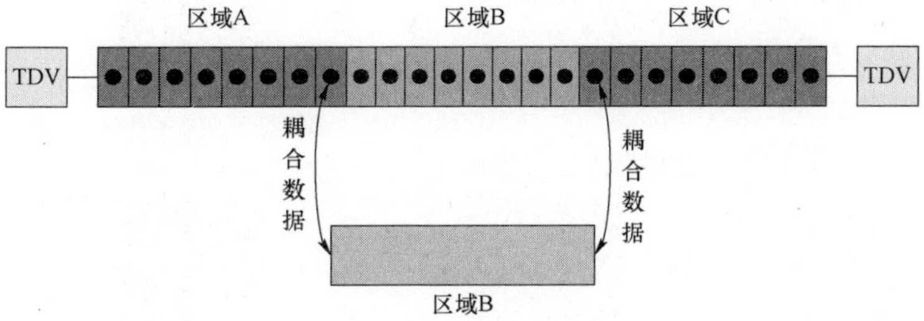

图 5-3　区域分割法框架图

区域重叠法是基于克服区域分离法所出现的问题而发展起来的，在该方法中系统程序完整模拟整个待分析区域，同时给仅模拟待耦合区域的 CFD 程序提供便捷条件，使用 CFD 程序的三维计算结果对系统程序在耦合区域的一维计算结果进行修正，CFD 程序的计算结果不直接决定系统安全程序的计算结果，而仅是通过这种修正来间接影响系统安全程序的计算，同时将待分析区域的一维和三维热工水力现象的耦合响应考虑进去。

现有研究表明，相对于区域分离法，区域重叠法再耦合计算稳定性和计算收敛性方面优势更为明显[59-60]。为此，所开发的 RELAP5/FLUENT 耦合程序将选用区域重叠法的区域划分方法。

5.2.3　多尺度计算时间迭代方法的选取

多尺度计算中的时间迭代方法对多尺度耦合程序的开发至关重要，其对耦合计算的收敛性和稳定性，以及准确反映系统的一维和三维热工耦合响应都有重要影响。目前，对于基于耦合接口开发的多尺度耦合分析程序来说，根据被耦合程序的执行顺序可将时间迭代方式分为并行迭代和顺序迭代。

所谓的并行迭代，是系统安全分析程序和 CFD 程序同时计算某一瞬态过程，在每个耦合时间步长上，两者互相交换数据。但是该种方法中，系统安全分析程序和 CFD 程序需要分别单独模拟整个瞬态过程，对计算资源需求较高，因此，在目前各国所开发的多尺度耦合分析程序中多未采用这种方法。

所谓的顺序迭代，就是在某个耦合时间步长内，系统安全分析程序和 CFD 程序这两个程序其中之一先行计算，再调用另一个程序计算相同的时间步长。目前国际上所开发的多尺度耦合分析程序多采用这种顺序耦合的时间迭代方法，本书开发的 RELAP5/FLUENT 也选用顺序迭代。

对于顺序迭代，有可以根据耦合数据交换特点，将其中分为显示迭代和隐式迭代，下面分别介绍这两种时间顺序迭代方法。

（1）显示迭代

图 5-4 给出了一个典型的显示时间迭代框图。由图 5-4 可看出，在显示迭代中，通常 CFD 程序作为主程序，而系统安全分析程序作为从程序，且每次计算均是 CFD 程序

首先开始执行相关运算。现假定T_0时刻开始耦合计算，CFD 程序在初始化后执行相关计算，并在$T_0+\Delta T$时刻暂停，输出相应耦合参数并更新系统安全分析程序的边界条件，等待系统安全分分析程序完成该时间步长计算后返回相应的耦合参数，更新 CFD 的边界条件，为下个时间步长的计算做准备，从而完成 1 步耦合计算。整个显示耦合计算将按照此过程顺序进行直到整个计算结束。

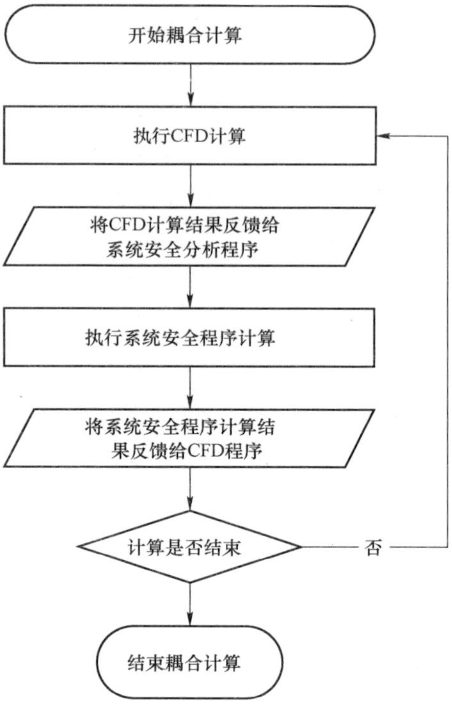

图 5-4　多尺度耦合计算中的显式时间迭代

（2）半隐式迭代

图 5-5 给出了一个典型的半隐式时间迭代框图。由图 5-5 可看出，和显示迭代一样，CFD 程序依然作为主程序，系统安全分析程序依然作为从程序，且每次计算也是 CFD 程序首先开始执行相关运算。与显示迭代所不同的是，半隐式迭代的每个耦合时间步长结束时，均需要对比 CFD 程序和系统安全分析程序的结果，根据相应的收敛准则判断两者所得到的计算是否收敛。如果不收敛，则 CFD 程序和系统安全分析程序继续在该时间步长内循环迭代，直到两个程序最终计算结果达到收敛准则，才开始下一个时间步长的计算。整个半隐式耦合计算将按照此过程顺序进行直到整个计算结束。

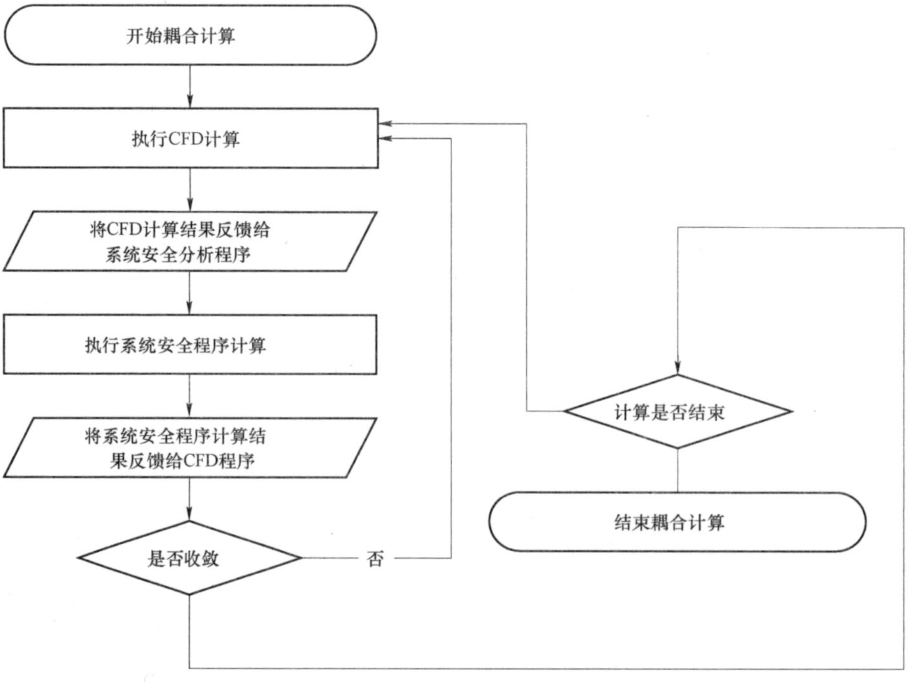

图 5-5　多尺度耦合计算中的显式时间迭代

（3）显示迭代和半隐式迭代对比

由上述的介绍可以看到，在显示迭代的每个时间步长中，程序间不需要进行收敛性检查，每个时间步长内仅分别调用 CFD 程序和系统安全程序一次。由此，显示迭代的计算速度较快，但是其耦合计算稳定性较差。通常为了保持显示耦合计算的稳定性和收敛性，都务必采用较小的时间步长，同时所用时间步长必须满足库朗数限值。

在半隐式迭代的每个时间步长中，每次迭代结束后均需要对程序计算结果进行收敛性检查，待满足一定收敛条件后才继续向前推进计算过程，且每个时间步长内可能分别调用 CFD 程序和系统安全分析程序数次。由此，隐式迭代虽可使耦合计算拥有良好的稳定性和收敛性，同时可选择较大的时间步长使每次迭代中的相关耦合参数都达到收敛。但是该方法中由于每个时间步长内的多次迭代将可能导致总的耦合计算时间较长，计算时间经济性较差。同时，半隐式迭代在编程是实现更为复杂，需要对 CFD 源程序进行适当的改动，以适应每个时间步长内数次计算的需求，而通常获取商用 CFD 源程序几乎不可能。

基于显示迭代和半隐式耦合各有优缺点，同时显示迭代对商用 CFD 程序的要求较低，耦合程序开发难度相对较低，目前国内外学者所开发的多尺度耦合分析程序多数均采用显示迭代。由此，也采用显示迭代的时间迭代方式。

5.2.4　程序间数据传递的实现

目前常用的多尺度耦合程序框架通常有两种，一种“主程序—从程序”模式，开发系统程序的耦合接口，基于动态链接库技术和 CFD 程序 UDF 功能实现程序间的数据交换；另一种是“外部驱动”模式，分别开发系统程序耦合接口，撰写 CFD 程序 UDF 并开发成为共享库文件，基于并行虚拟机（PVM）技术或 SALOME 等开源耦合平台，实现程序间的数据交换。图 5-6 分别给出了“主程序—从程序”模式和“外部驱动”模式的耦合框架图。

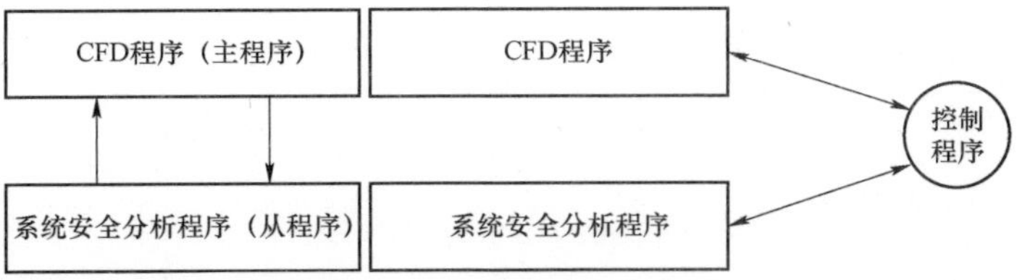

(a) “主程序—从程序”模式　(b) “外部驱动”模式

图 5-6　多尺度耦合计算中的程序间数据传递模式

通常，可根据分析的需要以及所选用的时间迭代方式，在上述的两种程序间数据传递模式将自由选择。“外部驱动”模式通常可实现耦合程序的结构化，便于程序的移植、维护和升级，可根据分析需要，任意的增减需要耦合的程序，这种模式通常适用于在多核的高性能计算机上开展多尺度耦合计算，国际上开发的不少多尺度耦合程序均采用这种模式，如法国 CEA 开发的 CATHARE/TRIO_U，美国贝提斯原子力实验室开发的

RELAP5－3D/FLUENT 等。相较而言，“主程序—从程序”模式编程实现相对容易，可有效降低多尺度耦合程序开发难度，国际上开发的多尺度耦合程序中大量采用这种模式，如瑞士 KTH 开发的 RELAP5/STAR－CCM+；意大利比萨大学开发的 RELAP5/FLUENT，德国 GRS 开发的 ATHLET/CFX，德国 KIT 开发的 ATHLET/OpenFOAM 等。本书拟采用“主程序—从程序”模式实现 RELAP5－LEAD 和 FLUENT 间的数据交换。

5.3 多尺度耦合分析程序开发与验证

综合 5.2 节中对多尺度耦合中关键技术问题的分析，所采用的多尺度耦合方法汇总于表 5-2 中。基于所选定的耦合方法，采用系统安全分析程序 RELAP5－LEAD 和 CFD 程序 ANSYS 开发多尺度耦合分析程序 RELAP5/FLUENT。

表 5-2 多尺度耦合分析程序 RELAP5/FLUENT 的耦合方法汇总

项目	方法
耦合方式	基于耦合接口的外耦合
区域划分方法	区域重叠法
时间迭代方法	顺序、显示迭代
程序间数据传递模式	“主程序—从程序”模式

5.3.1 多尺度耦合分析程序 RELAP5/FLUENT 的开发

基于对国内外学者系统安全分析程序与 CFD 程序耦合研究工作的调研分析，综合多尺度耦合程序在我国的发展和应用现状，同时充分借鉴瑞典 KTH 的 Jeltsov M 等人基于区域重叠方法开发的多尺度耦合程序 RELAP5/STAR－CCM+相关经验[61]，提出了开发多尺度耦合分析程序 RELAP5/FLUENT，该耦合程序的框架图如图 5-7 所示，计算流程如图 5-8 所示。

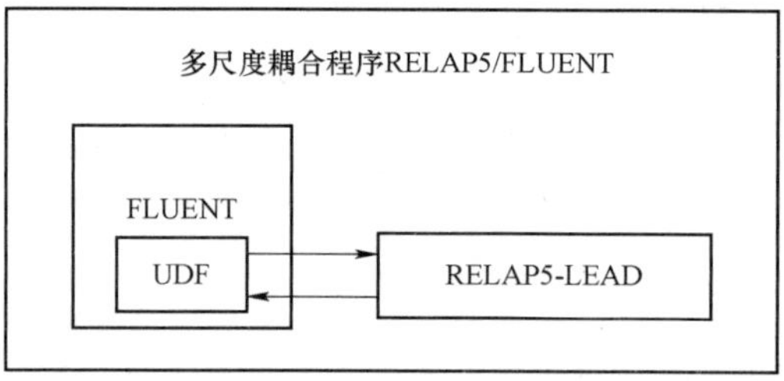

图 5-7 多尺度耦合程序 RELAP5/FLUENT 框架图

多尺度耦合程序 RELAP5/FLUENT 的具体实施方式如下：

首先将系统安全分析程序 RELAP5－LEAD 编译为动态链接库文件（.DLL），然后利用 FLUENT 的 UDF 动态调用该动态链接库，实现 RELAP5-LEAD 和 FLEUNT 之间的数据交换。在开展耦合计算之前，RELAP5-LEAD 首先开展计算，获得待分析问题稳态工况下的相关热工水力参数，提出 RELAP5-LEAD 的相关参数，作为 FLUENT 的边界条件，开展 FLUENT 计算，获得待耦合区域稳态工况下的三维热工水力参数分布情况。开展耦合计算后，每次迭代均是首先执行 CFD 计算，CFD 程序通过 UDF 的相关宏动态调用 RELAP5-LEAD，将相关的耦合参数写入到 RELAP5-LEAD 的 Table 文件中，执行系统程序计算。

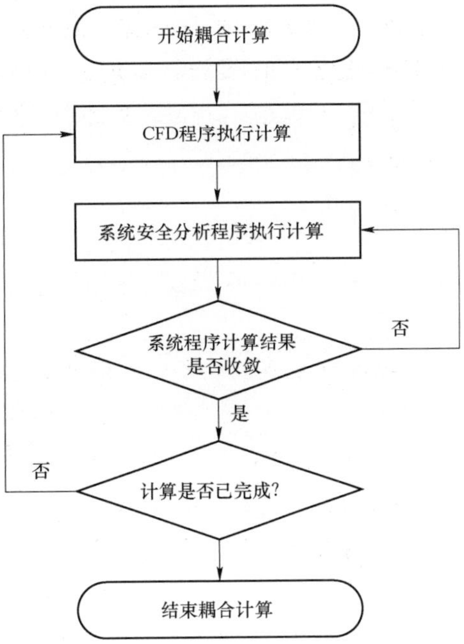

图 5-8　多尺度耦合程序 RELAP5/FLUENT 计算流程图

对于待耦合区域，分别使用 CFD 程序计算得到的压降和冷却剂温度修正 RELAP5-LEAD 的对应值。其中对于 RELAP5-LEAD 计算得到的压降的修正，参考瑞典 KTH 的 Cadinu. F 研究的系统程序压降修正方法，通过修改耦合区域的形阻系数，使 RELAP5-LEAD 计算得到的压降与 CFD 计算值相匹配，对此不再赘述；对于 RELAP5-LEAD 计算得到的冷却剂温度的修正，同时考虑到反应堆瞬态工况下冷却剂可能出现逆流的情况，在待耦合区域各设置一个虚拟的“超级热源”，该“超级虚拟热源”热导率相当大且定压比热容相当小。

下面重点介绍 RELAP5/FLUENT 程序在多尺度耦合区域的数据交换情况，同时对“超级虚拟热源”的使用进行详细阐述。

1）通过外推系统安全程序分析结果获得 CFD 的边界条件。为了使耦合程序能同时模拟待耦合区域的正流和逆流工况，考虑 CFD 区域的入口和出口均使用质量流边界条件，同时提取耦合界面处系统安全分析程序的压力，定义在 CFD 的其中一个入口或出口位置。对于计算时间 $[t_n, t_{n+1}]$ 内 CFD 出入口的冷却剂质量流量 $\dot{m}$ 和 T，采用系统安全分析程序 RELAP5-LEAD 最后两个时间节点 t_{n-1} 和 t_n 的相应值，通过外推得到 $\dot{m}$ 和 T，所得到的 $\dot{m}$ 和 T 在本次耦合时间 $[t_n, t_{n+1}]$ 内作为固定边界条件开展 CFD 计算。图 5-9 给出了如何通过外推法获取 $\dot{m}$ 和 T。

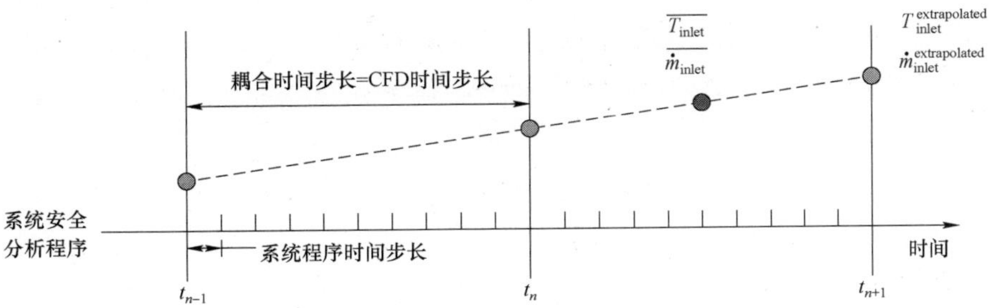

图 5-9　外推法获得 CFD 边界条件

2）执行 CFD 程序计算。根据外推法获得 CFD 区域的出入口边界条件，将相应的边界条件通过 UDF 赋值，如图 5-10 所示。执行 FLUENT 程序，计算$[t_n, t_{n+1}]$时间段内待耦合区域的出口温度，其中耦合时间步长等于 CFD 程序的时间步长。

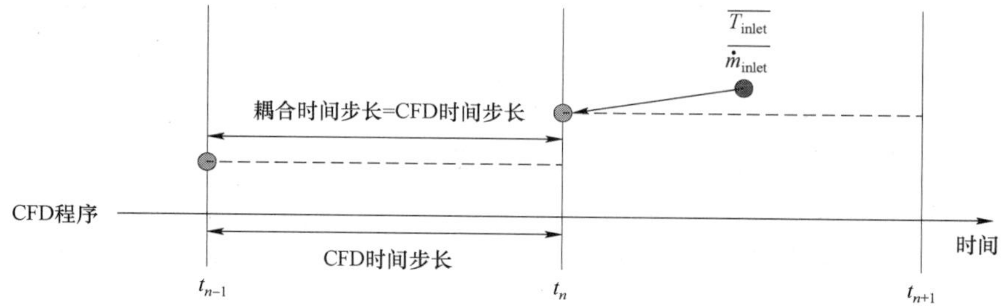

图 5-10　CFD 区域的入口边界条件的赋值

3）计算"超级虚拟热源"。图 5-11 给出了待耦合区域虚拟热源的添加情况。当耦合计算开始时，分别从 RELAP5－LEAD 中获得耦合界面处冷却剂的流量和焓值（$\dot{m}_{1R}$，h_{1R}，$\dot{m}_{2R}$，h_{2R}），同时从 FLUENT 中获得 CFD 进出口区域的冷却剂焓值（h_{1F}，h_{2F}），根据耦合计算处的冷却剂流量、系统程序和 CFD 程序计算得到的冷却剂焓值，可分别基于式（5-4）和式（5-5）计算进出口区域的"超级虚拟热源"S_{E1}和S_{E2}[193]：

$$S_{E1} = \max(m_{1R}, 0)(h_{1F} - h_{1R})[W] \tag{5-4}$$

$$S_{E2} = \left|\min(m_{2R}, 0)\right|(h_{2F} - h_{2R})[W] \tag{5-5}$$

式中：当待耦合区域流体正向流动时，S_{E1}为 0,；当待耦合区域流体逆向流动时，S_{E2}为 0。耦合计算中，通过额外添加"超级虚拟热源"，调节耦合界面处 RELAP5－LEAD 中相关节点的冷却剂温度，使其等于 CFD 程序的相应计算值。

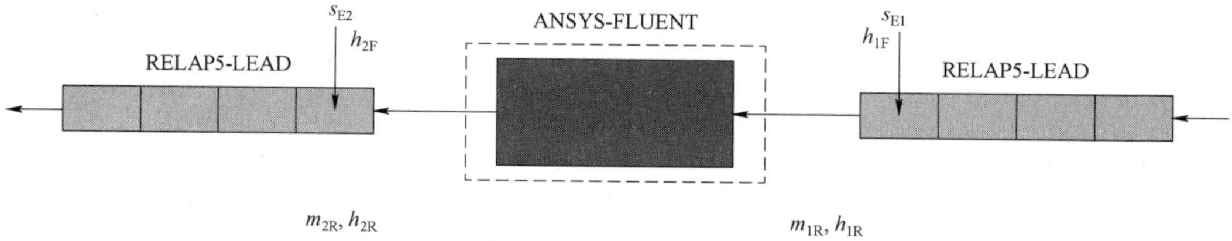

图 5-11　耦合区域"超级虚拟热源"的分布情况[26]

当进行初次耦合迭代时，采用 RELAP5－LEAD 最后两个时间节点t_{n-1}和t_n的相应冷却剂焓值$h(t_{n-1})$和$h(t_n)$，通过外推得到t_{n+1}时刻的 RELAP5－LEAD 计算得到的冷却剂焓值，以此获得初次耦合计算时 RELAP5－LEAD 在耦合界面处的相应热源值Q^1，如下式所示：

$$Q^1 = H(T_{\text{CFD}}^{t_{n+1}}) - 2H(T_{\text{STH}}^{t_n}) + H(T_{\text{STH}}^{t_{n-1}}) \tag{5-6}$$

式中：$H(T_{\text{CFD}}^{t_{n+1}})$为$t_{n+1}$时 CFD 程序计算得到的冷却焓值（J • kg^{-1}）；$H(T_{\text{STH}}^{t_n})$为系t_n时系统安全分析程序计算得到的冷却剂焓值（J • kg^{-1}）；$H(T_{\text{STH}}^{t_{n-1}})$为$t_{n-1}$时系统安全分析程序

计算得到的冷却剂焓值（$J \cdot kg^{-1}$）。

4）执行系统安全分析程序计算。根据步骤 3）得到的虚拟热源 Q^1，将其中赋值给系统安全分析程序，执行 $[t_n, t_{n+1}]$ 时间段内系统安全分析程序的相关计算，如图 5-12 所示。

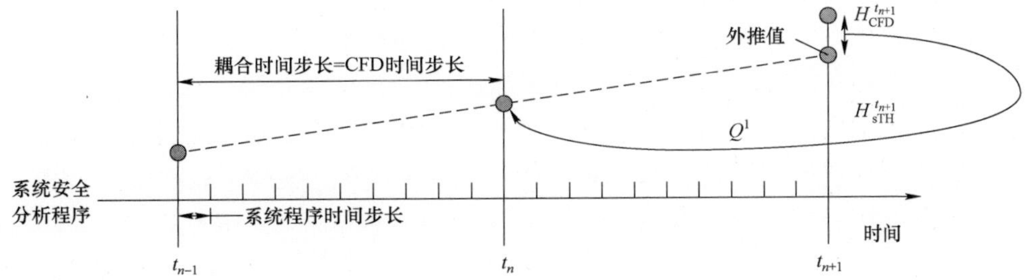

图 5-12　待耦合区域系统安全分析程序的出口边界条件赋值（第一次迭代）

5）检查本次耦合时间步长内的计算结果是否满足收敛条件。根据分析精度和计算时间经济性的统筹考虑，定义式（5-7）所示的收敛条件：

$$\left| T_{\mathrm{CFDout}}^{t+\Delta t_c} - T_{\mathrm{STHout}}^{t+\Delta t_c} \right| < \varepsilon \tag{5-7}$$

6）如果首次计算不满足收敛条件，则根据式（5-8）所示关系式重新计算“超级虚拟热源”的具体数值，并重新返回步骤 4），重新计算 k 次系统安全分析程序计算，直到满足步骤 5）所示的收敛准则，才进入下一个时间步长的耦合计算，其中 $k = 2,3 \cdots N$，N 为人为定义的单个时间步长内最大迭代次数，如图 5-13 所示。如果首次计算满足收敛准则，则返回步骤 1），同样使用式（5-8）所示的关系式计算“超级虚拟热源”的具体数值。

$$Q^k = H(T_{\mathrm{CFD}}^{t+\Delta t}) - H(T_{\mathrm{STH}}^{t+\Delta t})^{k-1} \tag{5-8}$$

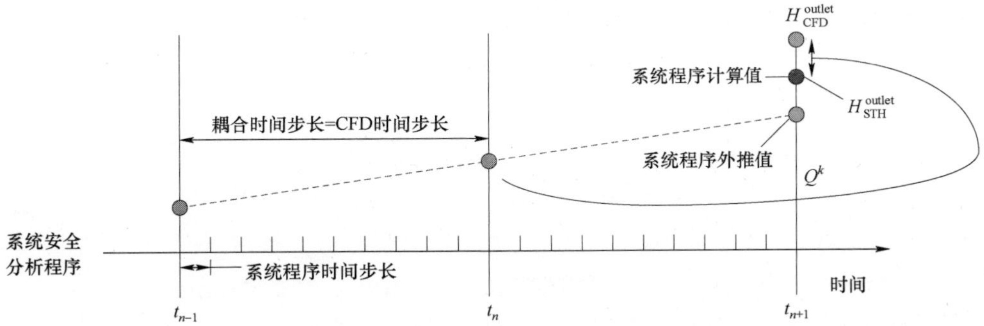

图 5-13　待耦合区域系统安全分析程序的出口边界条件赋值（非首次迭代）

5.3.2　多尺度耦合分析程序 RELAP5/FLUENT 的验证

为了确保耦合计算可行且结果可信，必须对所开发的 RELAP5/FLUENT 开展相应的验证。对于多尺度耦合程序的验证，目前国内外研究学者通常采用两种办法：第一种是使用被耦合程序之一的系统安全分析程序，对耦合程序开展 Code-to-Code 的验证；第二种是利用铅冷 TALL－3D 回路、铅冷 NACIE 回路、钠冷 PHENIX 快堆和钠冷 EBR－Ⅱ快堆等实验数据耦合程序开展实验验证。考虑到目前无法获得相应的铅冷实验数据对 RELAP5/FLUENT 开展实验验证，采用第一种方法设计相关的验证算例，采用系统安全分析程序 RELAP5－LEAD 对所开发的程序开展相应的程序验证。

（1）验证算例 1：简单串联管内液态铅的瞬态流动和传热模拟

1）分析对象

选取简单液态铅冷开式回路作为分析对象，开展简单铅冷开式回路入口冷却剂流量瞬变和温度瞬变工况验证计算。所分析的简单铅冷开式回路结构示意图如图 5-14 所示，Pipe1、Pipe2 和 Pipe3 的长度和内径均相等，分别为 1.5 m 和 0.2 m。

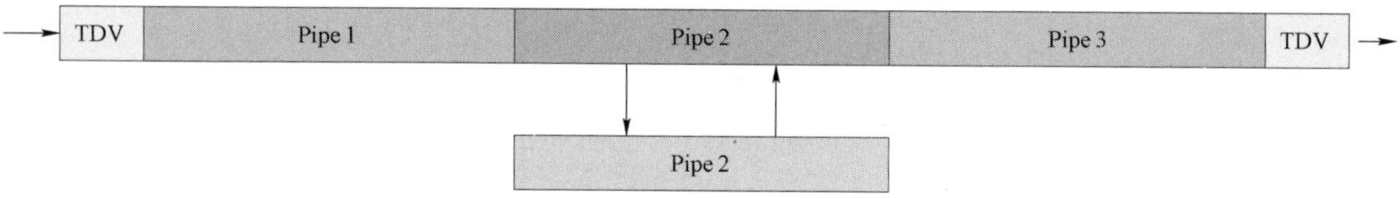

图 5-14 简单铅冷开式回路结构示意图

针对图 5-14 所示回路采用耦合方法建模，建立的耦合模型节点图如图 5-15 所示。采用 RELAP5_LEAD 模拟整个区域（Pipe1、Pipe2 和 Pipe3），使用 FLUENT 模拟局部区域（Pipe2），三个管道内液态铅的初始温度为 480 ℃，出口管道压力设定为 0.101 325 MPa，管道中冷却剂从左至右流动为正向流动，从右向左流动为逆向流动。

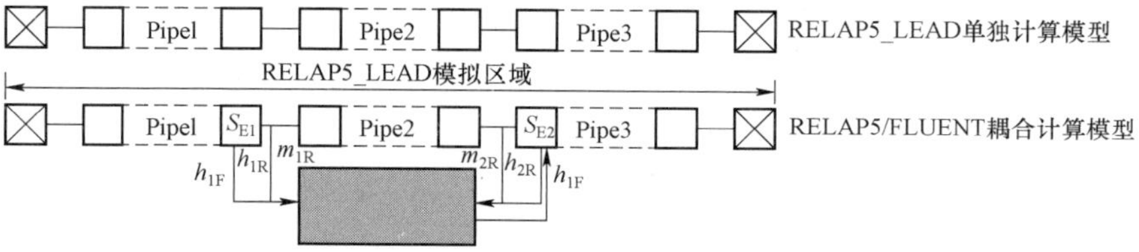

图 5-15 简单铅冷开式回路耦合计算节点图

2）瞬态条件

图 5-16 给出了 Pipe1 入口冷却剂流量和温度随时间的变化情况。由图 5-16 可知，耦合计算开始时，Pipe1 的入口冷却剂流量从 0.0 kg/s，现行增加到 2 200 kg/s；在 5 s 到 8 s 时稳定在 2 200 kg/s；从 8 s 开始入口流量逐渐下降，至 18 s 时稳定在－2 200 kg/s。Pip1 的入口冷却剂温度由初始时刻的 480 ℃逐渐下降，至 2 s 时稳定在 400 ℃。

3）验证结果

图 5-17 给出了耦合计算过程中 Pipe2 入口冷却剂流量随时间的变化情况。由图 5-17 可知，在 5 s 左右，Pipe2 入口流量达到峰值，后稳定在 2 200 kg/s，8 s 至 18 s 之间，入口流量逐渐下降，在 13 s 左右时将为零且随后出现逆流，并在 18 左右时稳定在－2 200 kg/s。由图 5-16 可看出，耦合程序 RELAP5/FLUENT 计算结果和 RELAP5 单独计算结果吻合很好。

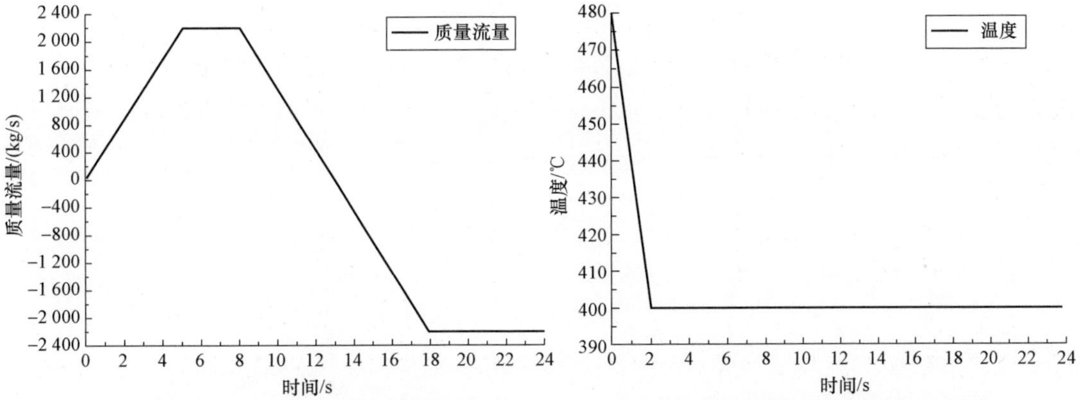

(a) Pipe1 入口流量随时间变化曲线　　(b) Pipe1 入口温度随时间变化曲线

图 5-16　简单液态铅冷开式回路结构示意图

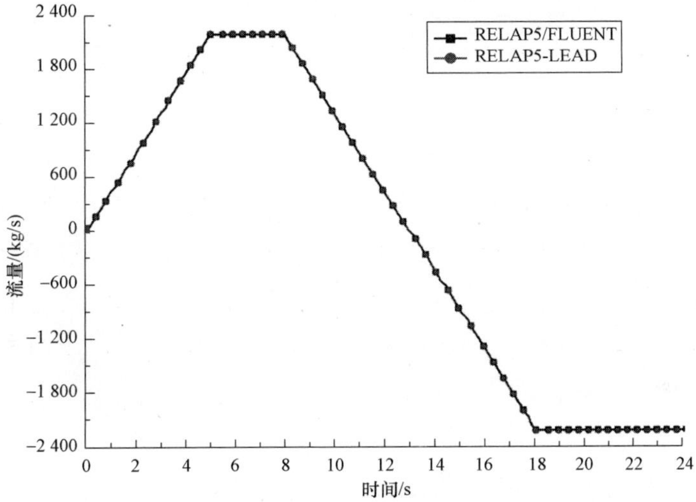

图 5-17　耦合计算中 Pipe2 入口冷却剂流量变化曲线

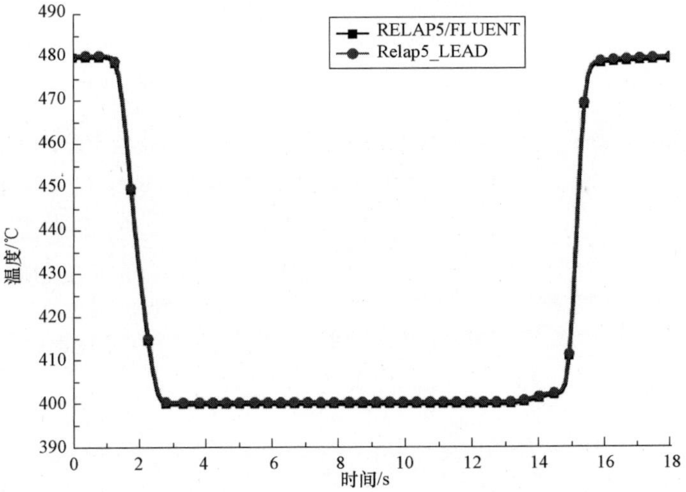

图 5-18　耦合计算中 Pipe2 进口冷却剂温度变化曲线

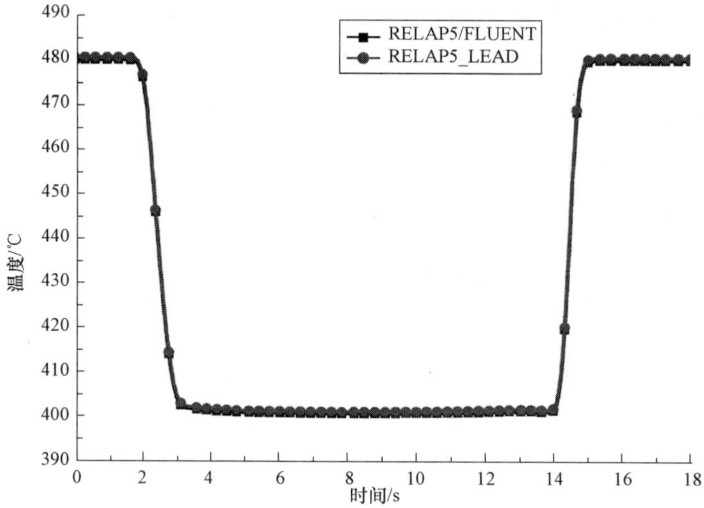

图 5-19　耦合计算中 Pipe2 出口冷却剂温度变化曲线

图 5-18 和图 5-19 分别给出了耦合计算中 Pipe2 进出口冷却剂温度随时间的变化情况。由图 5-18 和图 5-19 可知，Pipe2 进出口区域分别于 3 s 前后由 480 ℃降到了 400 ℃；同时分别于 14.5 s 前后在由 400 ℃升到冷却剂逆流的温度 480 ℃。由两图可以看出，耦合程序 RELAP5/FLUENT 的计算结果与 RELAP5_LEAD 单独的计算结果吻合很好。

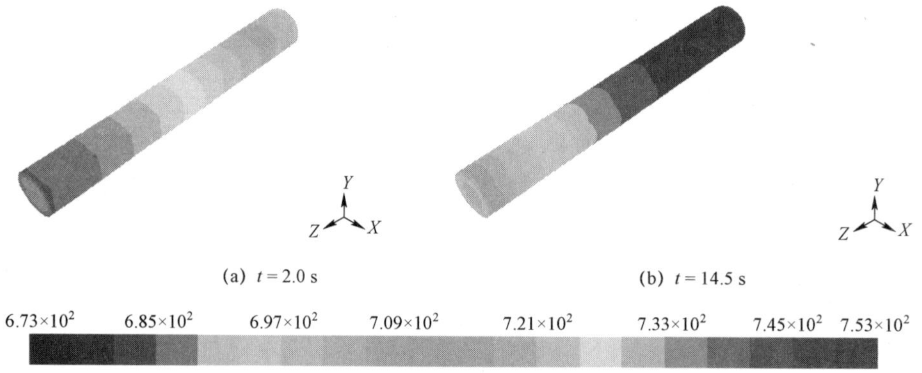

图 5-20　耦合计算中 Pipe2 特定时刻的温度云图

图 5-20 给出了耦合计算中 Pipe2 特定时刻的温度分布云图。由图 5-20 可看出，在 2.0 s 时，Pipe2 入口区域较冷的流体正向流入该管道，管道内已出现明显的热分层现象；在 14.5 s 时，冷却剂出现逆流，Pipe2 入口区域较热的流体逆向流入该管道，管道内同样出现了明显的热分层现象。这说明 FLUENT 区域能很好地接收上下游的流量和温度瞬变信息。

从上述的验证计算结果可看出，在耦合程序界面处能很好地实现流量和温度瞬变信息交换，同时 RELAP5/FLUENT 能用于模拟冷却剂的逆流工况，RELAP5/FLUENT 的计算结果与 RELAP5_LEAD 单独的计算结果吻合良好，这初步说明 RELAP5/FLUENT 计算结果具有足够的准确度和可信度，能用于铅冷开式回路的瞬态工况分析研究。

（2）验证算例 2：简单闭式回路内液态铅的瞬态流动模拟

1）分析对象

选取简单铅冷闭式回路作为研究对象，开展简单闭式回路内液态铅冷却剂流量瞬变工况验证计算。图 5-21 为简单铅冷闭式回路的结构示意图，其中 Pipe1 的长度为 12.0 m，Pipe2、Pipe3 和 Pipe4 的长度均为 6.0 m，所有管道的内径均为 0.2 m。

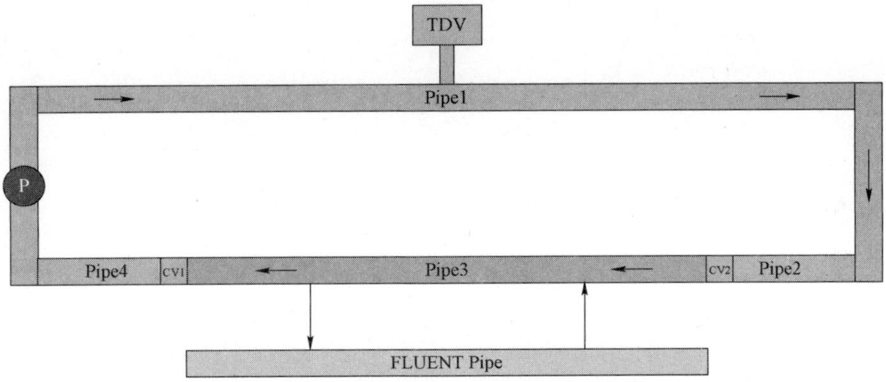

图 5-21　简单铅冷闭式回路结构示意图

针对图 5-21 所示回路采用耦合方法建模，建立的耦合模型节点图如图 5-22 所示。采用 RELAP5_LEAD 模拟整个区域（Pipe1、Pipe2、Pipe3 和 Pipe4），使用 FLUENT 模拟局部区域（Pipe3）。在管道 Pipe4 上设有一液态金属主泵，Pipe1 的中间部位连有一简单的压力控制装置 TDV，用于控制整个闭合回路中的压力，闭合回路中液态铅的初始温度为 480 ℃，TDV 的压力设定为 0.101 325 MPa。闭合回路中冷却剂顺时针流动为正向流动，逆时针流动为逆向流动。

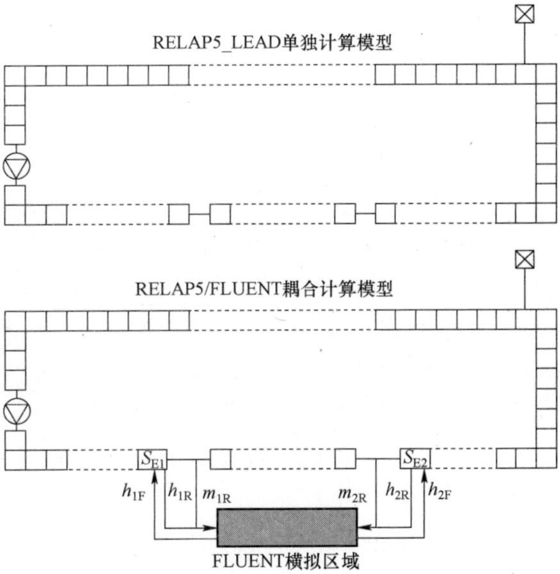

图 5－22　简单铅冷闭式回路耦合计算节点图

2）瞬态条件

耦合计算中，0 s 时开启回路主泵，40 s 时达到额定功率，40 s 到 100 s 间主泵维持额定功率不变，100 s 时主泵开始逆转，于 110 时重新恢复额定功率。

3）验证结果

图 5-23 给出了 Pipe3 入口冷却剂流量随时间的变化关系。由图 5.21 可看出，当回路中主泵启动后，Pipe3 入口的冷却剂流量迅速上升，至 50 s 左右时开始逐渐稳定在 700.5 kg/s 左右；至 100 s 时流量

开始迅速下降，至 150 s 左右时逐渐稳定在 –700.5 kg/s 左右。耦合程序 RELAP5/FLUENT 和 RELAP5_LEAD 的计算结果吻合很好，说明耦合接口处 RELAP5_LEAD 和 FLUENT 的数据传递是成功的，RELAP5/FLUENT 能计算闭合回路的逆流问题。

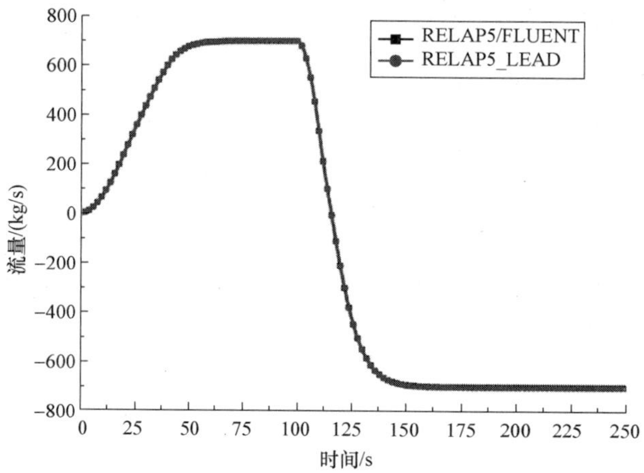

图 5-23　Pipe3 入口区域的流量随时间的变化关系

图 5-24 给出了 Pipe4 出口区域压力随时间的变化关系。由图 5-24 可看出，当主泵启动后，Pipe4 出口区域的压力迅速升高，至 40 s 左右时开始稳定下来；随着主泵在 100 s 左右开始逆转，出口区域的压力也迅速下降，至 110 s 时稳定在另一个相对较小的值上。耦合程序 RELAP5/FLUENT 和 RELAP5_LEAD 的计算结果吻合很好，说明耦合程序能较好地处理闭合回路逆流时压力的变化情况。

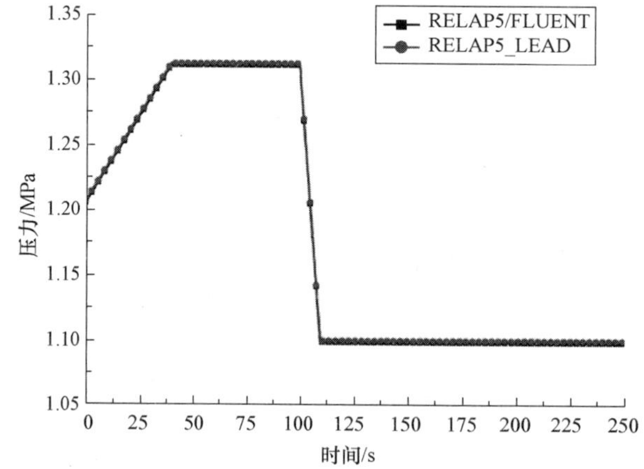

图 5-24　Pipe4 出口区域的压力随时间的变化关系

图 5-25 给出了耦合计算中 Pipe3 入口特定时刻的速度云图。由图 5-25 可知，0 s 时，Pipe3 入口流速为 0 m/s；75.0 s 时，Pipe3 入口速度稳定在正向流动的最大值，约为 2.13 m/s；115.85 s 时，Pipe3 入口速度重新降到了 0 m/s；175.0 s 时，Pipe3 入口速度稳定在逆向流动的最大值，约为 –2.13 m/s。由此可看出，在耦合界面处，FLUENT 区域能

很好地接收上、下游的流速瞬变信息。

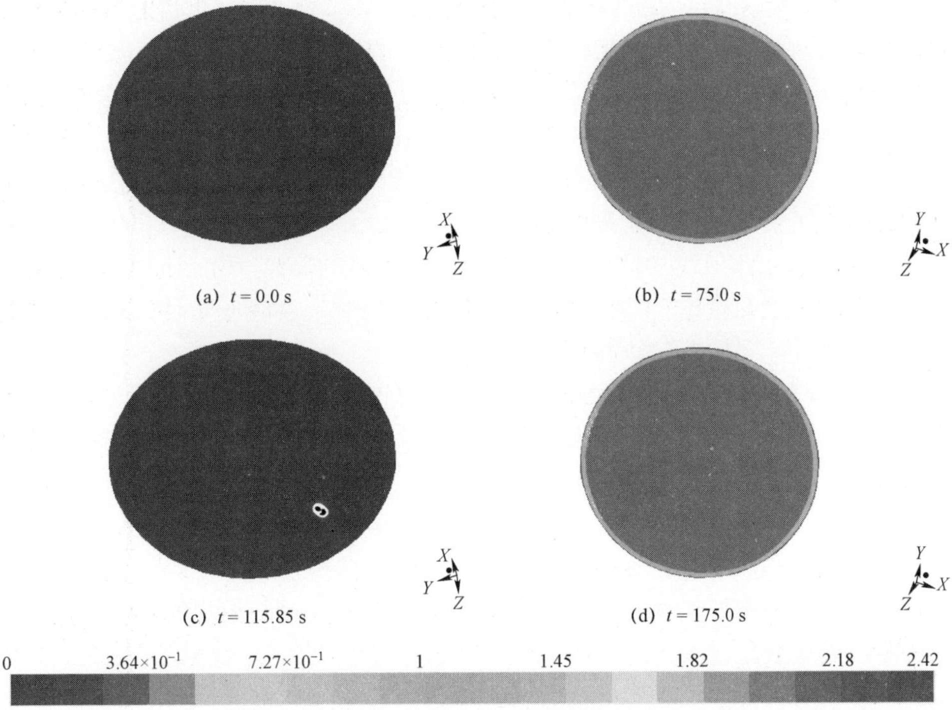

图 5-25　耦合计算中 Pipe3 入口特定时刻的速度云图

从上述的验证计算结果可看出，在耦合程序界面处各耦合参数交换情况良好，耦合程序能很好地模拟闭式回路中的流量瞬变和压力变化，RELAP5/FLUENT 的计算结果与 RELAP5_LEAD 单独的计算结果吻合良好，这初步说明了 RELAP5/FLUENT 计算结果具有足够的准确度和可信度，能用于铅冷闭式回路的瞬态工况分析研究。

综合上述对耦合程序 RELAP5/FLUENT 的验证情况，无论是对于铅冷开式回路还是闭式回路的瞬态热工水力现象，RELAP5/FLUENT 计算结果和 RELAP5_LEAD 单独的计算结果吻合都很好，这说明耦合界面处的相关耦合参数传递情况良好，耦合程序的开发取得了初步成功，程序的计算结果具有良好的可信度，能够用于 SNCLFR−100 瞬态和事故工况下复杂三维流动现象的分析研究。

5.4　全厂断电事故下的热分层现象分析研究

全厂断电事故（Station Black_Out Accident，SBO）是指正常外部供电系统或备用外部供电系统发生故障引起电网电源故障，使反应堆装置厂用电源系统的厂用电母线上的电压或电流频率降低到限值后发出“电网电源丧失信号”，引起紧急停堆，同时应急柴油机组无法启动的事故。

对自然循环铅基快堆来说，在发生全厂断电（SBO）、有保护失热阱事故（PLOHS）、有保护超功率（PTOP）和有保护失热阱叠加超功率（PLOHS+PTOP）等事故时，反应堆紧紧停堆，反应堆堆芯功率快速下降，同时通过堆芯的冷却剂流量也迅速衰减。但是由于堆芯的功率下降速率远大于通过堆芯流量的衰减速率，导致堆芯出口的冷却剂温度急剧下降。由此，从堆芯出来的相对较冷的低速流体在流入上腔时候，没有足够的惯性冲入较高位置，与上腔室上部相对较热的流体充分搅混，而仅能进入上腔室的底部区域。这样，相对较冷的流体保持在上腔室较低位置，而相对较热的流体在浮力的作用下保持在上腔室较高位置，从而在上腔室内形成池式快堆所特有的热分层现象。热分层现象出现后，对反应堆的安全运行所带来的挑战主要有两个：

1）热分层现象出现后，由于上腔室底部存在大量的冷铅（相对而言），这将延缓事故后一回路主冷却系统稳定自然循环的重新建立，同时还会降低通过堆芯的自然循环流量，这对于事故后堆芯的冷却极为不利；

2）热分层现象出现后，会在轴向高度上形成较大的温度梯度，在堆容器和部分堆内构件内部形成明显的热应力，对设备的结构安全构成威胁，从而给反应堆的安全运行带来隐患。

基于此，有必要对池式快堆的热分层现象进行详细的安全评估，这对反应堆的优化设计和安全运行都非常重要。目前，研究池式快堆的热分层现象已是快堆热工水力分析的一个重要课题，国内外学者开展了一系列的理论分析、数值模拟和实验研究[62-65]，取得了一系列积极的成果。本节拟采用多尺度耦合分析程序 RELAP5/FLUENT，对全厂断电工况下 SNCLFR－100 上腔室的热分层现象进行较为深入和全面的分析研究，以评估该工况下自然循环铅基快堆的瞬态热工安全性能。

5.4.1 分析模型

SBO 事故发生后，池式快堆上、下腔室都会出现热分层现象。但是，现有的分析表明，发生在下腔室的热分层现象可通过主容器冷却系统缓解，从而不会在轴向高度上产生大的热应力，同时上腔室内的热分层现象最为严重。因此，出于简化计算的考虑，本小节的多尺度耦合分析中将仅建立上腔室的 CFD 分析模型，对于上、下腔室内的联合建模将作为后续工作的一部分，在将来开展。

图 5-26 给出了 SBO 事故的多尺度耦合分析模型，在尽可能考虑 SNCLFR－100 一回路冷却系统真实模拟的前提下，建模时作了如下的适当简化：

1）沿用第四章中 SNCLFR－100 瞬态事故分析的建模思想，堆芯分为 8 个通道，其中内部燃料区、中部燃料区、外部燃料区和控制组件区均分别使用平均通道和热通道模拟，同时在热通道中考虑平均棒和最热棒的功率分布，从而实现在多尺度耦合分析中同时考虑堆芯最热通道的瞬态热工安全特性；

2）考虑到 SNCLFR－100 上腔室的几何设计具有良好的对称性，耦合计算中选取 90° 作为计算区域；

3）对于堆芯出口流量的模拟，采用流量分区等效的方法实现。图 5-26 给出了堆芯出口分区情况，根据 SNCLFR－100 堆芯径向的布局，采用面积等效法将堆芯入口区域简化为 4 个同轴的环形区域；耦合计算中，堆芯各通道和堆芯入口区域 4 个环形区的对应关系，稳态和瞬态条件下入口流量和温度的处理方法见表 5-3 所示；

4）考虑了两个耦合界面，分别位于堆芯出口附近和主热交换器进口；考虑到堆芯出口区域通常会发生较为剧烈的冷却剂搅混现象，导致出口压力分布不均，不利于耦合参数的交换，现特将耦合界面下移 0.1 m，其位于堆芯各通道的出口段，冷却剂流动可视为一维的缓变流。

5）出于保守计算的考虑，不考虑一回路主冷却系统通过冷却剂自由液面和主容器壁面的散热，以及非能动应急排热系统（RVACS）的工作。

表 5-3 耦合模型中堆芯入口区域冷却剂流量和温度处理方法

耦合模型中堆芯入口通道	RELAP5_LEAD 中的对应通道	堆芯出口流量处理方法	堆芯出口温度处理方法
第 1 层（内部燃料区）	FI_Ave	流量相加	质量流量加权平均
	FI_Hot		
第 2 层（控制组件区）	FM_Ave	流量相加	质量流量加权平均
	FM_Hot		
第 3 层（中部燃料区）	FO_Ave	流量相加	质量流量加权平均
	FO_Hot		
第 4 层（外部燃料区）	CR_Ave	流量相加	质量流量加权平均
	CR_Hot		

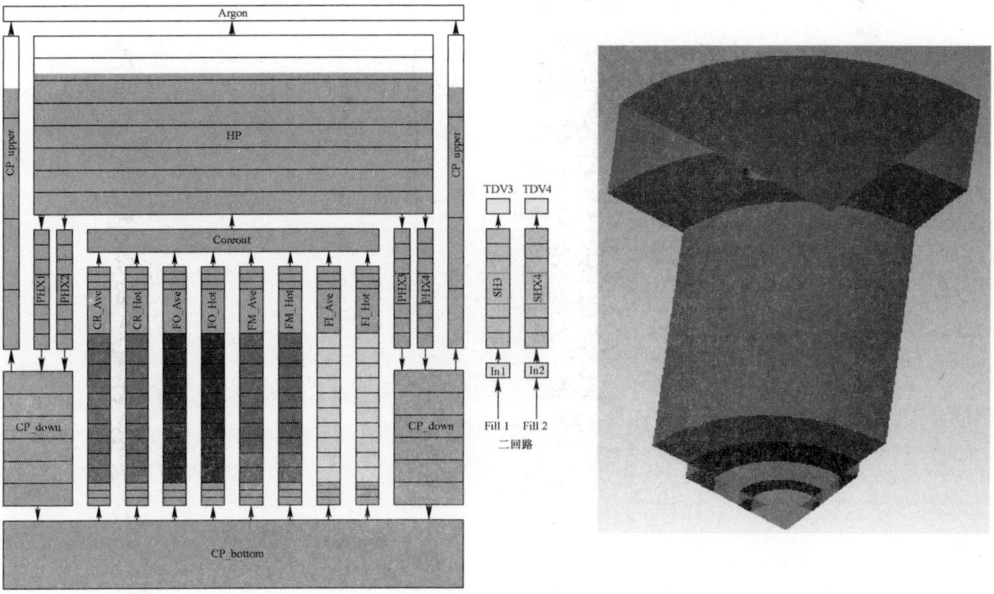

图 5-26 SNCLFR-100 多尺度耦合分析模型

采用 ANSYS ICEM 对图 5-26 中所建立的 CFD 分析模型进行网格划分，所有区域均采用结构化网格，并通过网格无关性分析，最终选择了 120 万的网格方案。图 5-27 给出了 SNCLFR－100 上腔室的网格示意图，图 5-28 给出了网格的质量检查结果，由图 5-28 可知，网格质量在 0.622 以上，质量较佳，能满足耦合计算中 CFD 区域的分析需求。

图 5-27　耦合计算中上腔室网格示意图

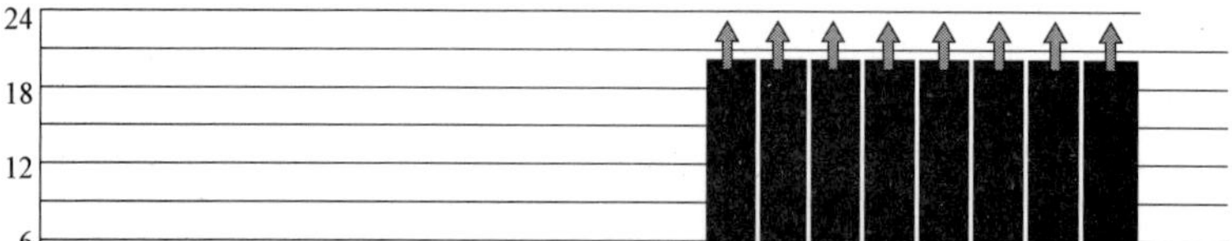

图 5-28　上腔室网格质量检查结果

5.4.2 瞬态条件

初始工况：反应堆 100%额定功率运行，100%流量，堆芯入口温度约 400 ℃，出口温度约 480 ℃，平衡态初期（BOC）

本小节分析 SNCLFR－100 的全厂断电事故时所引入的主要假设有：

1）事故发生前，反应堆维持在 100%额定功率下运行，堆芯入口冷却剂平均温度

400 ℃，出口冷却剂平均温度 480 ℃；

2）事故发生后，应急柴油机无法正常启动，二回路主冷却剂系统主泵失电惰转，导致二回路冷却剂系统流量 5.0 s 后衰减为额定值的一半，46.0 s 后流量为 0；

3）事故发生后的 0.1 s 反应堆保护系统收到停堆信号，延迟 0.2 s 开始落棒，同时考虑地震的影响，安全棒于事故发生后 1.7 s 落入反应堆活性区底部。

5.4.3 计算结果

在开展耦合计算之前，首先需要分别获得 RELAP5_LEAD 和 FLUENT 的稳态计算结果。其中由于系统安全分析程序 RELAP5_LEAD 的计算中，采用的是和第四章 SNCLFR－100 分析中相同的物理模型和相同的边界条件，所获得的稳态计算结果与 ATHLET 计算结果几乎相同，在此不再赘述。提取 RELAP5_LEAD 中在耦合界面处的边界条件，开展 CFD 分析，以获得上腔室的稳态 CFD 分析结果。

分别获得 RELAP5_LEAD 和 FLUENT 的稳态计算结果后，根据前文所述的耦合程序计算框架，开展全厂断电事故的瞬态分析，重点分析全厂断电事故下的热分层现象。

（1）稳态计算结果

图 5-29 给出了 SNCLFR－100 额定工况下上腔室的温度和速度分布云图。由图 5-29（a）可知，和第三章 SNCLFR－100 一回路主冷却系统整体三维 CFD 分析结果类似，由于自然循环铅基快堆出口冷却剂流速过低，冷却剂搅浑不如强迫循环反应堆那般剧烈，使上腔室径向出现了较为明显的温度分层现象，同时也可再次清晰地看到径向的温度梯度是较小的，最大温差约 12 ℃，不会给堆内构件带来较大的热应力危害，是能够接受的。由图 5-29（b）可知，虽然上腔室的冷却剂进口区域径向布局发生了一定的变化，导致上腔室的流动现象和第三章分析中得到的上腔室流场分布存在一定差异，但从整体上看两者的分析结果是类似的。最大流速出现在外部燃料组件的出口及其上方区域，整

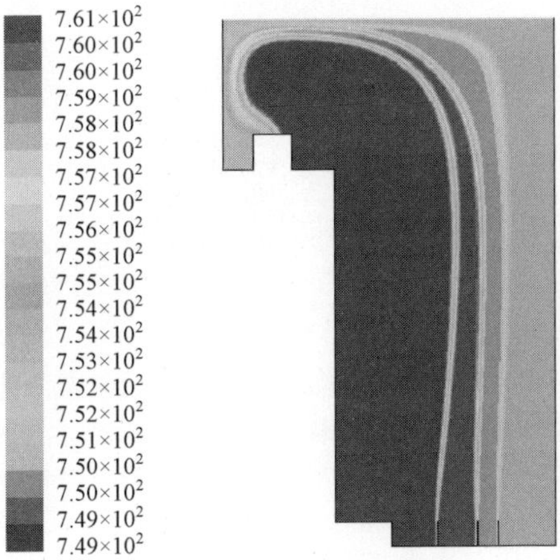

(a) 温度分布云图

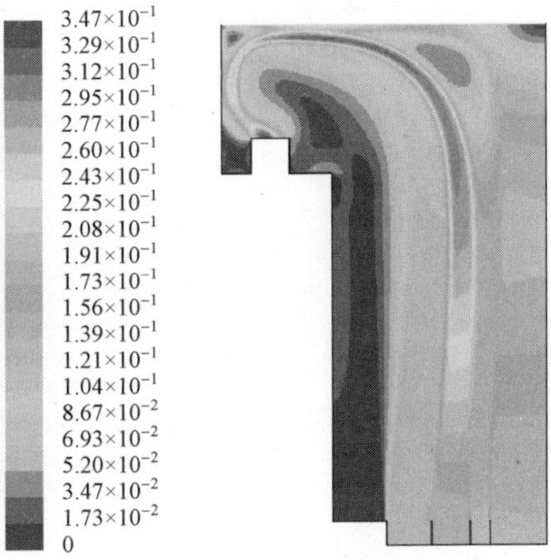

(b) 速度分布云图

图 5-29　SNCLFR-100 额定工况下上腔室稳态温度和速度分布云图
（单位：K，45° 方向切图）

个上腔室的最大流速约为 0.347 m/s，这与第三章中整体 CFD 分析得到的上腔室最大流速 0.343 m/s 差异很小。上述的分析结果表明，对上腔室的单独 CFD 稳态分析是成功的，结果是可靠的，可用于 SNCLFR－100 全厂断电事故的瞬态分析。

（2）瞬态计算结果

图 5-30 给出了 SNCLFR－100 发生 SBO 事故后归一化堆芯功率和堆芯流量随时间的变化规律。由图 5-30 可清楚看到，当 SBO 事故发生后，堆芯功率和堆芯流量均迅速降低，同时堆芯功率的下降速率远大于堆芯流量的衰减速率。事故后的 100～500 s 间，堆芯流量存在小幅度的振荡；事故后 500 s 左右，堆芯功率和堆芯流量逐渐稳定下来，堆芯流量功率和堆芯流量一道维持小幅度下降趋势。

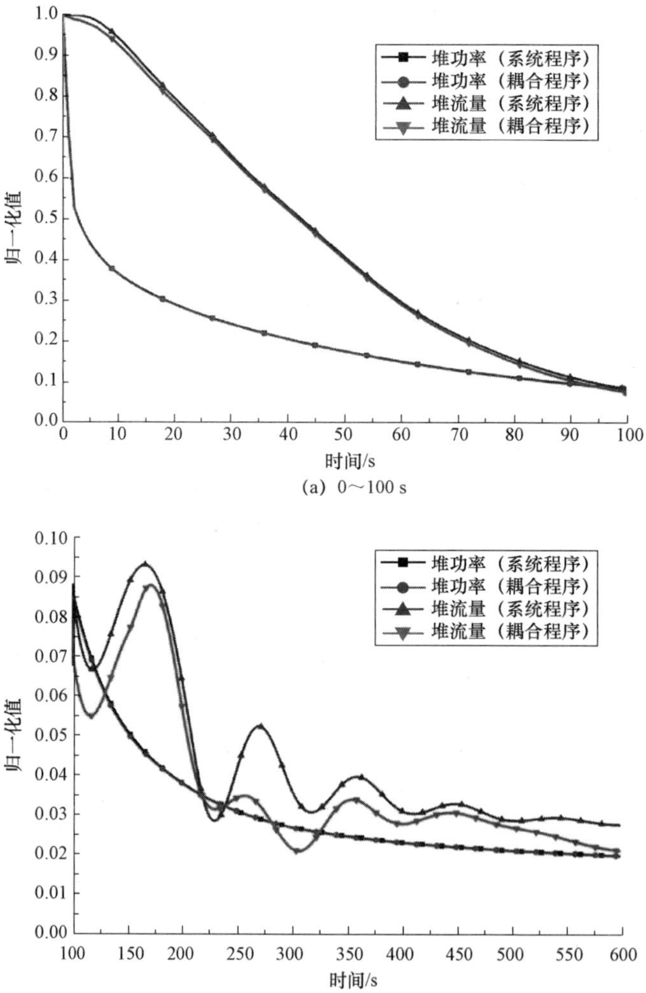

(a) 0～100 s

(b) 100～600 s

图 5-30 SBO 事故时归一化堆芯功率和堆芯流量随时间的变化曲线（一）

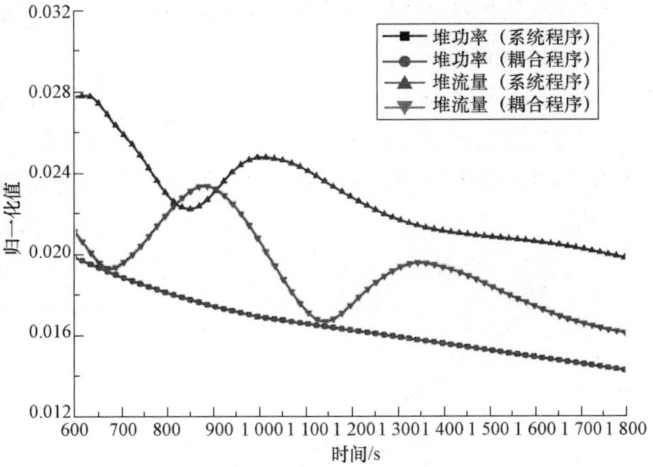

(c) 600～1 800 s

图 5-30　SBO 事故时归一化堆芯功率和堆芯流量随时间的变化曲线（二）

对比图 5-30 中的耦合计算结果和系统安全分析程序单独计算结果可发现，对于堆芯功率，系统程序单独计算结果和耦合计算结果基本一致；对于堆芯流量，耦合计算结果与系统程序单独计算结果变化趋势一致，且耦合计算得到的堆芯流量低于系统程序单独计算得到的流量值。由此可看出，SBO 事故发生后，上腔室的复杂三维热工水力现象对通过堆芯的冷却剂流量具有一定影响，这主要是因为上腔室内冷却剂的三维流动和传热导致冷却剂在通过该区域时的压力损失要大于系统程序中相应模拟段的压降，同时冷却剂的复杂搅混导致由上腔室进入主热交换器的冷却剂温度不同，进而影响 SBO 事故下 SNCLFR－100 一回路主冷却剂系统的系统响应特性。

图 5-31 给出了 SBO 事故发生后 SNCLFR－100 上腔室的温度随时间的变化规律。由图 5-31 可知，当 SBO 事故发生后，由于堆芯功率的迅速下降，堆芯出口的冷却剂温度也随之降低，进而导致上腔室冷却剂出口温度不断下降。对比耦合计算结果和系统程序单独计算结果，可发现两者变化趋势基本一致，在 350～1 000 s 间，耦合计算结果明显低于系统程序单独计算结果，在 1 000 s 后，两者差异缩小，均呈小幅度下降趋势。出现这种现象的主要原因是：当系统程序单独计算时，由于采用的是一维模型模拟反应堆的上腔室，同时考虑流体进入上腔室水力学构件的相应控制体后会迅速搅混均匀，上腔室的冷却剂出口温度实际上是与该区域相连的控制体的平均温度；当耦合计算时，可获得上腔室的三维流场和非均匀温度场，从堆芯出来的相对较冷的冷却剂，无法像采用集总参数法的系统程序那样让冷却剂迅速搅混均匀，导致在采用耦合计算时，上腔室下部区域冷却剂的温度将明显低于系统程序单独计算时的相应值，400 s 左右时，耦合计算中上腔室下部累积的大量较冷液态铅将到达腔室的出口区域，从而导致上腔室出口冷却剂温度温度明显低于系统程序单独计算时的相应值。同时也注意

到，由于耦合计算中，下腔室累积了更多相对较冷的液态铅，导致冷却剂通过上腔室时的重力压降将增大，这将进一步削减 SBO 事故发生后整个一回路冷却剂系统的驱动压头，这也是导致出现图 5-30 所示的耦合计算堆芯流量低于系统程序单独计算值最重要的原因。

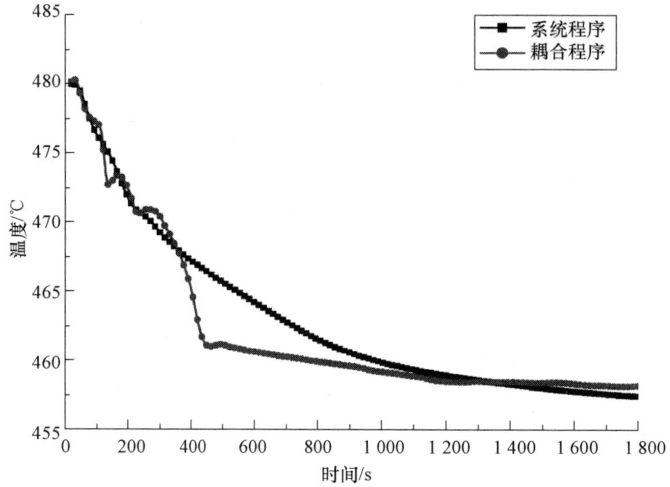

图 5-31　BOL 时 SNCLFR-100 上腔室冷却剂出口温度

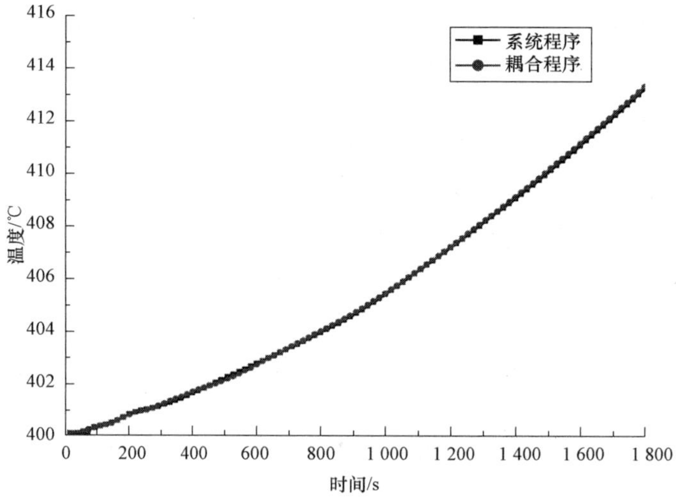

图 5-32　BOL 时 SNCLFR-100 下腔室冷却剂温度（堆芯入口处）

图 5-32 给出了 SBO 事故发生后 SNCLFR－100 下腔室的温度随时间的变化规律。由图 5-32 可知，当 SBO 事故发生后，由于一回路主冷却剂系统热阱的丧失，导致主热交换器出口的冷却剂温度迅速升高，从而使下腔室冷却剂整体温度不断增大。对比系统程序单独计算结果和耦合计算结果发现，两者吻合良好，这一方面是因为下腔室具有较大的热惰性，可有效缓冲主热交换器出口冷却剂温度急剧上升带来的影响，由此尽管从上腔室进入主热交换器的冷却剂流体温度不一致，必然导致主热交换器出口

冷却剂温度出现差异，但在与下腔室大量冷铅搅混后，在贴近堆芯入口区域，下腔室的冷却剂温度差异几乎可以忽略不计。另一方面，在目前的耦合分析中，暂没考虑对下腔室进行三维建模分析，无法分析下腔室的冷却剂的三维流动和换热给下腔室整体温度变化带来的影响，这将是本书未来进一步深入分析 SBO 事故的重要工作部分。

图 5-33 给出了 SBO 事故发生后堆芯最热通道的冷却剂出口温度、最热棒燃料芯块中心温度和包壳最高温度随时间的变化规律。由图 5-33 可知，当 SBO 事故发生后，由于堆芯功率的迅速衰减，堆内最热棒燃料芯块中心温度迅速降低，至 100 s 左右时逐渐稳定下来，呈小幅度下降趋势；最热棒的包壳最高温度和最热通道的冷却剂出口温度在 SBO 事故初期也主要受堆芯功率的影响，随着堆芯功率的递减而迅速降低，至 37 s 左时达到最低值，随后两者开始小幅度回升，并最终几乎重合。值得注意的是，在 125 s 左右时，最热棒燃料芯块中心最高温度开始被包壳最高温度反超，同时在 300～1 800 s 之间，最热棒燃料芯块中心最高温度和包壳最高温度一直维持在 20 ℃的温差。这主要是因为堆芯功率已经非常低，而热阱的丧失导致一回路主冷却系统内冷却剂的温度持续升高，继而带动包壳温度的增长，而燃料芯块的温度主要由堆芯功率决定，从而出现燃料包壳和外围冷却剂温度高于燃料芯块的现象。

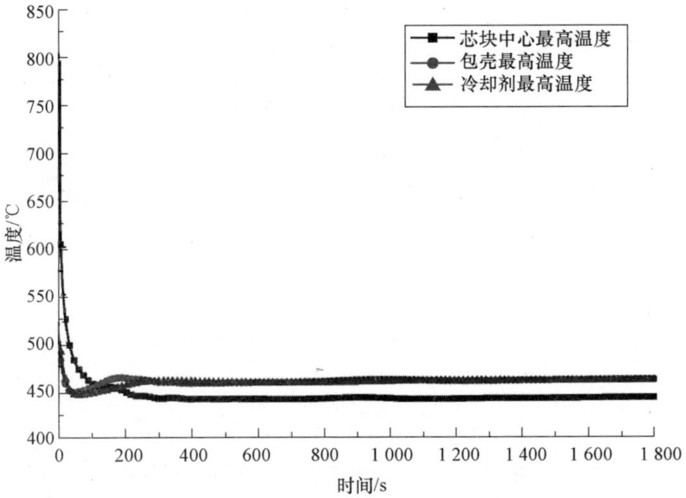

图 5-33　SBO 事故下堆芯最热通道最热棒的温度分布曲线

图 5-34 给出了系统程度单独计算和耦合计算下堆芯最热通道最热棒温度分布的对比情况。由图 5-34 可知，耦合计算中，堆芯最热棒燃料芯块中心最高温度和包壳最高温度均要高于系统程序单独计算结果。这主要是因为在耦合计算下，SNCLFR-100 上腔室的三维热工水力现象导致通过堆芯的冷却剂流量更小，堆芯的输热能力被进一步抑制。

图 5-35 给出了 SBO 事故发生后 SNCLFR-100 上腔室流场随时间的变化情况。由图 5-35 可知，事故发生后上腔室流场变化较大，整体的输热流速在不断衰减；40 s 时，上腔室内原有的冷却剂大漩涡已经开始逐渐消退，腔室的中下部区域开始形成若干个小漩涡；60～120 s 内，上腔室上部的冷却剂流速已经越来越小，上腔室的中下部继续生成若

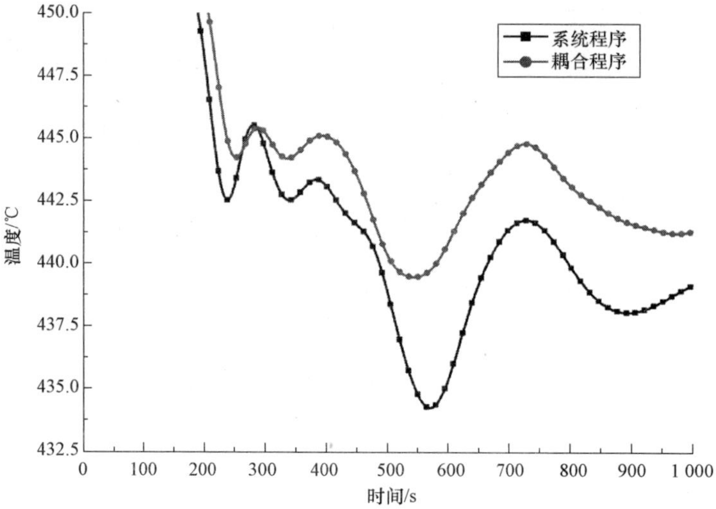

(a) 燃料芯块最高温度

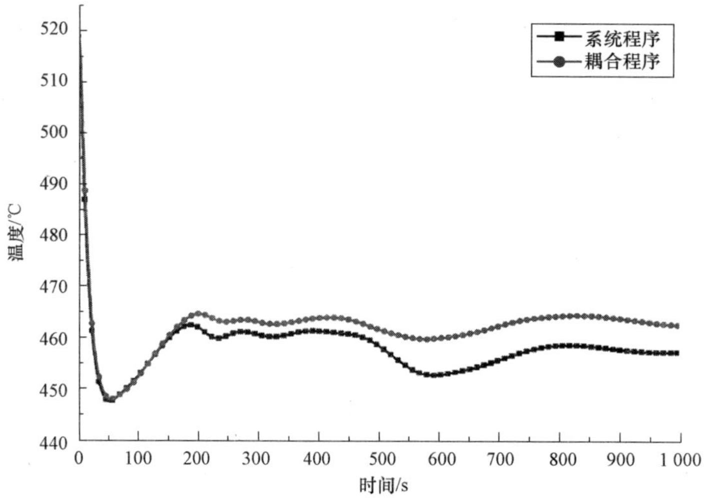

(b) 燃料包壳最高温度

图 5-34 堆芯最热通道最热棒温度变化情况（系统程序单独计算 VS 耦合计算）

干个小漩涡。这主要是因为随着事故的发展，从堆芯出来的冷却剂惯性越来越小，已无法冲上上腔室的顶部，由此上腔室的冷却剂上部冷却剂搅混越来越弱，而下腔室依然维持相对较强的冷却剂搅混。

图 5-36 给出了 SBO 事故发生后 SNCLFR－100 上腔室的温度场随时间的变化情况（0～200 s）。由图 5-36 可知，事故发生后，SNCLFR－100 上腔室的整体温度分布变化较为剧烈；由于腔室上部的冷却剂搅混越来越弱，上腔室原来相对较热的冷却剂在浮力的作用下逐渐向腔室上部聚集；事故发生后 20 s，堆芯出口区域已经能见到明显的温度梯度，至 40 s 时，上腔室进口区域开始出现较为明显的热分层现象。随着事故的发展，上腔室底部逐渐增加的冷铅容量（压力）与腔室上部的热铅浮力不断相互作用，热铅就像流体

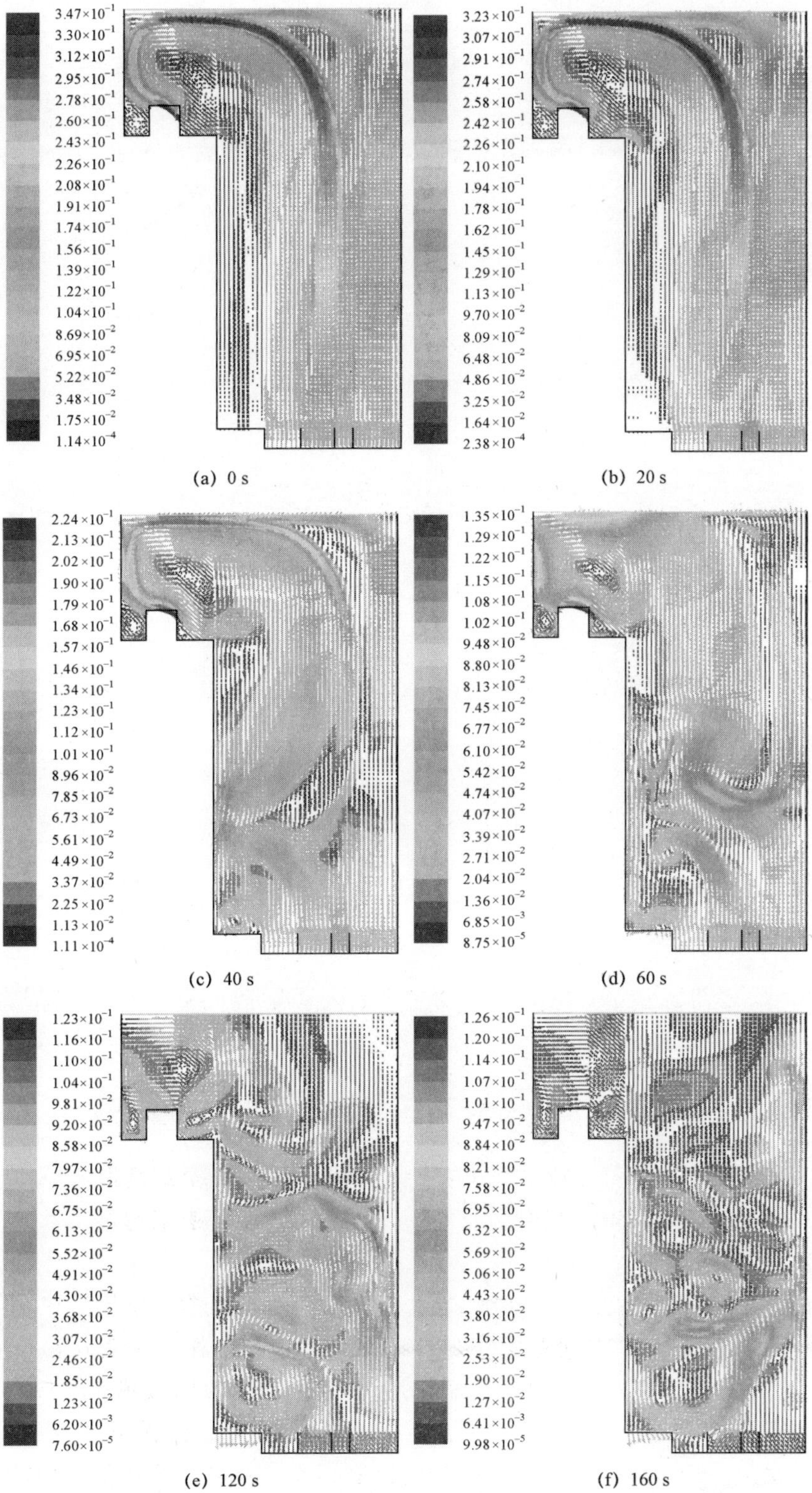

图 5-35 SBO 事故上腔室流场随着时间的变化情况（单位：K，45° 方向切图）

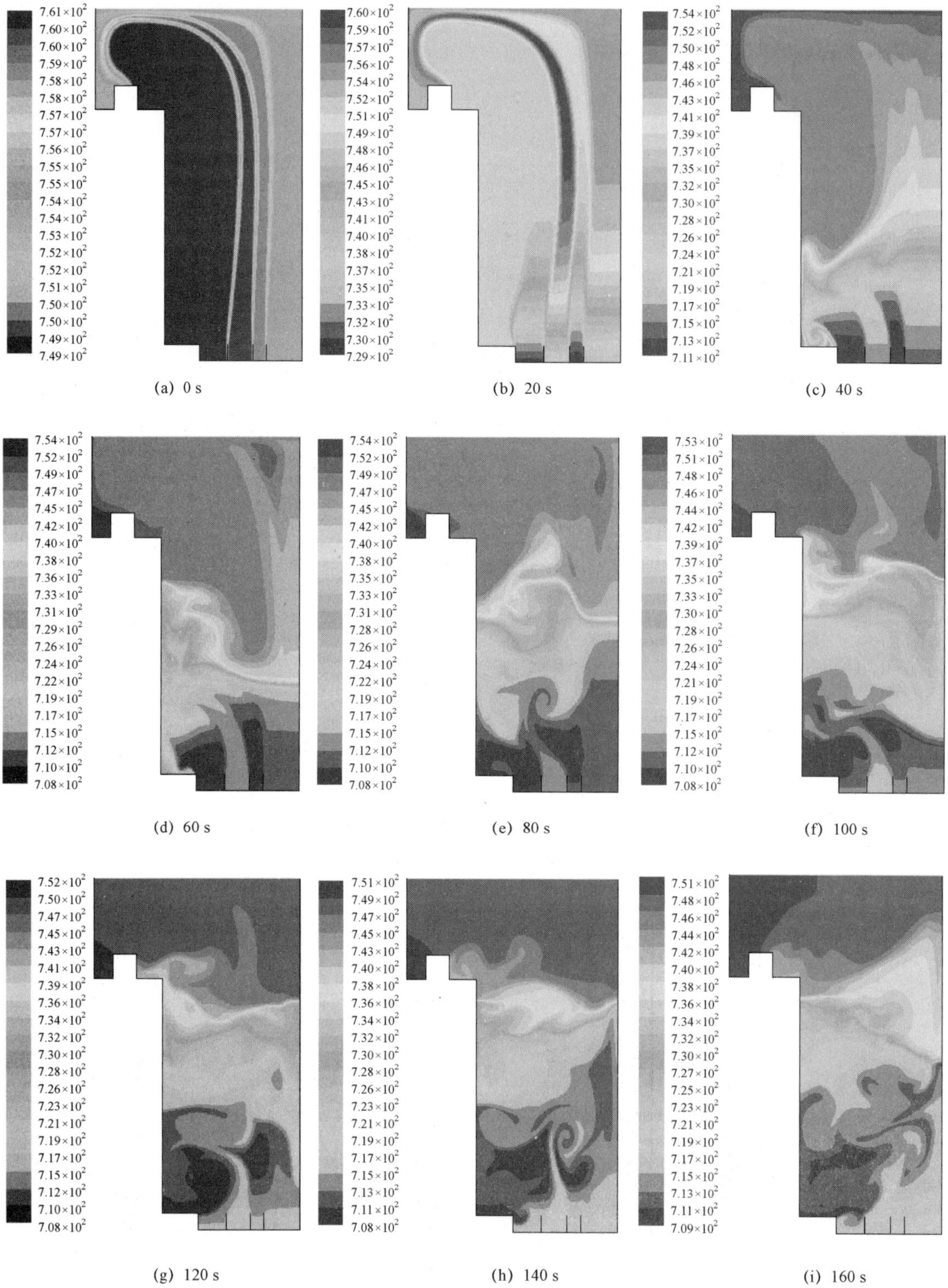

图 5-36 SBO 事故上腔室温度场随着时间的变化情况（0～200 s，单位：K，45° 方向切图）

软塞塞在上腔室上，导致热分层现象的发生。至 160 s 时，上腔室的近乎一般区域已经被相对较冷的铅所占据，而此时上腔室底部区域的冷却剂温度依然维持在近乎 480 ℃的温度。

由上述的事故后 200 s 内上腔室内的流场和温度场分析可发现，事故发生后，整个上腔室的流场极为不稳定，腔室上部的流场逐渐减弱，而下部区域依然能维持相对剧烈的冷却剂搅混；堆芯出口区域在事故发生后迅速出现了较为明显的温度梯度，SBO 事故后的 200 s 内上腔室的热分层现象不断发展，上腔室上部区域的冷却剂温度场几乎不变，而上腔室的下部区域几乎被相对较冷的铅完全占据。

由图 5-30（a）可知，SBO 事故发生后的 200 s 内，SNCLFR−100 堆芯功率和流量变化剧烈，而此之后变化较为平缓。因此，对热分层现象的分析，SBO 事故发生后的前 200 s 是本书分析的重点。

图 5-37 给出了 SBO 事故发生后 SNCLFR−100 上腔室温度场随时间的变化情况（250～2 500 s）。由图 5-37 可知，事故发生后的 250 s 左右时，上腔室已经形成非常明

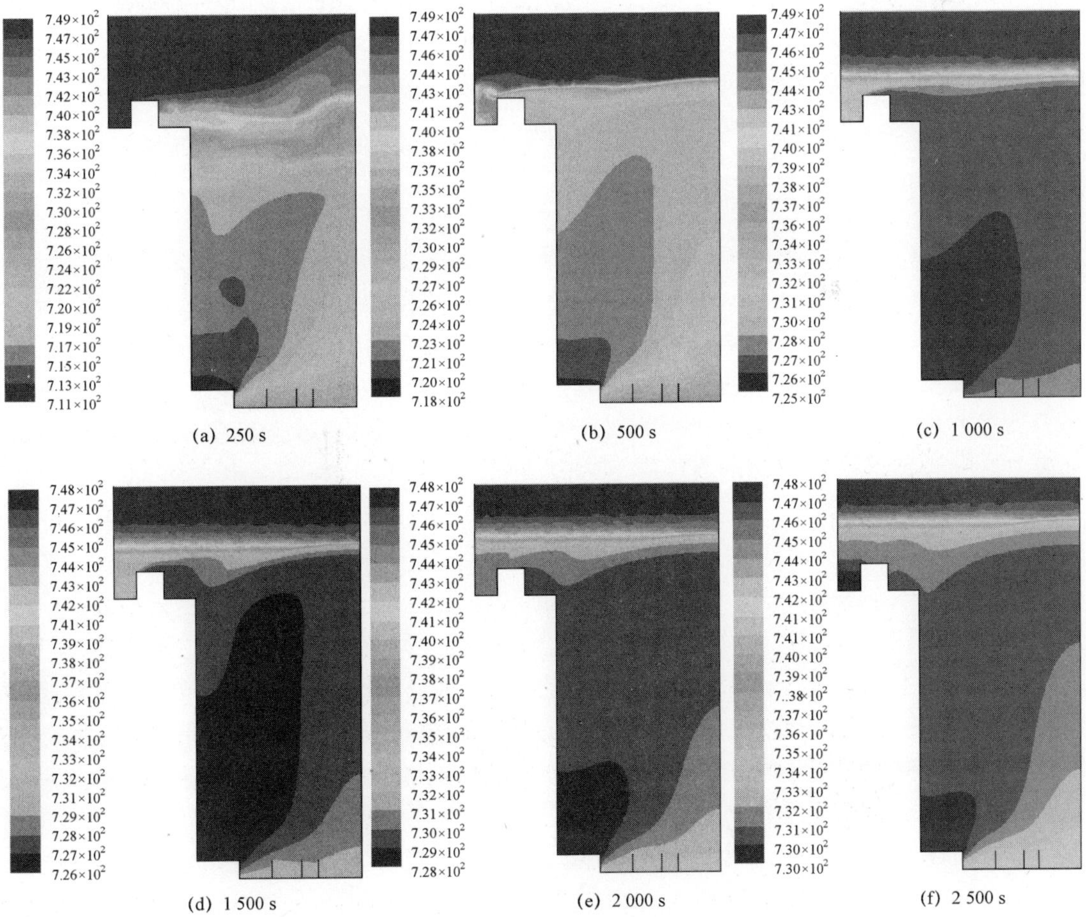

(a) 250 s　(b) 500 s　(c) 1 000 s

(d) 1 500 s　(e) 2 000 s　(f) 2 500 s

图 5-37 SBO 事故上腔室温度场随着时间的变化情况

（250～2 500 s，单位：K，45° 方向切图）

显的热分层现象，至 1 000 s 时热分层的形状已经开始逐渐稳定下来，此时热分层的底端面已经到达了主热交换器进口部位，此时冷却剂能直接贴着热分层底端径向流向主热交换器进口，上腔室将能重新建比较稳定的流场。事故后的 1 000～2 500 s 间，热分层的底端界面缓慢上移，上腔室上部相对较热的流体份额不断被压缩，但在此过程中，这部分相对较热的冷却剂温度变化不大，维持在 475 ℃左右。同时注意到在 1 500～2 500 s 之间，热分层径向出现了较为明显的温度波动现象，这大概是因为热分层底端界面处于主热交换器入口附近，从堆芯来的冷却剂贴着热分层底端面流动时候与热分层相互搅混所导致。该现象的出现将使热分层内的冷却剂流型逐渐发生变化，使热分层发生径向波动同时降低其温度梯度。

图 5-38 给出了 SBO 事故发生后 SNCLFR－100 上腔室流场随时间的变化情况。由图 5-38 可知，事故后的 250～2 500 s 内，上腔室的冷却剂整体流速依然持续不断地降低。随着热分层界面逐渐上移到主热交换器进口，上腔室内将重新建立稳定的流场，此时上腔室热分层的形成对堆芯流量的阻碍作用将逐渐消退，这意味着在这个时间段内，反应堆一回路冷却剂系统将重新建立稳定的自然循环，这显然有利于事故后期堆芯的持续冷却。同时注意到，对应于上述温度场分析中发现热分层出现径向波动现象，在 1 500～200 s 内，热分层底端处的冷却剂流动方向几乎与热分层平行，同时其对热分层的影响范围也在不断扩大。

5.4.4 事故小结

根据上述的分析结果，SNCLFR－100 整个全厂断电事故的发展过程总结如下：

1）当 SBO 事故发生后，反应堆堆芯功率和流量迅速下降，同时反应堆功率下降速率远大于堆芯流量的衰减速率，事故发生后 500 s 左右时，堆芯功率和流量逐渐稳定并小幅度持续下降；耦合计算的堆芯功率与系统安全分析程序单独计算结果基本一致，而耦合计算的堆芯流量低于系统程序单独计算结果，SBO 事故下上腔室复杂三维热工水力现象将影响通过堆芯的冷却剂流量；

2）当 SBO 事故发生后，由于堆芯功率的下降，进入上腔室的冷却剂温度随之降低，进而导致上腔室出口冷却剂温度逐渐下降。在事故初期，耦合计算结果与系统安全分析程序单独计算结果基本一致，在事故发生后 350～1 000 s 间，耦合计算结果明显低于系统程序单独计算结果，这主要是因为系统安全分析程序与 CFD 程序计算上腔室冷却剂流动和换热模型不同，耦合计算时上腔室累积了更多相对较冷的液态铅所致，同时这也是上腔室冷却剂压力损失增大，通过堆芯冷却剂流量更小的重要原因。由于上腔室和下腔室拥有巨大热惰性，下腔室出口冷却剂温度维持缓慢上升势头，且耦合计算结果和系统安全分析程序单独计算结果基本一致；

3）在 SBO 事故初期，堆芯内燃料芯块的最高温度和包壳的最高温度均随着堆芯功率的迅速降低而快速下降，随后由于一回路主冷却系统冷却能力的不足，堆芯内芯块温度和包壳温度开始缓慢上升，同时在 125 s 左右，芯块最高温度被包壳最高温度反超，在堆芯的中上部区域将出现冷却剂向芯块传热的现象；由于耦合计算下，通过堆芯的冷

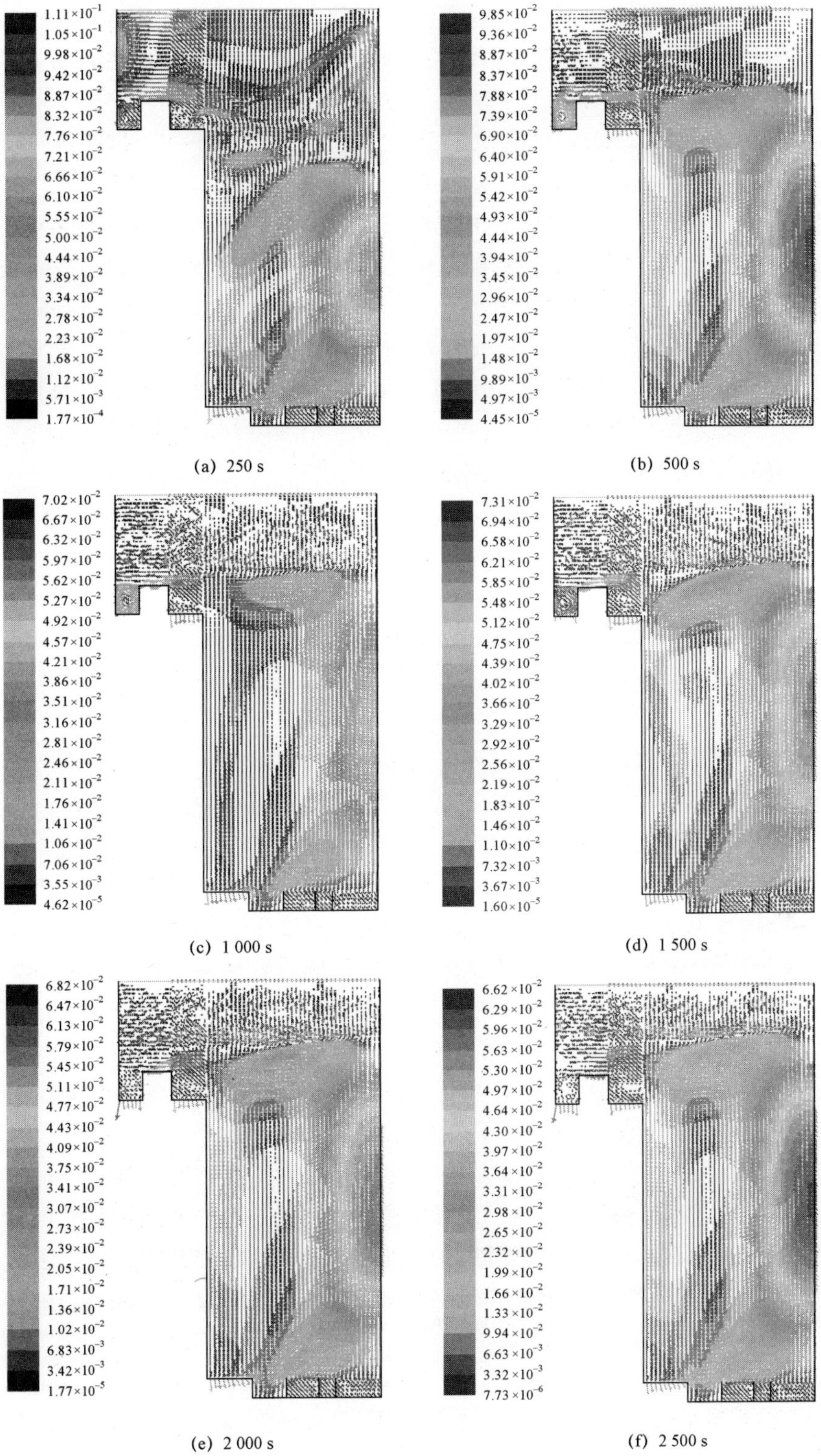

图 5-38 SBO 事故上腔室流场随着时间的变化情况（250～2 500 s，单位：K，45° 方向切图）

却剂流量更小，导致堆芯最热棒的燃料芯块中心最高温度、包壳最高温度相对系统安全分析程序单独计算值要更高；整个事故过程中，堆芯各材料的温度均远低于安全限值，反应堆具有足够的安全性；

4）SBO 事故发生后，SNCLFR－100 上腔室将迅速出现较为明显的热分层现象，同时整个上腔室内冷却剂的流速持续下降；在事故初期，上腔室内冷却剂流场变化剧烈，流型极度不稳定，冷却剂的温度分布也随着剧烈变化，热分层现象不断发展；事故后的 250 s 左右，上腔室内形成较为稳定的热分层现象，同时热分层界面随后缓慢上行，至 1 000 s 左右时，热分层底端界面到达了主热交换器出口区域，此后冷却剂将沿着热分层底端界面直接流向主热交换器进口；在 1 000～2 500 s 内，上腔室内冷却剂的流型将逐渐稳定下来，一回路冷却剂系统将重新建立稳定的自然循环，堆芯来流流动方向几乎与热分层平行，同时不断与热分层混合，使热分层径出现明显的温度波动，使热分层的温度梯度逐渐降低。

5.5 小 结

本章基于经二次开发的系统安全分析程序 RELAP5_LEAD 和商用 CFD 程序 FLUENT 开展了耦合程序开发、验证和应用研究，重点研究了多尺度耦合方法的选取、耦合程序数据交换的实施、耦合程序的验证，并基于耦合程序对全厂断电工况开展了多尺度耦合分析，着重研究该事故下上腔室的热分层现象。本章的主要内容和结论总结如下：

1）开发多尺度耦合分析程序 RELAP5/FLUEN。首先介绍了对待耦合的系统安全程序 RELAP5 和 CFD 程序的功能拓展，为耦合程序的开发奠定程序基础；然后对现有的耦合计算区域划分方法、耦合计算时间迭代方法、耦合程序间数据传递的实现方法进行了详细的对比研究；最后基于外耦合技术，选用区域重叠和显示时间迭代的耦合方法，利用 CFD 程序 FLUENT 的 UDF 功能和动态链接库技术，开发了多尺度耦合分析程序 RELAP5/FLUENT。

2）验证多尺度耦合分析程序 RELAP5/FLUENT。基于简单铅冷开式回路和简单铅冷闭式回路，利用系统安全分析程序 RELAP5_LEAD 对所开发的多尺度耦合程序 RELAP5/FLUENT 开展程序验证。验证结果显示，耦合程序 RELAP5/FLUENT 的计算结果和 RELAP5_LEAD 的计算结果吻合很好，耦合界面处能够实现流量、温度和压力等关键耦合参数的交换，耦合程序不但能模拟开式回路和闭式回路内冷却剂的正向流动工况，还能模拟冷却剂的逆向流动情况。验证结果表明，RELAP5/FLUENT 的开发取得了成功，计算结果具有足够的准确度和可靠性，能够用于 SNCLFR－100 瞬态热工安全性能的分析。

3）利用多尺度耦合程序 RELAP5/FLUENT 开展 SNCLFR－100 全厂断电事故模拟分析，着重研究了上腔室热分层现象以及一维和三维热工水力现象的耦合反馈。分别建立 SNCLFR－100 一回路主冷却系统的整体系统分析模型和上腔室的三维 CFD 分析模型，重点研究了 SBO 事故下 SNCLFR－100 上腔室内热分层的形成和发展过程。分析结果表明：SBO 事故发生后，堆芯功率和堆芯流量迅速下降，同时堆芯功率下降速率远大于堆芯流量的下降速率，该现象导致事故后堆芯上腔室入口区域迅速出现较明显的温度梯度，同时冷却剂流型迅速变化；在事故初期，耦合计算结果与系统安全分析程序单独计算结果基本一致，在事故发生后 350～1 000 s 间，耦合计算结果明显低于系统程序单独计算结果，这主要是因为系统安全分析程序与 CFD 程序计算上腔室冷却剂流动和换热模型不同，耦合计算下上腔室累积了更多相对较冷的液态铅所致，同时这也是上腔室冷却剂压力损失增大，通过堆芯冷却剂流量更小的重要原因；上腔室将在事故后 250 s 左右出现起较为稳定的热分层现象，同时在 1 000 s 左右时热分层逐渐稳定下来且热分层界面缓慢上行，上腔室将重新建立稳定的冷却剂流动。耦合三维特性的全厂断电事故分析结果显示，上腔室热分层现象的存在，对于事故情况下反应堆的冷却具有重要影响，耦合计算能更加准确的反映事故工况下堆内一维和三维热工水力现象的耦合反馈，这有利于更进一步揭示反应堆的真实安全裕量。

参考文献

[1] Chauliac C，Aragonés J M，Bestion D，et al. NURESIM-A European simulation platform for nuclear reactor safety：multi-scale and multi-physics calculations，sensitivity and uncertainty analysis [J]. Nuclear Engineering and Design，2011，241（9）：3416-3426.

[2] 赵鹏程，刘紫静，于涛.基于 RELAP5 和 FLUENT 的多尺度耦合分析方法研究[J]. 原子能科学技术，2018，52（09）：1598-1608.

[3] 刘余，张虹，贾宝山.核反应堆热工水力多尺度耦合模拟初步研究 [J]. 核动力工程，2010，31（S1）：11-15.

[4] Petruzzi A，D'Auria F. Thermal-hydraulic system codes in nulcear reactor safety and qualification procedures [J]. Science and Technology of Nuclear Installations，2008，2008.

[5] 刘志弢，秦本科，解衡，等. 压水堆核电站热工水力系统程序的研发现状与趋势 [J]. 原子能科学技术，2009，43（11）：966-972.

[6] Saha P，Aksan N，Andersen J，et al. Issues and future direction of thermal-hydraulics research and development in nuclear power reactors [J]. Nuclear Engineering and Design，2013，264：3-23.

[7] Roelofs F，Gopala V R，Jayaraju S，et al. Review of fuel assembly and pool thermal hydraulics for fast reactors[J]. Nuclear Engineering and Design，2013，265：1205-1222.

[8] Höhne T，Krepper E，Rohde U. Application of CFD codes in nuclear reactor safety analysis [J]. Science and Technology of Nuclear Installations，2010，2010.

[9] Tu J，Yeoh G H，Liu C. Computational fluid dynamics：a practical approach [M]. Butterworth-Heinemann，2018.

［10］ Zhao C，Chen X N，Rineiski A，et al. Coupling a CFD code with neutron kinetics and pin thermal models for nuclear reactor safety analyses［J］. Annals of Nuclear Energy，2015，83：41-49.

［11］ Gu Z，Li F，Ge L，et al. Verification of a HC-PK-CFD coupled program based a benchmark on beam trip transients for XADS reactor［J］. Annals of Nuclear Energy，2019，133：491-500.

［12］ Fiorina C，Clifford I，Aufiero M，et al. GeN-Foam：a novel OpenFOAM® based multi-physics solver for 2D/3D transient analysis of nuclear reactors［J］. Nuclear Engineering and Design，2015，294：24-37.

［13］ 李林森，王侃，宋小明.CFD 在核能系统分析中应用的最新进展［J］. 核动力工程，2009，30（S1）：28-33.

［14］ Vanderhaegen M，Vierendeels J，Arien B. CFD analysis of the MYRRHA primary cooling system［J］. Nuclear Engineering and Design，2011，241（3）：775−784.

［15］ Zhao P，Shi K，Li S，et al. CFD analysis of the primary cooling system for the small modular natural circulation lead cooled fast reactor SNRLFR-100［J］. Science and Technology of Nuclear Installations，2016，2016.

［16］ Zhao P，Li S，Chen Z，et al. Natural circulation characteristics analysis of a small modular natural circulation lead-bismuth eutectic cooled fast reactor［J］. Progress in Nuclear Energy，2015，83：220-228.

［17］ 陈钊. 小型自然循环铅冷快堆 SNCLFR-100 热工水力设计与安全分析研究［D］. 中国科学技术大学，2015.

［18］ Mylonakis A G，Varvayanni M，Catsaros N，et al. Multi-physics and multi-scale methods used in nuclear reactor analysis［J］. Annals of Nuclear Energy，2014，72：104-119.

［19］ Toti A，Vierendeels J，Belloni F. Improved numerical algorithm and experimental validation of a system thermal-hydraulic/CFD coupling method for multi-scale transient simulations of pool-type reactors［J］. Annals of Nuclear Energy，2017，103：36-48.

［20］ 赵鹏程. 小型自然循环铅冷快堆 SNCLFR-100 一回路主冷却系统热工安全分析［D］. 中国科学技术大学，2017.

［21］ Gerschenfeld A，Forgione N，Thomas J. Multi-scale simulations of liquid metal systems［M］//Thermal Hydraulics Aspects of Liquid Metal Cooled Nuclear Reactors. Woodhead Publishing，2019：361-382.

［22］ Angelucci M，Martelli D，Barone G，et al. STH-CFD codes coupled calculations applied to HLM loop and pool systems［J］. Science and Technology of Nuclear Installations，2017，2017.

［23］ Toti A，Vierendeels J，Belloni F. Extension and application on a pool-type test facility of a system thermal-hydraulic/CFD coupling method for transient flow analyses

[J]. Nuclear Engineering and Design，2018，331：83-96.

[24] Chauliac C，Aragonés J M，Bestion D，et al. NURESIM-A European simulation platform for nuclear reactor safety：multi-scale and multi-physics calculations，sensitivity and uncertainty analysis [J]. Nuclear Engineering and Design，2011，241（9）：3416-3426.

[25] Jimenez G，Herrero J J，Gommlich A，et al. Boron dilution transient simulation analyses in a PWR with neutronics/thermal-hydraulics coupled codes in the NURISP project [J]. Annals of Nuclear Energy，2015，84：86-97.

[26] Chanaron B，Ahnert C，Crouzet N，et al. Advanced multi-physics simulation for reactor safety in the framework of the NURESAFE project [J]. Annals of Nuclear Energy，2015，84：166-177.

[27] Cheng X，Batta A，Bandini G，et al. European activities on crosscutting thermal-hydraulic phenomena for innovative nuclear systems [J]. Nuclear Engineering and Design，2015，290：2-12.

[28] Baviere R，Tauveron N，Perdu F，et al. A first system/CFD coupled simulation of a complete nuclear reactor transient using CATHARE2 and TRIO_U. Preliminary validation on the Phénix Reactor Natural Circulation Test [J]. Nuclear Engineering and Design，2014，277：124-137.

[29] 彭倩，余红星，Simone VANDROUX，Fabien PERDU，李松蔚，杨雯.反应堆热工水力中 CATHARE 与 TRIO_U 程序耦合分析研究[J]. 核动力工程，2013，34(S1)：201-205.

[30] Papukchiev A，Lerchl G. Extension and application of the coupled 1D-3D thermal-hydraulic code ATHLET-ANSYS CFX for the simulation of liquid metal coolant flows in advanced reactor concepts [C] //2012 20th International Conference on Nuclear Engineering and the ASME 2012 Power Conference. American Society of Mechanical Engineers Digital Collection，2013：563-573.

[31] Papukchiev A，Lerchl G，Weis J，et al. Multiscale analysis of a transient pressurized thermal shock experiment with the coupled code ATHLET-ANSYS CFX [J]. Atw. Internationale Zeitschrift fuer Kernenergie，2012，58（6）：402-409.

[32] Pialla D，Tenchine D，Li S，et al. Overview of the system alone and system/CFD coupled calculations of the PHENIX Natural Circulation Test within the THINS project [J]. Nuclear Engineering and Design，2015，290：78-86.

[33] Bandini G，Polidori M，Gerschenfeld A，et al. Assessment of systems codes and their coupling with CFD codes in thermal-hydraulic applications to innovative reactors [J]. Nuclear Engineering and Design，2015，281：22-38.

[34] Papukchiev A，Jeltsov M，Kööp K，et al. Comparison of different coupling CFD-STH approaches for pre-test analysis of a TALL-3D experiment[J]. Nuclear Engineering and

Design，2015，290：135-143.

［35］Grunloh T P，Manera A. A novel multi-scale domain overlapping CFD/STH coupling methodology for multi-dimensional flows relevant to nuclear applications［J］. Nuclear Engineering and Design，2017，318：85-108.

［36］Anderson N A. Coupling RELAP5－3D and Fluent to analyze a Very High Temperature Reactor （VHTR） outlet plenum［D］. Texas A&M University，2006.

［37］Aumiller D L，Tomlinson E T，Bauer R C. A coupled RELAP5－3D/CFD methodology with a proof-of-principle calculation［J］. Nuclear Engineering and Design，2001，205（1-2）：83-90.

［38］Aumiller D L，Tomlinson E T，Weaver W L. An integrated RELAP5－3D and multiphase CFD code system utilizing a semi-implicit coupling technique［J］. Nuclear engineering and design，2002，216（1-3）：77-87.

［39］Cahalan J E，Tentner A M，Morris E E. Advanced LMR safety analysis capabilities in the SASSYS-1 and SAS4A computer codes［R］. Argonne National Lab.，1994.

［40］Fanning T H，Brunett A J，Sumner T. The SAS4A/SASSYS-1 Safety Analysis Code System，Version 5［R］. Argonne National Lab.（ANL），Argonne，IL （United States），2017.

［41］Fanning T H，Hu R. Coupling the System Analysis Module with SAS4A/SASSYS-1［R］. Argonne National Lab.（ANL），Argonne，IL （United States），2016.

［42］Morgan S，Bilbao y Leon S，Bucknor M，et al. Thermal Stratification Modeling for Sodium-Cooled Fast Reactors：A Status Update［C］//2018 26th International Conference on Nuclear Engineering. American Society of Mechanical Engineers Digital Collection，2018.

［43］Geffray C，Macián-Juan R. Multi-scale uncertainty and sensitivity analysis of the TALL-3D experiment［J］. Nuclear Engineering and Design，2015，290：154-163.

［44］Martelli D，Forgione N，Barone G，et al. Coupled simulations of the NACIE facility using RELAP5 and ANSYS FLUENT codes［J］. Annals of Nuclear Energy，2017，101：408-418.

［45］Hu R，Sumner T S. Benchmark Simulations of the Thermal-Hydraulic Responses during EBR-II Inherent Safety Tests using SAM［R］. Argonne National Lab.（ANL），Argonne，IL （United States），2016.

［46］沈翀. 基于多尺度耦合分析方法的 M～2LFR-1000 瞬态热工安全特性研究［D］. 中国科学技术大学，2019.

［47］Zerkak O，Kozlowski T，Gajev I. Review of multi-physics temporal coupling methods for analysis of nuclear reactors［J］. Annals of Nuclear Energy，2015，84：225-233.

［48］Thurgood M J. COBRA/TRAC-A thermal-hydraulic code for transient analysis of nuclear reactor vessels and primary coolant systems［J］. Pacific Northwest Lab.，Rept，

1983：NUREG/CR-3046.
[49] Jeong J J，Ha K S，Chung B D，et al. Development of a multi-dimensional thermal-hydraulic system code，MARS 1.3. 1 [J]. Annals of Nuclear Energy，1999，26（18）：1611-1642.
[50] 刘余，张虹.RELAP5 程序耦合接口的开发[J]. 核动力工程，2009，30(06)：38-40+45.
[51] 刘余，张虹，贾宝山.RELAP5 与 CFX 程序耦合研究 [J]. 原子能科学技术，2010，44（03）：304-308.
[52] Fletcher C D，Schultz R R. RELAP5/MOD3 code manual [R]. Nuclear Regulatory Commission，1992.
[53] Bandini G，Meloni P，Polidori M. Thermal-hydraulics analyses of ELSY lead fast reactor with open square core option [J]. Nuclear Engineering and Design，2011，241（4）：1165-1171.
[54] Balestra P，Giannetti F，Caruso G，et al. New RELAP5-3D lead and LBE thermophysical properties implementation for safety analysis of Gen IV reactors [J]. Science and Technology of Nuclear Installations，2016，2016.
[55] Fazio C，Sobolev V P，Aerts A，et al. Handbook on lead-bismuth eutectic alloy and lead properties，materials compatibility，thermal-hydraulics and technologies-2015 edition [R]. Organisation for Economic Co-Operation and Development，2015.
[56] Roelofs F，Shams A，Otic I，et al. Status and perspective of turbulence heat transfer modelling for the industrial application of liquid metal flows [J]. Nuclear Engineering and Design，2015，290：99-106.
[57] Pfrang W，Struwe D. Assessment of correlations for heat transfer to the coolant for heavy liquid metal cooled core designs [M]. FZKA，2007.
[58] Mikityuk K. Heat transfer to liquid metal：Review of data and correlations for tube bundles [J]. Nuclear Engineering & Design，2009，239（4）：680-687.
[59] Grunloh T P，Manera A. A novel domain overlapping strategy for the multiscale coupling of CFD with 1D system codes with applications to transient flows [J]. Annals of Nuclear Energy，2016，90：422-432.
[60] Acosta F，Cadiou T，Blanc V，et al. A new thermal-hydraulics/thermomechanics coupling methodology for the modeling of the behavior of sodium-cooled fast reactors fuel subassemblies under irradiation [J]. Nuclear Engineering and Design，2019，348：90-106.
[61] Jeltsov M. Validation and Application of CFD to Safety-Related Phenomena in Lead-Cooled Fast Reactors [D]. KTH Royal Institute of Technology，2018.
[62] 薛秀丽，杨红义，冯预恒. 日本文殊快堆紧急停堆后堆芯出口腔室瞬态工况模拟研究 [J]. 原子能科学技术，2017，51（10）：1827-1833.
[63] 薛秀丽，付陟玮，冯预恒，等.日本文殊原型快堆堆芯出口腔室热分层现象数值模

拟［J］. 原子能科学技术，2013，47（10）：1766-1772.
［64］Ward B，Clark J，Bindra H. Thermal stratification in liquid metal pools under influence of penetrating colder jets［J］. Experimental Thermal and Fluid Science，2019，103：118-125.
［65］Morgan S，Bilbao y Leon S，Bucknor M，et al. Thermal Stratification Modeling for Sodium-Cooled Fast Reactors：A Status Update［C］//2018 26th International Conference on Nuclear Engineering. American Society of Mechanical Engineers Digital Collection，2018.